科学预测

[英] 基特·耶茨（Kit Yates） 著

胡小锐 钟毅 译

HOW TO EXPECT
THE UNEXPECTED

The Science of Making Predictions and
the Art of Knowing When Not To

中信出版集团｜北京

图书在版编目（CIP）数据

科学预测 /（英）基特·耶茨著；胡小锐，钟毅译
. -- 北京：中信出版社，2024.1
书名原文：How to Expect the Unexpected: The
Science of Making Predictions and the Art of
Knowing When Not To
ISBN 978-7-5217-6166-5

I. ①科⋯ II. ①基⋯ ②胡⋯ ③钟⋯ III. ①概率－
普及读物 IV. ① O211.1-49

中国国家版本馆 CIP 数据核字（2023）第 225614 号

科学预测
著者： ［英］基特·耶茨
译者： 胡小锐 钟毅
出版发行：中信出版集团股份有限公司
（北京市朝阳区东三环北路 27 号嘉铭中心 邮编 100020）
承印者： 嘉业印刷（天津）有限公司

开本：787mm×1092mm 1/16 印张：20 字数：251 千字
版次：2024 年 1 月第 1 版 印次：2024 年 1 月第 1 次印刷
京权图字：01-2023-3414 书号：ISBN 978-7-5217-6166-5
定价：69.00 元

献给埃米和威尔

预言未来的最有效方法是自己创造未来

目
录

●

引言

预测意外情况

- Ⅲ -

第 1 章

不可靠的直觉

- 001 -

第 2 章

如何预测日常生活中的不寻常事件

- 035 -

第 3 章

掌握不确定性，做出理性选择

- 065 -

第 4 章

如何预测随机事件

- 091 -

第 5 章

用博弈论改变游戏规则

- 117 -

第 6 章

从字里行间发掘真相

- 151 -

第 7 章

躲避滚雪球效应

- 185 -

第 8 章

致命的回旋镖效应

- 215 -

第 9 章

了解自己的极限

- 249 -

后记

- 277 -

致谢

- 285 -

注释

- 287 -

引言 ●

预测意外情况

自人类文明诞生以来，我们一直试图预测这个世界，想知道前面有什么在等待着我们。但长期以来，我们的预测屡屡出错。一个屡见不鲜而又引人关注的例子就是关于世界末日的预言，尽管过去所有的末日预言都无一例外地失败了。

阿兹特克人认为羽蛇神奎兹特克和黑暗神泰兹卡特里波卡在此前已经摧毁了四个世界，如果他们不再向这两位神献祭人类，第五个世界（我们这个世界）就会因为灾难性的地震而支离破碎。关于这个问题，我只想简单地说一句：随着阿兹特克帝国的衰落，他们献祭的东西越来越少，但这个世界仍然存在。《旧约·但以理书》（写于公元前约165年）预言，压迫犹太人的希腊人亵渎了犹太神庙，所以灾难性的惩罚将于1 290天后降临到他们头上。在这一预言没有实现后，《但以理书》的最后一行被修改为1 335天，但一个半月过去后，仍然什么都没有发生。法国主教普瓦捷的奚拉里（具有讽刺意味的是，他的名字本意是快乐）悲观地预言在公元365年人类将迎来世界末日，但令人尴尬的是，末日并没有降临。随后，他的学生马丁（后来被称为图尔的圣马丁）将日期推迟到公元400年，这又是一次失败的预言。马丁的继承人、传记作家图尔的格列高利预言世界末日在公元 799 年至 806 年之间。这个预言至少不是那么愚蠢，因为直到他去世多年之后，人们才能确定它又是一个失败的预言。

在现代，哈罗德·康平等福音传教士靠预测升天而过上了安乐的生活。康平第一次预言"末日"将于 1994 年 9 月 6 日降临，但在这个预言没有实现后，他把"末日"推迟到了 9 月 29 日，然后再次推迟到 10 月 2 日。尽管康平在 20 世纪 90 年代因为这些预言失败而丢尽了颜面，但令人惊讶的是，在他将预言的日期修改为 2011 年 10 月 21 日之后，仍然有人信以为真，还有人向他捐献了数百万美元。康平和其他一些危言耸听的预言者获得了 2011 年搞笑诺贝尔奖数学奖（这是一个带有讽刺意味的奖，授予那些"不能或者不应被重复"的研究），因为他们"告诉世人在做数学假设和计算时要小心"。

这些宗教权威人士的预言几乎没有任何科学依据，因此他们最终掉进自己给自己挖的坑里也就不足为奇了。但是多年来，一些掌握更多知识的人竟然也做出了一些可笑的预测。在铁路时代刚刚开始的 1830 年，热衷于科普工作的英国皇家学会会员狄奥尼修斯·拉德纳预言，"高速火车是不可能实现的，因为乘客在高速行驶的火车中将无法呼吸，会死于窒息"。即使在当时，这个警告也是相当可笑的。但也有一些预言要到事后才显得可笑。

1903 年，亨利·福特的一位律师计划投资发展势头很猛的福特汽车公司，但是在咨询了密歇根储蓄银行行长后，这位行长劝诫他说："马永远不会被取代，而汽车只是昙花一现罢了。"2007 年，微软首席执行官史蒂夫·鲍尔默声称："iPhone（苹果手机）不可能获得可观的市场份额，绝不可能！"还有一些预测失败是因为过于天真，或者故意无视不可避免的事情。1938 年 9 月，在与阿道夫·希特勒会面后，内维尔·张伯伦说："这是历史上第二次英国首相带着荣耀与和平从德国归来。"但不到一年之后，第二次世界大战就爆发了。

预测未来的风险极大。末日预言者因为末日预言未能实现而沦为笑柄，没有人愿意重蹈覆辙。1970 年，在位于科罗拉多州博尔德市的美国国家大气研究中心工作的美国科学家小詹姆斯·P. 洛奇宣称："空气污染可能会遮蔽太阳，导致地球在下个世纪前 30 年进入一个新的冰期。"1971 年，洛奇的断言得到了哥伦比亚大学的 S. 伊奇蒂亚克·拉苏尔和斯坦福大学的史蒂芬·H. 施耐德的支持，他们通过著名杂志《科学》声称，未来 50 年大气尘埃的增加"意味着全球温度将下降 3.5 摄氏度"。接着，他们又说："如此大的降幅……应该足以引发冰期。"[1] 现在我们可以说，这个预测并没有成为现实。事实上，我们都非常清楚，我们面临着与全球变冷完全相反的问题。

而且，也没有人愿意像英国天气预报员迈克尔·菲什那样，在灾难即将到来之际向全国发出警报解除信号。在 1987 年 10 月的一次天气预报中，菲什自信地让忧心忡忡的英国公众放心："今天早些时候，一位女士打电话给 BBC（英国广播公司），说她听说飓风即将来临。好吧，如果你正在看这个节目，那么你可以放心了，因为没有飓风。"当天晚上，英国遭遇了几百年来最严重的一次暴风袭击。速度达到每小时 115 英里①的大风肆虐英格兰南部，造成 20 亿英镑的损失，18 人在灾难中死亡。

尽管预测未来有风险，但我们仍然不得不为之。就个人而言，我们需要知道今天下午的天气如何，才能决定要不要把洗好的衣服晾出去；我们需要知道交通会有多拥挤，才能及时出发去参加那个重要的会议；我们需要估算支出，才能做好预算。这些都是日常生活中的预测，有助于我们有序地安排生活，但如果预测错了，就会给我们带来麻烦。

在更大的层面上，为了整个社会的利益，我们需要预测、干预和规避经济衰退，需要预测和预防恐怖袭击，还需要了解当前和潜在的气候变化威胁以采取行动。这些高风险的预测一旦失败，我们的生计、生命

---

① 1 英里≈1.609 千米，每小时 115 英里约合每小时 185 千米。——译者注

甚至整个人类的命运都将面临危险。如果我们忽视过去的经验教训，不经过充分考虑就做出草率的预测，就有可能遇到意想不到的情况：枪支回购计划导致枪支拥有率上升，汽车安全功能导致的死亡人数超过了它挽救的生命，为了控制害虫而引入的物种最终引发了灾害。[2]

通向错误的道路有很多

本书不仅着重阐述了如何做出更好的预测来帮助我们适应未来的生活，还介绍了可能导致错误预测的诸多原因，以及如何汲取教训并纠正错误。我将综合我所在的数学领域的成果，将它们与生物学、心理学、社会学和医学的研究，经济学和物理学的理论，以及来自现实世界的经验结合在一起，帮助你学会如何预测意外情况。

概率和非线性是我们在日常生活中经常遇到的令人困惑，同时又难以理解的两个重要现象。我们并不是生来就有透过不确定的乌云窥视前方的能力，也没有在峰回路转之前洞察先机的能力。因此，我始终认为，数学是预测未来的关键，原因很简单：数学可以给我们提供一个客观工具，帮助我们克服自身生物学特征造成的弱点——思维过程施加给我们的、使人之所以为人的限制，但是这些冲动在被用来推断我们周围的世界时却令人失望。这些根深蒂固的冲动有些是由于经历了太多某种现象，有些则是由于某些现象经历得太少。在数千年进化过程中形成的先入之见和认知偏见为人类带来了便捷，但是在我们将心中的旧规则应用于社会的新环境时，它们往往会把我们引入歧途。

例如，我的两个孩子喜欢在天气好的时候去玩蹦床。当我在园子里忙活时，他们总会要求我加入他们，要么充当调解人，要么参加他们层出不穷的新游戏。游戏无论在一开始是怎么玩的，最终都会演变成一场持久的摔跤比赛。通常，我们三个人一直玩到精疲力竭后，才会停下来，躺在那里，喘着气仰望天空。这是我最喜欢的环节，不仅因为我得到了休息，还因为这通常预示着一场新的、更加平静的比赛的开始。

我们会抬头看着头顶上飘过的云彩，说出在我们眼中它们像什么。一个孩子说："你看，那边是不是有一只乌龟在飞？"我说："什么？那明明是抽雪茄的美人鱼！"另一个孩子回答说："不对，那难道不是一条戴着礼帽的龙吗？"

观云是一种十分常见的古老游戏，它源于一个古老而普遍的习惯。人类善于从杂乱环境中发现规律，这种经过了时间考验的能力有时被称为规律识别倾向（patternicity）。例如，许多文化都进化出了"月亮上的人"这个传统，认为能从月球表面不规则的阴影中辨认出人的脸，甚至人的整个身体。这种普遍现象可能是因为，从背景中找出人的脸和身影一直是人类的一项重要技能。例如，在遥远的过去，能够辨认出人脸并快速解读脸上的表情有一个好处，就是使我们能够快速识别出有潜在威胁的个体，并了解他们的精神状态，以便做好逃跑或战斗的准备。我们的神经结构使我们天生擅长分辨人脸。视皮质中甚至有一个负责识别和记忆面孔的区域——梭状回面孔区。[3]

如今，在烤焦的面包片上看到耶稣会成为报纸上一篇有趣的报道，但这种长期习得的，使我们能够在混乱中找到秩序的识别技能有时可能会导致我们得出错误的结论。赌徒可能深信他们在彩票号码或轮盘赌中找到了某种规律，但这种规律显然并不存在。投资者可能认为他们开发的系统能帮助他们在市场上大杀四方，而实际上他们只不过是在凌乱的股票轨迹中发现了一个不存在的趋势。科学家可能通过一组病例得出某种疾病有环境病因的结论，而实际上，这些病例都是偶然发生的，是病例随机分布造成的结果，所谓的环境病因并不存在。这些错误是我们在面对随机性和不确定性时因无法推理而导致的直接后果，我们将在第 2 章、第 3 章和第 4 章更深入地加以探讨。

确定的不确定性

谈到不确定性时，我们必须尽早明确一点：预测不仅仅是对未来的预测。不仅当前有我们不能确定的事情，甚至过去也有许多现象是我们没有完全了解的。爱尔兰大主教詹姆士·厄舍就曾对已经发生的事情做出错误的预测，他认为地球诞生于公元前 4004 年 10 月 22 日，这个预测不仅大错特错，而且其精确程度根本不可信。经济学家就非常清楚这个问题。当他们收集到的数据指标告诉我们即将进入衰退期时，衰退往往已经是事实了。为了准确地了解当前的情况，经济学家收集了更久远的数据，以便对近期发生和当前正在发生的我们还没有相关数据的事情进行"临近预测"[4]。卫生研究人员使用类似的方法，将社交媒体数据输入临近预测模型，以检测尚未被卫生部门发现的流感疫情。[5]

因此，粗略地说，我们利用两种预测处理每天遇到的两种不确定性：随机（aleatoric）不确定性和认知（epistemic）不确定性。aleatoric 源于拉丁语 aleator，意思是掷色子的人；epistemic 源于希腊语 episteme，意思是知识或科学。为了说明两者的区别，假设我手里有一枚公平色子，请问我掷出 6 的概率是多少？毫无疑问，你会马上告诉我概率是 1/6。如果不考虑色子有偏倚的可能性，那么 1/6 这个答案是正确的，反映了随机不确定性，即每次实验都有可能产生不同结果带来的不确定性。现在我让你背对我，在我掷出色子并用手盖住之后再转回来。如果我掷出色子之后，问你我用手盖住的色子是 6 的概率是多少，你会怎么回答？虽然不情愿，但是你可能仍然会告诉我，概率是 1/6。这同样是正确的。但这一次，你的答案反映的是认知不确定性——如果我们需要对一个已经存在的现象或一个已经发生的情况进行推理，但我们对这个现象或情况没有完美的认知，就会出现认知不确定性。

不同的研究领域对这两个术语（认知和随机）的定义有细微的差异，但就这本书而言，这些特征已足以说明问题了。在我看来，彩票是一种随机不确定性游戏，因为抽彩这个随机事件尚未发生。但是买刮刮乐在很大程度上是一种认知不确定性活动——赌的是刮刮乐上那些预先确定，但目前未知的图形。

要处理预测未来所带来的随机不确定性，就必须回答关于现实本质的认识论问题。古埃及人认为地球是一个扁平的圆盘。[6]许多古希腊人与他们观点一致。古印度教徒、佛教徒、美索不达米亚人、中国人以及考虑过这个问题的其他大多数古代文明也持类似的观点。

直到中世纪，球形世界才成为占主导地位的理论。当哥伦布于1492年启航前往亚洲时（他最终到达了美洲，也终结了扁平世界这个预言），一些人仍然认为他可能会离开地球。直到30年后，葡萄牙探险家麦哲伦的船队完成了第一次环球航行，这个问题才最终得到解决。针对人类存在的本质提出有可能被证伪的假设（例如毕达哥拉斯最早提出的假设是：世界不是平的），奠定了科学方法的基础。这是我们获取一切知识的唯一原因。科学理论其实就是对现实本质的尚未被证明是错误的认知预测。

这两种不确定性并不是相互排斥的。我们将在第2、3和4章中发现，在很多随机性起重要作用的事件中，这两种不确定性都存在。例如，2011年，当巴拉克·奥巴马批准海豹突击队对奥萨马·本·拉登可能藏身的位于阿伯塔巴德的一处院落发动袭击时，他并不确定这次行动能否取得成功。在事后的一次采访中，奥巴马坦率地承认有两个原因导致了这些不确定性。他在谈到其中的随机不确定性时说，之前拙劣的军事干预（包括"黑鹰坠落"和伊朗人质营救事件）留下的可怕阴影笼罩在他的心头："有很多事情可能会出错……这些家伙冒着巨大的风险……这些行动不仅艰难，而且非常复杂。"另外，奥巴马承认，他收到的证据远不能确凿无疑地证明藏身在阿伯塔巴德基地的就是本·拉登本人："我们并不能肯定地说本·拉登就在那里。如果他不在那里，后果将非常严重。"他说他认为本·拉登居住在该院落里的可能性（他对未知事实的认知不确定性）是55%。

非线性问题的线性解

前面看到，当我们需要处理概率问题时，我们的大脑可能会过度概括和过度简化，但必须记住，我们还会采取其他可能有害的捷径，甚至是在不存在不确定性的情况下进行推理。线性偏倚是最重要的认知节约（cognitive economisation）现象之一，即人们往往认为事物将保持不变或以始终如一的速度持续变化（我将在第 6 章讨论这个现象有多普遍）。每个月把固定数额的工资放到床垫下意味着我们的储蓄呈线性增长。如果按小时计酬，那么你的工资就会随着工作时间的增加而呈线性增长。如果你一周的工作时间稍稍增加，那么工作时间的固定增长应该与税前工资的固定增长相一致。对于线性过程，输入的固定变化应该对应于输出的固定变化。但世界上有许多过程都不是线性的。本书后面的章节将告诉大家，非线性是导致我们稚嫩的预测以失败告终的第二个混淆因素（第一个是概率）。

我们对非线性过程的认识相对不足，这意味着它们的影响有可能出乎我们的意料。在第 6 章中，我们将谈到燃油消耗和燃油效率之间的倒数关系，这种关系有可能欺骗我们，让我们做出糟糕的环境决策。而在第 7 章中，我们将看到，受感染人数在流行病开始时的指数增长会让我们措手不及，看上去似乎正在从可控的、令人放心的缓慢增长转变为惊人的、意想不到的快速增长。即使是比萨饼的直径和面积之间的二次关系，也会在不经意间让我们吃亏。

举个例子，我下班回家的路程有点儿远，有时为了早点儿回家，以便有更多的时间和家人在一起，在上了高速公路后，我就禁不住想提高车速。但每次我受到诱惑的时候，我都会记住一点：车速的固定增加并不会让我节省的时间也固定地增加。这两者之间不是线性关系。冒着违章的风险在高速公路上超速行驶真的不值得。将车速从每小时 50 英里提高到每小时 70 英里，10 英里的路程可以节省约 3 分半。但是同样的路程，如果把时速再提高 20 英里，达到每小时 90 英里，只能再节省不到 2 分钟的时间。根据这个简单的非线性关系可知，我们走得越快，时间上的回报就越少。我将列举日常生活中诸如此类的例子，以突出表明我们面临的简单认知缺陷，并让你掌握找出自己这些缺陷的能力。

有时，我们对某些经历过于熟悉，但是在另外一些事情上又经验不足（特别是这些事情本身还涉及复杂的动态行为和不确定性），两者的交叉作用导致我们在面对某个不常见的场景时会感到无能为力。正常化偏倚（normalcy bias）就是在这两个因素（我们熟悉线性关系，但不熟悉极端事件）的共同作用下发生的。我们想当然地认为事情会延续当前的状态，以线性方式发展下去。这会让我们低估、质疑或无视威胁逼近的前兆，因为它们远远超出了我们的经验范围，让人难以置信。

人们经常援引泰坦尼克号伤亡事故作为正常化偏倚表现的一个重要例子。在泰坦尼克号沿着命中注定的轨迹撞上冰山后的几个小时里，并不是所有乘客都对这次碰撞抱持应有的敬畏之心。许多人受到误导，坚信这艘船不可能沉没。即使在收到沉船的消息后，运营泰坦尼克号的白星航运公司的副总裁菲利普·富兰克林仍对乘客的亲友以及聚集在纽约的媒体说："泰坦尼克号没有沉没的危险。这艘船永远不可能沉没，它最多只会给乘客们带来一些不便。"

不幸的是，许多乘客过于相信"永不沉没"的说辞，而且这些天的航行也让他们觉得安全、舒适，因此他们宁愿留在船上，也不愿意在半夜下船，进入未知的冰冷又黑暗的大西洋水域。最早下水的救生艇有很多都没有满员，不是因为救生艇早早开走了，而是因为船上的人犹豫不决。即使是那些上了救生艇的人事后也回忆说，当他们离开甲板登上救生艇的时候，他们仍对这种"预防措施"是否真的有必要持怀疑态度。人们简直无法相信，他们本来的计划怎么就这样化为乌有的，他们本应乘坐船长约翰·爱德华兹口中"连上帝都无法使之沉没"的船安全横渡大西洋到达纽约的。即使受到严厉的警告，许多乘客也迟迟没有放弃对这个惬意未来的期待。

后来人们发现，泰坦尼克号的救生艇无论如何都无法满足船上所有人的需要，这是白星航运公司基于泰坦尼克号不会沉没的错误信心以及最大限度地利用甲板空间供乘客游玩的审美欲望做出的决策。这种自满情绪，再加上一开始救生艇没有满载，最终造成了悲剧，那天晚上许多人在冰冷无情的大西洋中丧失了生命——如果不是因为正常化偏倚，他们本来是可以得救的。我们将在第 9 章讨论正常化偏倚的更多有害影响。

我们将在后面的章节中看到，我们截至目前讨论的非线性现象（倒数关系、指数关系和二次关系）都是比较容易理解的，但我们却不断地犯错误。那么，我们在面对有大量反馈回路、不连续点、振荡和其他更复杂的非线性行为，依赖于许多相互依存的变量的复杂系统时，又怎么能指望可以预测它们的行为呢？一旦遇到这些系统，情况会迅速失控，超出我们的预期范围。

数学有可能在这个非线性世界中充当向导的角色。在逻辑缜密的数学的支持下，我们可以通过理性思考，避免走上大脑根据直觉为我们指引的捷径。但即使是数学，在面对一个本质上非常复杂的世界时，也只能给我们这么大的帮助。即使在我们认为已经消除了不确定性的系统中，仍然有一些固有的问题，这意味着我们不能总是准确地预测未来会发生什么，或者随心所欲地预测遥远的未来。尽管数学的洞察力无疑是成功的（它做出了大量准确的预测，包括找到失踪行星的位置[7]和发现无线电波的存在[8]），但我们常常难以理解和预测看似简单的现象：水龙头滴水的声音[9]或动物种群数目的波动[10]。如果你玩过维尼棒（Poohsticks）游戏①，你就会知道，尺寸大致相同的棍子在大致相同的时间落在大致相同的位置后，即使漂流的距离很短，仅仅从桥的一侧漂到另一侧，路径也可能截然不同，这就是混沌在漫画中的体现。

我在最后一章中也会强调，混沌不利于我们对理论上可预测的系统（例如濒危动物物种的数量、流行病的传播轨迹、群体的行为，当然还有天气）进行重要的预测。即使没有源于外部的随机性的影响，特征明确的系统也有可能出现不可预测的行为。

———————————

① "维尼棒"游戏来自卡通《小熊维尼》系列，其规则是，所有人同时在一座桥上把自己的棍子扔进水流中，谁的棍子先沿着水流到达下游的指定地点，谁就获胜。——编者注

数学的力量被人们大肆吹捧，但它也有力有不逮的时候。一些基本的限制会阻碍我们的预测。尽管数学为我们提供了一个前所未有的预测未来的工具，但不确定性和非线性却为我们对预见未来的期望设定了明确的界限。

对意外情况的预测

除了提供一些预测未来的方法以外，本书还有一个更重要的目的——探讨如何识别并理解我们在预测未来时遇到的障碍。我们做出的简单预言确实会失败，而且失败的预言多种多样，有的有趣，有的可悲，但是它们肯定都有借鉴意义，因此我们可以从回顾失败经历中学到一些东西。例如：我们的"直觉"（即基于超自然或本能推理的预言）单凭运气，偶尔也会有正确的时候（即使钟表不走，一天也会对两次），但是因为没有科学依据，大多数时候都是错误的；"日常生活中异乎寻常"的事件就个人而言似乎非常罕见，几乎不可能发生，但在群体层面上，它们几乎不可避免；对于具有"内在不确定性"的事件，我们可以滔滔不绝地讨论它们理论上的预期频率，但具体到个别事件是否会发生，我们往往毫无把握；出于个人最大利益的短期理性行为可能会损害群体中所有人的长远利益，这也被称为"公地悲剧"。

我们必须注意那些看似沿直线运动，但在关键时刻却偏离预计轨迹的"曲线球"，这些正反馈回路像滚雪球一样，一开始看似人畜无害，但随后可能越来越大，最终失去控制，引发"雪崩"。我们要注意那些可能改变所预测的现象并导致不同结果的"回旋镖式"负反馈回路，还要注意我们生活的这个世界的本质强加给我们的"基本限度"——它们会限制我们能预测多远的未来，以及我们希望达到的预测准度。

在这本书中，我会提供一些见解和建议，展示如何避免被毫无根据的预测所迷惑，以便了解应该相信谁。我将戳穿几百年来一直被我们用来做预测的民间传说和经验法则的真相，解释"晚霞行千里"背后的科学原理，戳穿关于"卧倒的牛"等的错误说法。我将提供给你一些工具，让你自己做出预测，帮助你了解什么时候不要相信你的直觉。我们将沿着理性之路穿越概率之云，深入探究现实的基本结构。我还将阐明，在哪些情况下，仅仅纸上谈兵，做一些线性论证是不够的。

我的基本任务是提醒你，你做出的预测可能会因为各种各样的原因而出错：你的直觉可能会被愚弄，你可能会因为一些看似令人信服的理由而无法做出更清晰的判断。除了展示其他人的错误之外，我还将提供一些简单的技巧和工具，以便你在实际场景中使用它们，对自己的未来做出决定。

没有什么灵丹妙药能让我们在任何情况下都可以做出准确的预测——任何望远镜都不可能让我们不受阻碍地看到遥远的未来。有时候，事情的发生就是无法预测。有时候，我们今天的行为会对明天产生深远的、意想不到的影响。任何数学公式或数据，无论处理得多么好，都无法保证给出准确无误的警报。

然而，在很多情况下，我们可以对未来做出可靠的预测。但是我们没能做到，原因要么是我们不了解预测工具，要么是我们不能熟练地使用这些工具。这正是本书要解决的问题：从过去不成功的预测中吸取教训，改正这些错误，使其成为帮助我们对未来做出更可靠预测的武器库。读完本书最后一章，你就能对意外情况有所预料，看穿那些像迷雾一样遮挡你的双眼的不确定事件。

第1章

不可靠的直觉

10月份的某一天，天气暖和得有点儿反常，我走在伦敦市中心黑暗繁忙的街道，进入一家灯火通明的小商店。招魂术经常用到各种各样神奇的宝物，包括治疗水晶、阿育吠陀酊剂和超自然石头，多得足以填满一个采石场。你可能很奇怪，作为一个科学家和怀疑论者，我来这里到底是要干什么？可以肯定地说，我不是来买护身符或捕梦网的。商店里四处摆放的魔法石和其他神秘的碎片似乎贵得离谱，但真正赚钱的招魂术（也是我感兴趣的地方）是通灵解读服务——解读人们的未来，或者让他们与"另一个世界"接触。我认为，最好是在万圣节前一周进行接触，因为我得到了可靠的消息，在这个时候"我们这个世界和另一个世界之间的帷幔会比较薄"。毫无疑问，我应该直接走进街边的店里看一看，但为了防止有意外情况，我还是提前一周打了电话，预约了通灵大师宝拉。

　　在等待宝拉从她的灵魂庇护所（地下室）现身的时候，我紧张地在狭窄的货架间来回走动。每走到一个展示品前，我就会停下脚步，浏览铭牌上那些近乎滑稽、让人似懂非懂的具体介绍："血石——一种能够克服电磁压力等影响的石头"，"青铜石——以抵御诅咒著称"，"紫水晶——防止灵魂攻击"。看来，要是我在楼下遇到什么问题，我会需要这些石头的。

　　预测未来会让我们觉得未来固有的不确定性在我们的掌控之中，还能帮助我们树立我们的理想、做出重要的决定。即使没有证据的预测，也是人类的一种自然欲望——直觉。我们一直在使用各种各样不科学的奇怪方法进行预测，所有这些方法似乎都不是那么可靠。我们的祖先通常认为他们使用的各种各样的算命方法是解释神的意志的一种方式。英语动词divine（意思是占卜）和形容词divine（意思是与上帝有关或像神一样）在许多语言中都近似于同形同音异义词，这并非巧合。

早在公元前 10 世纪，古代中国人就使用《易经》来确定"神圣真理"。占卜者会反复投掷蓍草茎（现在通常使用硬币），以产生包含 6 个 1 或 0 的随机序列，然后转换成由不连贯线条（阴）或连贯线条（阳）构成的模式，即卦象。每根线条都有两个概率相等的选择，因此 6 根线条一共可以构成 2^6（64）个概率相等的卦象，即二进制代码，如图 1–1 所示。每个卦象都对应一段文字，熟练的占卜者可以通过解读这些卦象来预测

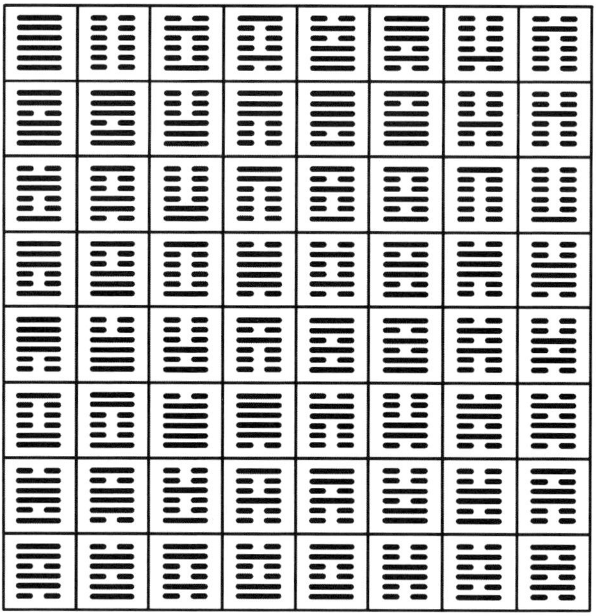

图 1–1 《易经》六十四卦。从上到下，每个卦象中的 6 个位置都可以由连贯或不连贯的线条组成，因此有 2^6（64）种情况

未来的行动，并提出建议。

利用物体产生随机的数字或模式，然后由精通此道的"预言家"解释，这是许多早期占卜共有的主要形式。这些活动被统称为投掷占卜（cleromancy），这个拉丁词语将希腊词语 kleros（意思是抽签时使用的物品）和后缀 mancy（意思是占卜）组合在了一起。投掷占卜是最古老的占卜形式之一，许多文化中都有这种现象。西非约鲁巴人使用的伊法（Ifá）占卜术与《易经》的占卜术相类似。伊法神职人员（被称为 Babalawo）把可乐果投到盘子里，形成 8 条连贯或不连贯的线。按照传统做法，盘子里装有专门净化过的白蚁灰。8 条线组成的二进制系统构成一个代码，对应 2^8（256）篇可以为未来提供指导的带声调的韵文。

投掷占卜，无论是掷色子、掷硬币，还是抽签，都是犹太教和基督教传统的一部分。这方面最著名的也许是约拿的故事。在违背上帝的指示后，约拿（他本身就是一位先知，我们将在第 8 章讨论他的自毁预言）逃到了海洋中的一艘船上，暴风雨眼看就要来了。船上的水手们急于找出这场暴风雨是因为谁的神而起，于是开始抽签。故事说："签落在了约拿身上。"在天意的指引下，约拿被扔下船，然后被一条大鱼（也有人说是鲸）吞到肚子里。

另一种引入随机性（这是产生"不可知天意"所必需的）的方法是生成不可预见的规律。茶叶占卜术（解读茶叶）是一种经典的算命方法。未经过滤的茶被喝干后，茶叶落在杯子侧面和底部形成图案。算命术士借助生动的想象力，解读这些图案。在术士的解读手册中，箭头、月亮、轮子等符号具有各种模棱两可的含义（变化、消息、成功等），因此术士在察觉到饮茶者可能想听什么后，可以相应改变他们的预言。一些与之类似的更古老的算命方法会解读熔化的蜡（蜡占卜）或铅（铅占卜）溅落形成的图案。

古代希腊、意大利和美索不达米亚曾流行过一种寻找、解读不可预测规律的方法，至少可以追溯到公元前 3000 年，这种方法更为恐怖。内脏占卜通过查看、解读牲畜的内脏（特别是肝脏）进行占卜，这是一种字面意义上的直觉（gut feeling[①]）。预言家斯普里纳在公元前44年给恺撒大帝的建言或许是最无耻的一条。斯普里纳在听说恺撒大帝献祭的一头公牛没有心脏后，故意含糊其词地警告说这位罗马皇帝"在30天之内有生命危险"。如果预言没有成真，斯普里纳可能会说这是因为保护得当，致使这个可怕的预言落空了。事实上，在预言公布后的第30天，即3月15日，恺撒被自己手下的元老院成员杀害了。这次成功的预言备受瞩目，这也解释了为什么只有这个预言出现在了莎士比亚戏剧中，而斯普里纳的所有其他可能不那么成功的预言都神秘地消失在历史中。在第3章，我们将更详细地讨论这种报告偏倚现象——只有引人注目的成功预测才足以不朽，经受住时间的考验，而不正确的预测则会被人遗忘，从而给人一种预测准确性非常高的印象。

色子占卜是另一种形式的投掷占卜，作为一种辨别神的意志的方法，广泛存在于许多人类古老的传统中。最初使用的色子不是我们今天在概率游戏中使用的规则的、有数字标记的立方体，而是光秃秃的动物骨头。具体来说，是羊、猪、山羊和鹿的长方体状距骨。具体在哪些仪式和活动中会使用色子因传统而异。随着色子掷出的具体结果被赋予意义，色子的各个面最终被标上了代表性符号。当用于占卜时，占卜者可以通过解读掷出的结果来回答他们的问题。这些神圣的游戏是现代概率游戏的前身，随着人们开始对游戏的结果下注，赌博这种游戏也就形成了，并与这些灵性实践融合到了一起。

距骨色子会产生不对等的结果，因此人们将它们切割成立方形状，形成了我们今天在棋盘游戏和世界各地的赌桌上要用到的现代色子的原型。对涉及色子的概率游戏结果的研究奠定了现代概率论的基础。我们将在后面的章节中看到，现代概率论是预测未来的基础。

---

① 英语的gut feeling字面上的意思是"肠道的感觉"。——编者注

色子最早被用于占卜，之后它们才在游戏和赌博中被用来生成随机数，而纸牌的发展过程却正好相反。纸牌可能起源于 9 世纪的中国唐朝。14 世纪，纸牌才向西传播到欧洲，纸牌占卜随后逐渐流行起来。虽然人们现在广泛使用塔罗牌作为占卜工具之一，但它是 18 世纪才获得了其神秘内涵，并因此被广泛用于占卜。传统的意大利塔罗牌中的宝剑组（英国塔罗牌中的圣杯组）被重新命名为权杖，以赋予其一种神秘的意味；钱币（英国塔罗牌中的宝石）被改成能召唤魔法的五角星；另外还增加了 22 张人物牌，包括"魔术师"和"皇帝"，大概是为了让人们更容易记住这些牌的含义。塔罗牌是随机洗牌的，占卜者通常会让求问者选择一定数量的牌，然后占卜者会解读这些牌，给出关于求问者的个人信息。

随机性错觉

随机性是贯穿早期多种占卜的一个主题，包括针占卜（解读针掉落在面粉中形成的不可预见的图案）以及动物占卜（解读看似无规律的动物行为）。牌是洗牌后随机抽取的，投掷的色子产生的是随机结果，抛硬币也是为了指示随机的经文。但为什么数学随机性或自然随机性在占卜中扮演了如此重要的角色，并且直到今天仍然如此呢？

在这里介绍一款游戏给你，它源于数学家的读心术。这个现代预测游戏也是以"想一个数字"这种司空见惯的噱头开始的，这是数学魔术师最喜欢说的一句话。游戏要求你尽可能快地完成一系列计算，所以如果你需要用到手机上的计算器，也是可以的。准备好了吗？现在就开始吧。

想一个 1 到 10 之间的数字，把它乘以 3，加上 12，把和除以 3，最后减去你最初想到的那个数。现在你脑子里有一个最终得数，记住这个数字。我们将利用下表所示的简单数字代码，把它转换成相应的字母：

A = 1	E = 5	I = 9	M = 13	Q = 17	U = 21	Y = 25
B = 2	F = 6	J = 10	N = 14	R = 18	V = 22	Z = 26
C = 3	G = 7	K = 11	O = 15	S = 19	W = 23	
D = 4	H = 8	L = 12	P = 16	T = 20	X = 24	

根据魔术第一部分得到的数字找到相应的字母后，想一个以该字母为首字母的国家名称——任何国家都可以。现在以这个国家名称的第二个字母为首字母，想一种动物。如果一切顺利，那么我可以预测你所想到的动物是灰色的。我甚至可以预测你想到的是灰色的丹麦大象！

我说得对吗？如果不对，那么要么你是能跳出这个思考框架的少数人之一，要么你算错了。如果你想到的动物是丹麦大象，那么你可能会很奇怪我是如何从你随机和不可控的输入猜出如此具体的答案的。这就是问题所在。当然，我无法操纵你的大脑在开始时选择的数字，这确实取决于你。但事实证明我可以把这个随机输入变成我想要的任何东西。游戏中的数学计算都是一些常规操作。如果你回过头来仔细思考，你就会发现，我让你把数字乘以 3，加上 12，然后再除以 3，其实是在绕圈子，我真正的目的是让你把最初的那个数加上 4。在我让你从最终得数中减去你最初想到的那个数后，你最后得到的结果应该就是 4。不管大家最初想到的是哪个数字，最后结果都应该是 4。

一旦你得到了数字 4 并因此得到了字母 D，魔术剩下的部分就要对常见的偏倚现象加以利用了。大多数说英语的人，当被要求想一个以 D 开头的国家时，都会想到丹麦（Denmark），尤其是在时间紧迫的情况下。即使有时间思考，你也可能很难想到其他国家。如果你想到的是吉布提（Djibouti）或刚果民主共和国（Democratic Republic of Congo），那就说明你太厉害了。丹麦的第二个字母是 E，这会让大多数人在下一个常见偏倚的引导下想到大象（elephant）。同样，鳗鱼（eel）和鹰（eagle）也有可能，但是都没有大象常见。

　　利用这些常见的偏倚现象，可以使骗局与数学计算脱离关系，并使参与者不会想到自己有可能被某个数字戏法欺骗了。我们大多数人都不相信读心术，但这样的结果无疑会让读心术的另一种可能变得更加可信。这个魔术之所以让人惊讶，关键在于最初的那个数字有 10 种可能，而字母代码表中包含了全部 26 个字母，这会给人一种可以做出选择的错觉。然而，在完成数学运算之后，尽管参与者没有意识到，但他们做选择的主观能动性就像魔术始终营造的幻象一样，已经不复存在了。一旦随机性消失，我就可以利用你的认知捷径对你进行预测，让你觉得我真的会读心术。

　　随机性也是许多古代和现代通灵术的关键，它的迷惑作用可以通过各种技术加以利用或消除。还有什么比一种结果不可知的占卜机制能更好地展示无所不知的神拥有的难以捉摸的意志呢？就像魔术师表演“我衣袖里没有任何东西”这个经典魔术一样，预言者似乎把预言的控制权从自己手中交了出去。无论是内脏占卜师还是投掷占卜师，无论是约鲁巴的神职人员还是塔罗牌占卜师，似乎都放弃了全部控制权，听任占卜对象接受随机“力量”的引导。

　　事实上，在这些类似戏法的占卜活动中，占卜者会用与预测行为同时进行的表演操控随机性，并在解读征兆时使用欺骗手段，而观众以为此时占卜已经结束——色子已经掷出。随机性给占卜者提供了一张白纸，让他们自由选择最有效的叙述，使求问者深信占卜者的能力是真实的。它还会分散求问者的注意力，使他们错误地以为信息已经传递出去，占卜活动已经结束，但是事实上，在随机画布上描绘故事的魔法才刚刚开始。

　　叙述的编排涉及一些重要的技巧——利用我们的认知偏倚，有选择地突出或淡化随机化过程中出现的某些不可预测的征兆。如果没有这种编排故事的技能，占卜者、神秘主义者和灵媒肯定不会这么长久地存在，也不会在许多古代社会中占据如此重要的地位。

人人都喜欢占卜

占卜者深受欢迎的证据可以追溯到几千年前的古埃及、中国、迦勒底和亚述。然而，随着 18 世纪欧洲启蒙时代的到来，由于这些不科学的做法越来越多地受到人们的怀疑，占卜者的受欢迎程度开始下降，许多占卜仪式被淘汰了。随着欧洲人不断扩大其殖民版图，这种怀疑传遍了世界。

今天，我们很多人对这些巫师不屑一顾，认为他们的预测并不可信，都是无稽之谈。但是，许多现代"信徒"仍然愿意相信超感官能力（通过惯用感官以外的方式形成的模糊意识或接收的模糊信息）的存在。美国盖洛普民意调查公司 2005 年做的一项调查发现，超过 1/4 的美国人相信有人具备未卜先知的能力，而超过 3/4 的人相信包括心灵感应、占星术在内的 10 种超自然现象中的至少一种。[11] 那么，为什么在占星术、预感和"通灵学"与现代科学共识相悖的情况下，仍然有许多人对这些超自然的力量深信不疑呢？

我之所以去了解招魂术，让宝拉给我算命，就是想要搞清楚这个问题。我来这里是要了解这个行业的套路，了解伪通灵师每天在那些心甘情愿的受害者身上施加的心理魔咒。不过，即使宝拉真的在我身上施加了魔咒，这个魔咒也几乎在她把我带到楼下咨询室的那一瞬间就被打破了。我进入的并不是一间光线幽暗、亮着氤氲灯光的接待室，而是一间比普通厕所隔间大不了多少的狭小房间，既看不到舒适的躺椅和水晶球，也听不到轻柔的叮叮当当的背景音乐。房间里灯光明亮夺目，墙壁光秃秃的，两张直背椅子之间摆着一张桌子，上面放着一副破旧的纸牌。我想起来了，宝拉是塔罗牌占卜师，这些一定是她的占卜工具。

我们坐下来，宝拉问我："你想让我帮你看什么？"我编了一套含糊但可信的说辞，说我发现我以前可能无意识地把一些东西埋在了心里，这可能会限制我的未来。宝拉把塔罗牌递给我，让我洗牌。她花了几秒钟把牌一字排开，让我随机抽取 5 张。这时我犯了第一个错误。

因为我已经通过洗牌使这副牌变成了随机排列，所以我认为从哪里选择牌并不重要。我从排开的这副牌中选取了最右端的 5 张牌，把它们面朝下，从桌子上滑过去。宝拉扬起眉毛。我的选择在她看来并不是随机的。我提醒自己，就像英国每周有 10 000 人购买彩票时会选择 1、2、3、4、5、6 这组号码一样，作为一个懂数学的聪明人，这个身份在这里并没有带给我最大利益［他们的推理很正确（我们将在第 3 章得出这个结论），因为这组号码与其他任意 6 位数字中奖的可能性都一样，但是万一这串数字真的中奖的话，头奖将会被 10 000 人瓜分］。我暗暗记住这一点，下次选牌时要加大"随机性"。

当宝拉把牌翻过来，开始告诉我她"从过去的阴霾中收集到的线索"时，我马上发现，她正在对我进行所谓的冷读术（cold reading）。她没有任何背景资料，所以她要依靠从我这里提取的信息来完成她的预测。她看着翻过来的牌，开始对我说一些恭维的话，说我有很强的"直觉"，非常"有同理心"，"能读懂别人"。这些陈词滥调被称为巴纳姆语句 [12]（以美国商人、马戏团老板和著名心理操纵者菲尼亚斯·泰勒·巴纳姆的名字命名），是通灵师常用的开场白，宝拉显然认为这是了解我的更多信息的安全切入点。巴纳姆的表演包含大量精心设计的骗局，他号称他的马戏团"适用于所有人"。他的观点很好地概括了巴纳姆语句的理念——几乎适用于任何人的一般性格特征。例如，想一想下面这个评语能否反映你的性格：

> 你迫切需要别人喜欢和欣赏你。你常常对自己不满意。你很有能力，但是你没有把它们转化为你的优势。虽然你有一些个性上的弱点，但你通常能够弥补自己的这些不足。你表现出了很高的自律性和自控力，内心却焦虑不安、缺乏安全感。有时，你会严重怀疑自己做出的决定或做的事情是不正确的。你喜欢一定程度的变化，一旦受到限制，你就会不高兴。你为自己拥有独立思考能力而自豪，你不会接受别人的说辞，除非对方有理有据。你发现毫无保留地袒露自己是不明智的。

听起来很准确，对吧？事实上，这只是把一些巴纳姆语句堆砌到了一起，旨在引发福勒效应[13]。福勒效应是一种非常普遍的心理特征，指人们往往把一些笼统模糊的人格评述解读为针对自己量身定制的评价。这是以心理学家伯特伦·福勒（Bertram Forer）的名字命名的。福勒让 39 名学生做了性格测试，并根据测试结果，针对每个人进行了性格描述，然后要求学生给描述的准确性打分，分值从 0 到 5 分。学生们给出了 4.3 分的平均分，这表明他们认为福勒的描述与他们的性格非常吻合。后来，福勒透露，他给每个学生的性格描述都完全相同，其中包括上面列出的很多语句，都是他从一本占星术书上直接摘抄下来的。

巴纳姆语句和福勒效应在线上性格测试中找到了新的应用，这些测试往往会问你几个看似无关的问题，然后说你最像《哈利·波特》系列中的哪个角色，或者你像哪个迪士尼公主。我在 Buzzfeed 网站上做"哈利·波特"测试时，被告知我是霍格沃茨魔法学校的校长阿不思·邓布利多："你聪明、古怪，非常信任别人。你受到了所有人的爱戴，但你总是希望把所有的事情都做好，这有时会给你带来很大的压力。"这些都是经典的巴纳姆语句，我很乐意接受。在测试的最后，屏幕下方显示出了人们给出的评论，其中包括"哇，太准确了""这说的就是我！"，充分展示了福勒效应的力量。

福勒还为他的学生挑选了下面这个评论：

你有时外向、友好、善于交际，有时内向、谨慎、保守。

这句话不仅是一个模棱两可的巴纳姆语句，还使用了所谓的彩虹策略（rainbow ruse）。彩虹策略的特点就是全面、笼统，用两个或两个以上彼此对立的语句描述特定情感或经历的特征，其中至少有一个是几乎所有人都会在他们生活的不同时期表现出来的。这些语句旨在从积极端到消极端全面覆盖某种情感或性格特征，就像彩虹将白光分成从红色到紫色的全光谱一样。证真偏倚（confirmation bias）会帮助通灵师完成剩下的工作，因为我们的大脑会从这些陈述中选择最适合我们的一个或多个特征。

在尝试为我诊断潜在的"情感障碍"时，宝拉用粗糙的手法施展了彩虹策略。她对我说道："你高兴的时候，在这个位置。"她的手高高举起。接着，她把手放低，同时说道："悲伤的时候，就到了这个位置。"我想，谁在一生中不曾感受过快乐又感受过悲伤呢？但我还是低声表示同意。

渐入佳境

在听了一些模棱两可的表述之后，我明白了宝拉的目的并不是要传递启示性的信息，而是要让我尽可能多地同意她的陈述，让我相信她的能力，这样我才有可能再次光顾，或者至少不会要求退钱。使用含糊而宽泛的陈述是实现这一目标的一种方法，另一种方法是奉承。一般来说，人们都喜欢听到别人用积极的语言描述自己（例如说他们技术过硬、心地善良、有亲和力），我也不例外。所以当宝拉对我说"你很有活力，非常深刻，很容易感知自己的情绪"的时候，我情不自禁地点头同意，尽管我不相信超自然力量。宝拉一边观察我的反应，一边进一步完善她的猜测："我很喜欢我在你身上看到的这些东西，因为，是的，你善于心灵沟通，而且你很有活力，非常热情，愿意关心和帮助他人。"

她的奉承策略依赖于一种被称为波利安娜效应[14]（Pollyanna principle）的潜意识偏倚，即人们倾向于接受和回想起积极的反馈，而不是消极的反馈。这种现象是以埃莉诺·H.波特1913年的儿童小说《波利安娜》命名的。小说的同名主人公在任何情况下都会想方设法让自己快乐。即使被车撞后不能行走了，她还是为自己当初有一双能跑能跳的腿而感到高兴。

日本国立生理学研究所的科学家甚至从神经学中找到了赞美让我们心情愉悦的原因。[15]实验参与者被要求填写性格问卷，并录制一段自我介绍的短视频。然后，研究人员让他们接受功能性磁共振扫描，同时对他们的回答给出反馈。扫描发现，当接收的反馈是一些赞美之词时，受试者大脑中的纹状体区域明显被激活。当实验参与者被赠送食物、饮料等生活必需品，甚至是金钱时，这个奖赏中枢也会亮起来。这一结果表明，赞美可以被认为等同于情感贿赂。

人们用特定语言激发出虚荣心，以确保得到求问者的配合。"作为一个聪明人，你能听懂我在说什么"以及诸如此类的陈述几乎就是要求求问者表示同意。求问者可能会认为，如果不承认理解通灵师的观点，就等于是默认自己愚蠢。宝拉几乎每说一句话就会问"能理解吗？"，即使是这样温和的一个句子，也没有留下表示异议的余地。对于"你正敞开心扉，接受信息"这句话，我几乎不可能理解错误，即使我根本不相信。

最后这句话展示出宝拉使用的另一个策略。她称赞我思想开放，甚至暗示我有超自然的能力（"很奇怪，虽然这是你第一次进行心灵交流，但我必须说你的通灵能力很强"），这样做的目的是赋予我在通灵上的信任。如果宝拉能让求问者相信他们也被赋予了通灵能力，那么他们就不太可能质疑她采用的方法或占卜得出的结论。宝拉举了一个证真偏倚的例子来增加我的"通灵信任度"："这就像你想到某人，某人就会联系你。"

当然，这种事我遇到过，你也可能遇到过。我们在下一章会看到，这类巧合是非常可能发生的。我肯定在接电话时说过"我正想着你呢"。然而，这种情况通常发生在我要和某个朋友见面，而且我们都意识到需要联系对方以便具体聊聊的时候，或者我已经有一段时间没有和某人通话，而且我们都想起来已经很久没有联系的时候。无论谁先打电话，另一方都会因为这种暖心的巧合而感到愉快。你联系的人越多，你打的电话或发的短信越多，这种情况就越有可能发生。事实上，这是最常被说起的巧合之一。也正因为如此，对宝拉来说，利用这个巧合来暗示我有超感官知觉是一个非常好的选择。

魔法思维

这种没有明显的因果关系但看似有意义的巧合在业内被称为共时性（synchronicity）。心理学家卡尔·荣格在 20 世纪 20 年代首次提出了这个概念[16]，并用它来论证因果效应实际上是超自然活动。这是所谓魔法思维的一个例子：当两个相关事件之间看不出有明显的因果关系时，我们的大脑会迅速推断出一些不合理的假设。我们将在下一章具体讨论这种现象。"信徒"错误地认为偶然事件具有某种意义，有可能导致迷信的发展。

许多运动员和球迷都熟悉赛前仪式这种形式化的魔法思维。切尔西足球俱乐部前队长约翰·特里在他的职业生涯中就逐渐养成了一些赛前迷信的做法，例如在开车去球场的路上播放同一张唱片，在开球前用同一个小便池。通常，在一场胜利之后，特里会想起他在比赛前做了哪些不同的事情，并将胜利归为这种行为的因果效应。当他在切尔西的职业生涯进入尾声阶段时，他在赛前要完成的例行动作已积累到 50 个，他甚至都有点儿记不住这些动作了。

特里回忆说，2004 年，在巴塞罗那诺坎普球场的一场欧冠比赛中失利后，他的"幸运"护腿板丢失了，他要求切尔西的工作人员去寻遍球场的每个角落。他后来回忆说："那副护腿板让我在比赛中取得了今天的成绩，但我把它弄丢了。"他相信，穿戴这些特殊的物品会对他和球队的表现产生积极的影响，如果没有它们，他的运气就会耗尽。他记得自己当时想："这副护腿板我已经戴这么久了，但现在完了，我将彻底失去它了。"护腿板最终也没有找到，所以特里不得不向队友弗兰克·兰帕德借了一副备用护腿板。戴上新护腿板的第一场比赛就取得了大胜，这给特里迷信套路的有效性和必要性招来了质疑。然而，由于这场胜利，这副借来的护腿板被赋予了一种新的神秘意义，从那时起，它就成了特里的新的幸运护腿板。

20 世纪 80 年代中期，东京驹泽大学的行为心理学家小野浩一对人类迷信行为是如何形成的非常感兴趣。他精心设计了一项实验[17]，以证明人类会在没有任何合理证据的情况下，将某个结果归因于自己的某个举动——迷信行为就是这样定义的。每个学生参与者被单独安排在一个房间里，房间里有一张桌子，桌子上面有三根控制杆，墙上有一个计数器，用来记录参与者的得分。学生们的唯一目标就是尽可能多地得分。每得一分，就会有灯光闪烁，同时蜂鸣器鸣响，让他们知道自己得分了。在发现某个动作刚做完就被加一分之后，许多学生为这个动作赋予了某种意义，并为了得更多分而反复做这个动作。然而，学生们不知道的是，他们的行为对是否得分完全没有影响。有些学生产生了迷信行为，即使这些行为并不能带来加分，他们也一直坚持。另外一些人则发展出更灵活的控制杆操控套路，根据得分情况不断改变和适应。有一名学生的做法非常复杂。当她把右手放在控制杆的外壳上并得到一分后，为了继续得分，她决定跳到桌子上，用同一只手触摸计数器、灯或墙壁。10 分钟后，她从桌子上跳了下来，但刚一跳下来，她就得了一分。于是，她改变了自己的做法，开始蹦跳。她跳起来用拖鞋击中天花板后，得到了一分，于是她继续蹦跳，直到大约 25 分钟后，筋疲力尽的她才停了下来。就像约翰·特里的新护腿板一样，新的迷信在得到适当的加强之后，可以取代以前的迷信。

会形成迷信反应的绝不只有成年人。1987 年，堪萨斯大学的研究人员格里高利·瓦格纳和爱德华·莫里斯对 3~6 岁的儿童进行了一项实验。[18]每名儿童被依次单独留在一个房间里，房间里有一个随机分发弹珠的机械小丑。他们告诉这些儿童，如果收集到足够多的弹珠，就可以用它们交换自己选中的玩具。3/4 的儿童产生了某种诱使小丑分发弹珠的迷信反应。一些儿童对着小丑做鬼脸，还有一些摸他的脸或者在他面前跳舞。一个小女孩甚至断定，得到弹珠的最好方法是亲吻小丑的鼻子。

"魔法思维"一词源于我们在观看优秀魔术师精心设计的魔术表演时产生的认知失调。当魔术师把她可爱的助手锯成两半时，我们的大脑就会同时产生两种相互矛盾的观点：

　　1. 助手被锯成两半，而被锯成两半的人活不了多久。

　　2. 助手面带笑容，他的腿在摆动，表明他还活着。

　　如果大脑无法理解其中的机关，那么当它后来再次被幻觉所迷惑时，它能找到的解释这种不舒服情况的最简单方法之一就是诉诸魔法。如果我们弄不清楚魔术是怎么变的，我们也许就会推断，魔术师真的有某种特殊的能力。

巴德尔 – 迈因霍夫效应

　　通灵师就像魔术师一样，也会利用我们对魔法思维的倾向性。通灵师将巧合包装成"共时性"，并利用巧合欺骗我们，让我们认为他们知道他们不可能知道的事情，从而制造一种认知失调，寄希望于他们的受众通过认可他们的超感官能力来解决这种失调。通灵师还会利用另一类巧合，即巴德尔 – 迈因霍夫效应引起的巧合，来说服顾客相信他们的预知能力，并让他们再次光顾。

　　你可能没有听说过这种效应，但你很快就会再次听说它。这种效应指的是在接收到一条不熟悉的信息（例如不常见的词语或名字）后不久又偶然甚至是多次接收到这条信息的现象。巴德尔 – 迈因霍夫效应诞生于1995 年的一个论坛，当时参与讨论的各方意识到这种现象缺少一个通用的名称，于是以此命名。命名者很有可能在第一次听到"巴德尔 – 迈因霍夫"这个联邦德国极左翼恐怖组织之后，又在很短的时间内反复地听到它，于是给这种现象起了一个令人难忘的名字，希望它能引起这种效应。

　　后来这种效应有了一个不那么容易引发联想的名字：频率错觉[19]。当你了解到一些新奇的东西后，它似乎就会以更高的频率出现在各种地方。词语越不寻常、越容易记住，效果就越强。你会问自己，你以前从未遇到这个词语，现在却在一周里碰到三次，这怎么可能呢？这种巧合似乎如此难以置信，简直不可能发生，以至于你可能会去寻找有可能似是而非的逻辑来解释它。

事实上，在你第一次认识到这个词语之后，它多半并没有出现得更频繁，而且你认为自己是第一次听到它，但有可能这并不是第一次了。要让频率错觉发挥作用，这个新词语必须容易记忆，足以留在你的脑海中，要么读音异乎寻常，要么出现在一个有趣的背景中，让它显得非常突出。考虑到我们每天接触到多少词语，我们经常遇到重复的信息也不足为奇。当已经熟悉的词语重复出现时，它们往往不值得我们予以评论，甚至不会引起我们的注意。我们或许可以认为这是一种选择性注意，我们的大脑往往会过滤掉这些"无趣"的信息。然而，近因效应（易得性启发的一种，这是一类范围更广的现象，我们将在第 9 章中再次遇到这个概念）会将新获得的观察结果和信息保留在注意力的前沿位置。这意味着我们更倾向于识别我们最近吸收的信息。再加上证真偏倚（在这种情况下，你相信你确实频繁地看到这个词语，因此会把它记下来），这些巧合就会显得很不可思议。

我最近亲身经历了一个与巴德尔–迈因霍夫效应相关的例子。在孩子们的不断纠缠之下，我坐下来和他们一起看了一部音乐传记片《马戏之王》。这部电影讲述了 P. T. 巴纳姆的一生，以及他创建的巴纳姆和贝利马戏团演员的命运。虽然我不记得以前听说过巴纳姆，但在观看了半小时关于他的生平记录后，他占据了我的注意力的最前沿。大约一个星期后，当我为这一章的创作收集资料时，我不出意外地遇到了巴纳姆语句（我们在本章前面遇到的旨在引发福勒效应的通用语句），并不可避免地和它们建立了联系。由于我本来就知道巴德尔–迈因霍夫效应，因此我认为这其实就是一个有趣的巧合，而不是一种我应该加入马戏团的征兆。

几周后，一个朋友在和我讨论莱昂纳多·迪卡普里奥的电影（我认为他演的大部分影片都可以）之后，建议我重新看一遍《纽约黑帮》。巴纳姆再次出现了，我上学期间第一次看这部电影时根本没有注意到这个边缘角色。《马戏之王》并不是我第一次遇到巴纳姆，但这是他第一次深深地印在我的脑海里（他是电影的主角），因此不久之后当我再次接触到他时，我就想起他来了。同样，虽然我不记得以前遇到过共时性这个概念，但是当宝拉向我介绍并建议我注意它时，我确信在接下来的日子里我会再次遇到它。不出所料，在撰写本章的过程中，我在几个不同的场合遇到了这个概念。

钓鱼式刺探

在和我说话的过程中，宝拉一直把我朝着那些难以捉摸的奇谈怪论上引导。为了把话题转移到具体的领域，我决定多透露一点儿关于我自己的信息。我告诉她我正在写一本书（但是我故意没有提这次占卜其实是在为写这本书收集资料），而且我刚刚出版了另一本书（《救命的数学》）。我小心翼翼，没有透露这两本书的任何具体内容，而是问宝拉她认为这两本书怎么样。她让我再随机抽一组塔罗牌。我小心翼翼地抽牌，尽量让这次抽牌显得"更随机"。我把塔罗牌从桌面滑过去，宝拉默默地看了一会儿，然后开始了她的钓鱼式刺探。

她开始碰运气，认为我应该符合大多数有抱负的作家的刻板印象：默默无闻的梦想家，迫切希望世人相信他们的第一部小说具有非常重要的意义。她暗示我在写小说，并有意含糊其词地说我的书会"让读者沉浸于一个不同的世界"。当然，任何作者，甚至是非虚构类作者，都愿意相信自己把读者从日常生活中带到了另一个更鼓舞人心的地方，所以我不置可否地点点头。

听到我说"嗯"，宝拉以为她说对了，我是在鼓励她。她接着告诉我，我的第一本书会卖得很好，第二本书也会成为畅销书。当然，尽管对她的话持怀疑态度，但我听了这话之后并不失望，而且愿意相信。然而，当我追问更多细节时，她的钓鱼式刺探开始露出了马脚。她暗示我的新书中的一个人物将受到我的一个孩子的启发。对于一本小说来说，这个暗示合情合理，但对于科普书来说就不对了。在预测我的小说将取得成功之后，她接着暗示我可能是教授英国文学的，并把我将要写的书与安妮·赖斯的吸血鬼系列魔幻小说做比较。说到这里，我发现很难再点头表示同意了，于是我试图转换话题。

钓鱼式刺探是通灵师收集信息时使用的另一种经典工具，它能让求问者反过来以为通灵师向他们传递了一些看起来他不可能知道的信息。通常，通灵师会给出一个有根据的猜测（抛下诱饵），利用求问者提过的信息或他们外表的某些方面来碰运气：求问者戴着结婚戒指，或者从求问者的年龄看，他的父母或祖父母可能已经去世。例如，宝拉就把我透露的为数不多的一条个人具体信息（我有孩子）编进了她对我的书的预测中。

即使没有个人信息，利用一些常见的诱饵，通灵师仍然有机可乘。例如，在假装与死者交流时，许多通灵师会通过询问"一个男性，名字首字母是J或G，你能不能想到谁？"来刺探信息。这只是在碰运气。在过去的150年里，美国男孩名字最常用的首字母就是J，占所有名字首字母的15%~20%。加上受欢迎程度稍低的字母G，总比例将在20%以上。如果你能想到家里的10个男性亲戚，并且假设他们的名字彼此独立（也就是说，在你的家族中没有使用特定名字或字母的倾向），那么他们中至少有一个人的名字以J或G开头的概率接近90%，这就给了通灵师一个机会。就我而言，我的叔叔杰里米（Jeremy）和杰拉尔德（Gerald）以及我的哥哥杰夫（Geoff）都满足这个条件。

考虑到一些通灵师以一对多的方式工作，房间里有很多人，这种可能性就会进一步增加。在英国或美国，如果一个房间里有30个人，每个人只要想到2名男性亲属，那么命中的概率就会超过99.99%。如果人足够多，灵媒甚至会使用"乱枪打鸟"的方法，快速列出一些比较受欢迎的首字母是J或G的名字："是约翰（John）、杰克（Jack）、杰森（Jason）、詹姆斯（James）、乔（Joe）、杰里（Jerry）吗？你们能想到什么人吗？"如果这些名字中有一个命中了，那么他们列出的其他错误答案很快就会被在场众人忘记。如果现场众人当中有人提供了一个不在名单上的首字母是J或G的名字，通灵师仍然可以让人们觉得他成功找到了正确答案，只是还没来得及指出这个正确的名字。即使是像正确首字母一样普通的东西也能说服那些愿意相信的人。他们想不到去质疑为什么与通灵师交流的亲人只记得自己名字的首字母，而不是全名。很明显，他们接收到的灵界的信号很差。

抛出一个看似具体，其实模糊而且普遍适用的陈述，并让观众填补空白，这是通灵猜谜游戏的关键。例如，他们通常会用一个似乎很具体的数字来量化他们的预测，以提高可信度，比如他们会说"我能看到家里有 4 个人"。他们可能一开始就冒险猜测这个数字与求问者的兄弟姐妹的数量一致；如果求问者只有 3 个兄弟姐妹，通灵师就会提醒他们不要忘记还有自己，加上自己就是 4 个了；如果家里只有 3 个孩子，那么通灵师会把父母都算进去，这样家里就有了 4 个成员（不包括求问者本人）；如果求问者只有一个兄弟姐妹，那么全家正好 4 个人；如果求问者是独生子女，那么灵媒为了补足数字，甚至可能大胆猜测母亲曾经流产过。如果正确的话，这就是一石二鸟，既证明灵媒是正确的，又与求问者产生了情感共鸣，似乎进一步证明灵媒认识"另一个世界"的人。由于多达 1/4 的怀孕以流产告终，所以找到母亲曾经流产的独生子女也不是不可能。

当然，如果数字 4 不直接适用于求问者的家庭，那么通灵师可能要求求问者在他们的伴侣或父母的家庭或他们希望与之交流的已故亲人的家庭中寻找这个数字。通灵师依赖于占卜对象的意愿来增加猜中的概率，从中找到联系，使占卜对象忘记他们在利用乱枪打鸟的方法寻找答案时所犯的错误。

一次糟糕的回忆之旅

乱枪打鸟在某种程度上依赖于冯·雷斯托夫效应，一种被称为记忆偏倚的根深蒂固的偏见。顾名思义，这种认知缺陷会阻碍或改变对记忆的回忆。求问者出现的这种倾向往往对通灵师有利。1933 年，心理学家黑德维希·冯·雷斯托夫在实验中发现，参与者往往会记住一组物品中与众不同的那个。[20] 我们通过一个例子来了解这种效应的影响力。看一遍下面这个购物清单。然后，把视线移开，看看你能记住多少物品。

香蕉，橙子，梨，葡萄柚，**长颈鹿**，葡萄，柠檬，橘子，苹果。

现在闭上眼睛，一口气说出清单上有哪些物品。你不太可能记住所有这些物品，但我敢打赌你一定记得长颈鹿。不仅"长颈鹿"的格式在清单中显得很醒目，而且与其他物品在语境上的不一致也会吸引你的更多注意力。与所有物品都属于同一类别的清单相比，分散注意力的独特物品会降低你能回忆起的对象的总数。出于同样的原因，在通灵师乱枪打鸟的一长串未被识别的名字中，一个被注意到的目标会在记忆中占据不成比例的权重，缩减其他名字占据的记忆空间。

也许对通灵师最有利的记忆偏倚是证真偏倚，它会影响通灵师的大多数客户（在某种程度上，持怀疑态度的作者除外），即那些希望他们真的拥有通灵能力的人。大多数情况下，这些求问者往往会记起通灵师所说的与他们最初的期望相一致的话语（对他们认为通灵师不可能知道的个人信息的准确认知重建），而忽略了通灵师犯的错误。选择性记忆以一种互补方式作用于通灵师对未来的碰运气式的预测。如果你以足够快的速度接二连三地将预测抛向求问者，使他们记不住所有的预测，那么很可能只有那些与实际情况相似的预测才会被记住。

这就好像很多人到一天的晚些时候才因为发生的某些事情回忆起一个梦。当然，这并不意味着这个梦具有某种程度的预言性。相反，它表明，如果没有触发回忆的那段经历，我们根本就不会回忆起那个梦或那段记忆。同样，信徒们只会记住少数似乎真的命中的预言，而忘记了众多没有命中的预言——突出成功的预言，掩盖失败的预言。

通灵师包裹在记忆蛋糕上的最后一层糖衣是后见之明偏倚：根据后

来事件而发生的记忆失真。这可能会使最初模糊的预测看起来与之后发生的事件相符，因为只有相关的细节被回忆起来，同时这些细节还被重塑，使其与实际情况相一致。诺查丹玛斯的门徒就是最著名的依赖后见之明偏倚的预言者。在《百诗集》（*Les Prophéties*）一书中，这位 16 世纪的法国预言家写了 942 首含糊其词、包含大量隐喻的四行诗，据说这些诗是对未来的预测。以下几句诗经常被他的现代追随者用来证明他的远见，据说预言了 1986 年 "挑战者号" 航天飞机的失事——它在起飞后不久就解体了：

> 九个人与人类这个群体分离，
>
> 无法接收其他人的判断与建议。
>
> 他们的命运在出发的时候就已经确定，
>
> 卡帕，西塔，拉姆达，被放逐的亡灵犯下了错误。

为了支持他们的说法，信徒们指出，导致灾难发生的有缺陷的部件是一家名叫 Thiokol 的公司制造的。如果仔细看的话，它很像是四行诗最后一行中希腊字母卡帕（Kappa）、西塔（Theta）和拉姆达（Lambda）对应的罗马字母（k、th 和 l）的组合。虽然是 7 名宇航员死亡，而不是 9 名（你可能会认为这是一个很大的差异），但这个事实很容易被掩盖起来。

值得注意的是，诺查丹玛斯的 942 个 "预言" 没有一个被用来在特定事件发生之前预测该事件的发生。所有这些预言都是在事后才被用于追溯既往。关于诺查丹玛斯的预测能力，坦率地说，如果一个预言只是在事件发生之后宣称可以预测该事件，而且只能用来预测该事件，那么这样的预言其实也没有什么用。

否定消失

有证据表明，我们能够回忆起的记忆的准确性也会受到高涨情绪的影响。事实上，情绪可能会引导人们接受他们最想听到的陈述，即使这些陈述在逻辑上存在矛盾，这正是心理学家所说的动机性推理。最近失去亲人的人通常处于这种高涨的情绪状态。很多哀悼者可能无法或不愿意接受亲人已经无法联系的事实，因此会去拜访通灵师或灵媒。关系密切的亲朋好友的死亡会让人十分痛苦，在悲痛情绪的推动下积极寻找和保留能给自己带来慰藉的信息，这是完全可以理解的。当然，这确实会让心情悲痛、迫切希望联系最近失去的亲人的客户更容易接受灵媒关于死者的猜测性暗示。

当我感觉到我的时间快要用完时，我决定测试宝拉对我失去的亲人（我的父亲）的了解有多少。（我必须在这里透露我的父亲仍然健在的事实，但我很想知道宝拉是否能够查明这一点，还是毫无察觉地继续进行没有根据的预测。）我问她"那个世界有没有给我的留言"。宝拉说她"刚开始与那边接触"，让我不要抱太高期望。

"你有什么特别希望我联系的人吗？"她问道。

我告诉她："我很想听听我父亲的消息，他很久前去世了。"

"你父亲叫什么名字？"她问我。

我回答道："蒂姆。"

宝拉闭上眼睛，似乎很努力地做出一副很放松的样子。停顿了很长一段时间后，她回到我身边。

"我找到了一名男性。"她告诉我，"他个子不高，是吗？"

"不高，他比我矮，我也不算个子高的吧。"我笑着回答，等着她改口。

"啊，我不这么认为。"她搪塞了一句，试图把她的预言转到正确的方向上来。她继续说道："我看到他站在我面前，但出于某种原因，他好像很害羞……"我父亲一点儿也不会感到害羞，他是我认识的最外向、最活泼的人之一，是所有聚会的焦点。我不知道这次她将如何自圆其说。我的脸上没有表现出任何认可她的表情，既没有明显的表示承认的微笑，也没有轻轻点头，因此她很快意识到她错了，于是继续说道："……这很奇怪，因为他通常都很外向。"我忍不住点头，对她的技巧表示赞同和钦佩。

这两个180度大转弯是通灵师经常使用的被称为"事后陈述"的预言技巧，即可以在事实发生之后解释或重新解释的语句。宝拉用来猜测我爸爸身高的第一个转折使用了否定消失这个策略。这项技术通常使用否定反义疑问句的形式，在这种结构中，一个肯定的疑问句被附加在一个否定的陈述句后面，使提问者的意图变得模棱两可。这是我们很多人在不太确定某人的观点时，为了不冒犯对方而经常采用的一个方法。例如，反义疑问句"你不相信通灵术，是吗？"的回答可能是"不，我相信通灵术"。对于这个回答，可以给出安抚性的回应："哦，就是嘛，我本来就认为你相信通灵术。"反之，如果对方回答"对，我当然不相信通灵术"，你或许可以这样妥帖地回应："是啊，我就知道你不会相信那些胡言乱语。"同样，否定消失可以让通灵师发现关于求问者的重要信息，同时还能表现出洞悉一切的样子。

第二个转折使用了间断彩虹策略。所谓间断彩虹策略，就是对人物性格做出某个极端陈述，如果在阅读非言语反应线索后发现没有明显说中，就迅速颠覆原来的陈述。这个分两步完成的技巧可能比基本的彩虹策略更有效，因为它使通灵师可以收集到信息，而不是在求问者求问时直接说中。此外，如果策略的第一部分是正确的，通灵师就根本不需要使用另一半性格特征。"直接命中"似乎比简单的巴纳姆语句更能给求问者留下深刻印象。

暖读术

宝拉再次尝试猜测我父亲的具体信息。这一次，她想猜测他是怎么死的。"他不停地跟我说，他是因为胸部问题去世的。"在猜测的同时，她用手从脖子到腰部比画着。当然，宝拉用手势指示的身体部位几乎包括了所有的主要器官——肝脏、胃、肠、胰腺，当然还有心脏和肺。最起码，每个人到最后都会停止呼吸，心脏会停止跳动。这是死亡的终极标志，所以预测胸部出了问题肯定会得到那些愿意相信的人的认同。

宝拉今晚在我身上尝试的大多数技巧（彩虹策略、否定消失、钓鱼式刺探、乱枪打鸟、赠予通灵信任度等）都可以归为"冷读术"，通过阅读我的肢体语言、外表和反应，从我身上提取信息。但她最后使用的这个技巧与巴纳姆语句十分相似——暖读术，即利用一些笼统的表述，让通灵师在任何情况下都能说中。这些方法或许能让人们觉得占卜师拥有心灵直觉能力，但这些暗示其实是精心设计的，占卜师无论是否拥有超感官知觉，在绝大多数情况下都能一语中的。

显然，因为我父亲还活着，我无法如实回答宝拉关于他死因的问题。要清除这个障碍，我最简单的选择就是点头，告诉她他死于心脏病。在宝拉看来，这就是承认她说对了。客户会出于对社交尴尬的恐惧而认同（或至少不积极反对）占卜师陈述的情况是客观存在的，尤其是在集体占卜的情况下。

在占卜的最后几分钟，宝拉对我父亲又做了几次不那么成功的猜测，包括他戴着一顶平顶帽，他与煤矿开采有关（这两个猜测大概是因为她听出我有一点儿北方口音），以及一些笼统的陈词滥调，诸如"他经常陪伴在我身边""他非常爱我"。后者不可能受到质疑：哪个求问者不想听到失去的亲人挂念自己呢？

热读术

尽管宝拉熟练使用冷读术和暖读术这两种通灵方法，但从她今晚很低的成功率来看，她明显还不够精通热读术。在使用热读术之前，通灵师会做一些准备工作。他们会积极调查潜在的求问者，以便提前掌握求问者期望他们通过超自然手段获取的信息。通常，占卜者会在电话簿上寻找目标，然后假装是一名上门推销员或传教士，目的是与目标人物交谈。他们还可能与当地其他灵媒交换信息，甚至去墓地查看墓碑上目标人物已故亲人的名字。

在互联网时代到来之前，热读术通常需要完成大量的准备工作，因此，这个方法通常仅限于少数经验丰富的知名通灵师，他们有足够的钱，雇人为他们完成这些准备工作。在某些情况下，一些著名的通灵师甚至会雇用托儿，在占卜之前进入大厅，与真正的观众混在一起。他们的工作是仔细挑选目标，巧妙地盘问他们，然后把这些信息告诉台上的同事。卧底记者报道说，一位著名的美国灵媒甚至在他的电视节目开机前与一些观众交谈，以便从他们那里获取信息。开始拍摄后，他就会再次找到这些观众，利用他收集到的信息，给出非常准确的解读（至少给电视机前面的观众这种感觉）。著名通灵师为拉拢现场观众而抛出的冷读术往往不太成功（这并不奇怪），最终在剪辑时被一剪了之。考虑到幕后发生的一切，不出所料的是，这位灵媒会让他的所有观众签署保密协议，以防止他们透露拍摄过程中发生的任何事情。

互联网的出现给热读术带来了极大的便利。借助表演地点、出席人员名单等强大而便利的条件，再加上脸书和其他社交媒体平台，热读通灵师了解潜在观众私人生活的机会变得前所未有地多。幸运的是，互联网也让持怀疑态度的"义务警察"更容易给热读通灵师制造麻烦。

苏珊·格比克和马克·爱德华就是这样的人。2017 年，他们组建了一个揭秘小组，揭露通灵师托马斯·约翰的行为。在约翰的一场表演之前，这个团队用已婚夫妇苏珊娜·威尔逊和马克·威尔逊的化名，创建了假的脸书用户。他们还制造了多个虚假的个人用户，并用化名与"威尔逊夫妇"在脸书上互动，回忆生活中的重大事件，捏造了几个亲戚并暴露他们的名字，以便约翰掌握这些信息。而所有这些信息都对格比克和爱德华保密。这些假的脸书好友甚至在一些帖子中标记了约翰，详细描述了苏珊娜对去看约翰的表演有多兴奋，还说她希望能和她最近去世的双胞胎兄弟安迪（虚构人物）取得联系。马克的虚假资料详细描述了他希望与几年前因心脏病去世的父亲（同样是虚构人物）的鬼魂团聚的愿望。在表演开始前团队只告诉了格比克和爱德华这些虚构的已故亲属。

　　占卜表演那天，格比克和爱德华扮演成威尔逊夫妇，坐在观众席第三排的贵宾座位上，希望能被叫到并感受约翰的"超感官能力"。在完成了三四次解读后，约翰说"我接下来联系的是某个人的双胞胎兄弟"。格比克适时地举起了手，然后被邀请到了聚光灯下。在舞台上，约翰滔滔不绝地讲述着安迪患胰腺癌的细节，格比克表示认同，并带着虚假但看起来很真诚的表情予以回应。接着，约翰开始讲述威尔逊夫妇虚构的脸书好友在网上分享过但格比克和爱德华并不知情的信息。约翰想知道为什么他老是听到史蒂夫这个名字。格比克先是迟疑不定，然后猜测史蒂夫可能是安迪的好朋友（其实应该是马克父亲的名字）。

　　约翰问："巴迪是谁？"格比克不确定地告诉约翰，这可能是她哥哥和父亲的昵称（事实上，这是这些怀疑派人士虚构的格比克的狗的名字）。毫无疑问，约翰很困惑，因为格比克不知道她心爱的宠物的名字，而希望联系父亲灵魂的马克不知道父亲的名字。但是，从格比克和爱德华在占卜过程中犯的错误可以明显看出他们对这些虚假的信息一无所知，这些信息明显都是约翰直接从脸书上获取的。由于这些伪造的信息对格比克和爱德华严格保密，因此在他们揭露约翰之后，约翰没有理由声称他是直接从他们的头脑中读取这些信息的（这是热读通灵师经常使用的借口），因为格比克和爱德华显然连自己都不知道这些信息。

　　在这次精心策划的行动完成两年后，《纽约时报》整理并记录下格比克和爱德华的行动，发表了一篇详细揭露约翰热读术的文章。这个故事在网上疯传，约翰的名声一落千丈。尽管有确定且明显的证据，但约翰仍然声称他没有使用热读术："不，我不会利用谷歌网站查询人们的资料，不会去收集人们的信息，不会去查看人们的讣告，也不会去浏览家谱网站 Ancestry.com。"

　　为了回应他的说法，格比克和她的团队仔细搜索了约翰的网站上的在线研讨会视频，发现了更多关于他的通灵术的诈骗证据。其中一个视频的几张截图显示出了约翰的谷歌搜索历史（这是他不小心暴露出来的），里面有搜索几个人的讣告的记录，以及在 Intelius.com 上搜索的证据。Intelius 网站上的宣传语是，"如果你想找到某个人，无论是想和大学室友重聚，还是想更多地了解你女儿正在约会的人，Intelius 都是你的首选资源"。所有这些都会让你感到奇怪：真正的通灵师可以直接接通通往另一个世界的热线，为什么还要做家谱调查呢？

无伤大雅的趣事

对我来说，去找通灵师是一件有趣的事，能让我近距离体验灵媒、占卜者、传神谕者和预言家赖以生存了数千年的原因。但对许多正在悲伤的旅途中蹒跚前行、情况日益糟糕的人来说，通灵师是他们迫切需要的补给站。一些人为了得到他们所寻求的答案甘愿付出任何代价。在一些悲剧事件，比如谋杀案或失踪人口调查中，经常会有自称"通灵侦探"的人蜂拥而至，去寻找那些正处于情感脆弱状态的人。

1989 年 10 月，一起案件引发了人们的关注：一位名叫雅各布·韦特林的 11 岁男学生失踪。雅各布从明尼苏达州圣约瑟夫的一家录像带出租店骑车回家时，被一名持枪的蒙面男子绑架。他 10 岁的弟弟和 11 岁的朋友目击了这个过程。接下来的几天是失踪人口案件的关键期，但警方因为过于依赖灵媒提供的信息而白白浪费了宝贵的时间。在一次受到误导的行动中，由联邦调查局、艾奥瓦州警察、地方官员和来自 4 个县的治安官组成的联合行动队根据一名纽约通灵师的提示，花了整整两天时间沿着艾奥瓦州一条 25 英里长的公路搜索每间农舍和棚屋，结果一无所获。此时距离绑架案发生不到一个月。调查人员忙于追查这条毫无希望的线索，却没有走访住在雅各布失踪的那条死胡同里的所有邻居，也没有询问本案的主要嫌疑人之一丹尼·海因里希，而他本身就是 9 个月前发生在附近一个小镇上的一起类似绑架案的嫌疑人。

在接下来的几年里，这个案子一直没有破获，于是越来越多的灵媒出现了。许多人索要了雅各布的玩具或衣服来帮助他们进行"调查"。雅各布的绝望的父亲杰里认为他们能帮上忙，尽心尽力地把这些东西打好包寄走了。很多东西一去不复返。还有一些灵媒在晚上给他打电话。杰里觉得任何调查途径都不容错过，所以无论电话与绑架案有没有关系，他都会接听，常常和灵媒一直说到深夜。这样的时间成本，再加上杰里愿意相信灵媒的虚假说法，慢慢地在他和雅各布的母亲帕蒂之间留下了裂痕。

声名狼藉的通灵师西尔维娅·布朗甚至打电话给杰里，告诉他雅各布被两个来自伊利诺伊州的人绑架了。布朗不是第一次插手失踪人口调查案了，她曾犯过一个严重的错误。她告诉失踪少女阿曼达·贝里的母亲露瓦娜·米勒，她的女儿已经死了，结果贝里却在被囚禁了 10 年之后，活着回来了。不幸的是，在贝里逃脱时，米勒早已去世，布朗的干预粉碎了她对女儿回家的最后一丝希望。和布朗对其他失踪人口的大多数预测一样，她对雅各布·韦特林的预测也是错误的。2016 年，在雅各布被绑架 27 年后，本应是头号嫌疑人的丹尼·海因里希最终承认，他在那个晚上绑架、性侵并谋杀了雅各布。在随后的这些年里，他又实施了多起性侵案。如果警方当初把注意力集中在可信的本地线索上，而不是挥霍资源，在耳目不灵的预言家的指引下一头扎进死胡同，也许一切都将有所不同。

只有备受瞩目的案件，才会有通灵师主动接近受害者。不过，失去亲人后，很多人会主动向通灵师寻求安慰。这种拜访最好的结果是，寻求安慰的人在离开时相信他们真的听到了亲人传递给他们的令人安慰的信息，或者在收到了一些无害的建议后，决定就此打住。不幸的是，这个行业里总有一些不道德的从业者，他们会通过通灵实施诈骗行为。除了最容易轻信的人之外，所有人都觉得"通灵诈骗"这个表述似乎语义重复。咨询通灵师的人肯定是被欺骗了，因为他们掏钱换取了一些没有内在价值的东西，这与诈骗的定义几乎完全一致。但是，当灵媒试图从明显弱势的客户那里敲诈钱财时，法律上的区别就很明显了。

值得庆幸的是，有人正在和这些通灵术骗子做斗争。在这些义务警察中，名气最大的也许是私家侦探、通灵师克星鲍勃·尼高。尼高将很多有诈骗行为的灵媒绳之以法。在他调查的第一个案子中，迈阿密的一名医生被通灵师吉娜·玛丽·马克斯骗走了 1.2 万美元。马克斯告诉那位医生，她的焦虑问题是一位讨厌的同事引起的，这位同事埋了一块肉诅咒她。这个故事太离奇了，使得这位医生认为这不可能是编造的。马克斯称，对付诅咒的唯一方法是进行一个神秘的仪式，需要点燃一些特殊的蜡烛，同时抚摸一个鸡蛋。医生需要支付给马克斯几千美元，以"净化"那个鸡蛋。尼高调查后发现，马克斯总共从其他 4 名受害者那里骗了 34 万美元。经过长达 10 年的调查，他最终收集到足够的证据，将马克斯送进了监狱，刑期 6 年。

尼高调查的另一个案件以通灵师深入而且明显不合情理的欺骗手段而闻名，受害者是 32 岁的尼尔·赖斯。赖斯发现他深爱的女人米歇尔并不爱他，于是去找纽约的通灵师普里西拉·德尔马罗。为了帮助赖斯赢得米歇尔的芳心，德尔马罗让他购买了各种各样昂贵的礼物，包括一块价值 3 万美元的劳力士镀金手表。但是这些礼物并不是送给米歇尔以博取好感的。相反，这只劳力士手表被用来完成一个精心设计的仪式，以便"让时光倒流"和"净化他的过去"。德尔马罗甚至说服赖斯拿出 8 万美元，购买一座虚构的 80 英里长的灵界金桥，用来驱散恶灵。当得知米歇尔死于药物过量时，德尔马罗（在收取费用之后）说她可以让米歇尔转世为一名 31 岁的女性。赖斯去洛杉矶见了"新的米歇尔"，但他发现这位米歇尔看起来和原来的米歇尔不太像，这让他起了疑心，用他的话来说，"德尔马罗并不像她所声称的那样无所不能"。

这时，赖斯已经卖掉了他的公寓，前后在德尔马罗这里共花了 50 多万美元。在绝望之余，他找到了尼高。尽管赖斯容易上当受骗，而且不是很谨慎（甚至一度与德尔马罗上了床），尼高还是成功地将德尔马罗绳之以法。

经验教训

现代通灵师用来欺骗受害者的微妙的心理操纵术，与世界各地的传神谕者、占卜师和预言家多年来一直使用的伎俩并没有什么不同。吕底亚国王克罗伊斯向德尔斐神庙的女祭司请求神谕，随着波斯帝国在他的故乡安纳托利亚的势力日益强大，他是否应该采取针对性行动。神谕毫不含糊地告诉他："如果你过河，你将摧毁一个伟大的帝国。"克罗伊斯认为预言对自己有利，于是在公元前547年正式发动了对波斯人的战争，一个伟大的帝国被摧毁了——他自己的帝国。当然，整个事件证明了神谕是正确的。事后有人评论说，神谕本来就是这个意思。就像今天使用彩虹策略的灵媒一样，神谕的预测也兼顾了所有的可能结果，战斗肯定会有赢家，所以这个预测不可能出错。如果预测有出错的危险，它就不可能在古代最强大、最受尊敬的预测机构中登上那个最高的位置。

据说，一位希腊将军向多多那神庙的女祭司请求神谕，咨询他在即将到来的战斗中的命运，女祭司回答说："You will go, you will return never in the war will you perish." 这是事后陈述的一个非常棒的早期例子，与通灵师的否定消失话术属于同一类别。这句话故意含糊其词，它可以被解释成两个截然相反的意思，无论事实如何，看起来都像是一个正确的预测。如果将军死了，就可以解释成："You will go, you will return never, in the war will you perish."（你将离开，你永远不会归来，你将在战争中死亡。）但如果将军胜利归来，那么这句话就应该解释成："You will go, you will return, never in the war will you perish."（你将离开，你将归来，你绝对不会在战争中死亡。）拉丁语ibis redibis在法律语境中指令人困惑或模棱两可的陈述，这个短语就直接来源于神谕预言的拉丁语翻译："ibis redibis nunquam per bella peribis"。

当然，还有诺查丹玛斯的乱枪打鸟。在他近4 000行含糊的预言中，必定有几句话与历史上的重大事件相似。但是在某些情况下，诺查丹玛斯的预言模棱两可，以至于同一首四行诗可以被解读成对截然不同的事件的预测。很明显，这样模棱两可的预测，只要数量足够多，那么在事后审视时，必然会有一些与事实相符。那些没有变成事实的预测呢？只是尚未实现罢了。

这正是问题的关键。大多数来自古代的预测要么不够具体，以至于没有人能真正说清楚它们到目前为止是否已经变成事实，要么不正确，但也不引人注目，现在已经消失得无影无踪，因为它们不能被编成有趣的传说。没有人记得牧师、占卜师和"智者"究竟犯了多少错误，因为他们的错误被他们对一两次偶然事件的看似正确的预测掩盖了。

在与宝拉的会面接近尾声时，我对她付出的努力表示了感谢。尽管我觉得她没有给我带来多少启示，但我认为她非常擅长她从事的这项工作。否则，她就无法在半个小时内猜测出一个完全陌生的人的生活，同时还能揭示一些基本事实。

作为回报，宝拉也给我留下了一句鼓励性的话："祝你这本书好运。你会一直很好的。"她肯定想不到，当我想去大街上找个地方坐下整理思绪时，这句话在我心中产生了强烈的共鸣。我坐在街角的一张长凳上，试着回忆宝拉今天在我身上使用的那些通灵术工具，以及我们所有人都有的认知偏倚。这些认知偏倚会让我们在这些场景中不知不觉地变成通灵师的帮凶。如果我们不想被打个措手不及，那么我们必须学会识别我们在几千年的人类进化过程中发展起来的这些经验法则：波利安娜效应，记忆偏倚，魔法思维，"帮助"我们的近因效应——我们自己的直觉。否则，我们就会很容易被那些想要迷惑我们、从我们的不安全感中获利或不想暴露自己那些小花招的通灵师所利用。然而，正如我们将在下一章看到的那样，我们不需要某个外部因素处心积虑地把我们引入歧途，就能上当受骗，因为我们自己就有能力做到这一点。

第 2 章

如何预测日常生活中的不寻常事件

"哈，"我笑着说道，"你真是个书呆子。我真不敢相信你每读一本书都会制作一个特别的书签。"

我的弟弟杰夫来到了我们家在 2009 年暑假期间居住的这幢房子。在拥抱和寒暄之后，我拿起了他在旅途中看的那本书。就在这时，一张卡片从保罗·奥斯特（Paul Auster）的《纽约三部曲》的上端露了出来，靠近顶部的位置印着"P AUST"。

"你说什么？"他问我，"我才不会那样干呢。"

"随便你怎么说吧。"我揶揄道，"那就是别人替你制作的喽？"

"你在说什么呀？"他笑了，有点儿困惑。他似乎真的不知道我在说什么，于是我举起书给他看。

"这个，看到了吗？"我嚷道。

"什么啊？"他不解地问，"这是我的火车票。"

我不相信他的话，于是把书签从书里抽出来，仔细查看那张卡片。它真的就是一张火车票。好吧，这不是一张简单的火车票，因为上面印有"P AUST"这个缩写。我不知道是什么意思。

我再次仔细查看了一下车票，发现这是杰夫从巴黎到利摩日的倒数第二段旅程的车票。突然间，我彻底明白了。从巴黎到利摩日，要从哪个车站上车？就在一周前，我刚从巴黎奥斯特里茨（Paris Austerlitz）站出发，完成了这段旅程。喜欢乘火车旅行的人把这个车站称作 P AUST 站。

在接下来的几天里，我一直在思考这件事，我想知道这到底有多巧合。这种事情偶然发生的可能性似乎太小了。这张车票肯定早就寄到杰夫手里了。如果他注意到了这个缩写，那么他带奥斯特的这本书可能就是他想到的一个小花招，只为了给我们找一个话题。也许整件事都是他计划好的吧？

我要求再看一遍车票。更加仔细地看了一遍以后，我发现了一些让我感到惊讶的东西。这张车票并没有印车站名称的缩写，而是一字不落地印了巴黎奥斯特里茨站的全称。垂直地印在车票左侧边缘的"P AUST"显然是后来添加上去的，但不是杰夫干的，或者至少不是他故意干的。

在法国乘坐火车前，首先应该检票（这个系统最初是为了防止投机取巧的旅客多次使用不定期的车票）。你把车票放进站台上的一台机器里，车票就会被盖戳，也就是印上出发站特有的"检票码"。只有当杰夫在奥斯特里茨站的站台检票后，车票上才会被印上"P AUST"。事先计划这一切似乎概率极低。

*

当巧合毫无预兆地出现时，我们会手忙脚乱地寻找背后的原因。我们在前一章也看到，通灵师将常见的巧合贴上"共时性"标签，并利用这一概念得到求问者的认可，赋予自己通灵信任度。当我们每天从降临在我们身上的事件中寻找意义时，我们常常会过于仓促地推断出因果关系，而这样的因果关系实际上根本不存在。当我在奥斯特的那本书中看到火车票时，我的第一个念头就是猜测我弟弟有定制书签的小众癖好——事后看来，他不太可能有这样的癖好。甚至在我看清事情的本质之后，我仍然把这件事归因于他的恶作剧，直到我抛却怀疑，确定这件事很可能是单纯的偶然因素导致的。

几乎每个人，甚至是我们当中最理性的人，都会在某些时候因为一些看似不可能的巧合而感到惊讶。这种影响可能非常显著，足以让我们暂时相信一些在理性思考下很可能不相信的事情。在前一章中，许多人声称拥有超自然的未卜先知能力或通灵能力，其实他们可能只是经历了一些特别巧合、足以改变或证实他们的神秘主义世界观的事情，这使他们永远无法理性思考事情的背后有什么道理。

大多数人很自然地都以自我为中心看待这个世界。因此，我们首先会从自己的角度来考虑偶然事件的概率，这也可以理解。我们很难克服这种长期形成的直觉，也很难接受这样一个事实：一些看似不可能发生的事件，即使不是肯定会发生，发生的可能性其实也非常高。

在抽彩（比如英国现已停止销售的百万富翁彩票）活动中，每周会从数十万个彩票号码中选出一个中奖号码。没有中奖的时候，你肯定可以接受获胜概率极低的事实。但如果你中奖了，你就很有可能把你的运气归因于命运或者某个更高级的力量在帮助你，尽管每次开奖都必然有人中奖。中奖者往往声称中奖是"上天的指示"或"另一个世界的亲戚传来的信息"。如果你的彩票与头奖号码非常接近，但又不完全一致，你就会情不自禁地认为世界跟你开了个玩笑，尽管事实上你并不比其他没有中奖的号码更接近大奖。彩票只有中奖和没中奖的区别。

我们个人在运气方面的生活体验很难与冷静理性的概率学取得一致。就算是在只有静电噪声的地方，我们也会努力寻找信号和显著性，而且有时我们真的找到了。

被"巧合科学"蒙蔽了双眼

科学领域发现的巧合有时价值极大。例如，1912 年，德国气候学家阿尔弗雷德·魏格纳注意到了一个明显很奇怪的巧合。他发现西非海岸线和南美洲东部海岸线似乎可以像拼图一样拼到一起。尽管当时流行的观点认为组成大陆的地块非常大，因此无法移动，但魏格纳提出了唯一符合他的观察的理论[21]：大陆漂移表明地块不是固定不动的，而是可以非常缓慢地改变它们在地球表面的相对位置。

当他在 1915 年发表这个理论[22]后，他成了科学界的笑柄。地质学家不接受他的古怪想法，理由是如此巨大的地球表面是无法移动的。他们认为，两个大陆看起来能完美地镶嵌到一起，纯属巧合。然而，到了 20 世纪 60 年代，板块构造理论[23]（认为固体地幔和地壳在地球表面运动）为魏格纳的理论提供了依据。

1815 年，英国医生威廉·普劳特注意到，化学家约翰·道尔顿近期测量到的一些元素的原子量大约是氢原子量的整数倍。[24]因此他提出，其他元素的原子可能是由不同数量的氢原子构成的。[25]例如，大约需要 8 克氧气和 1 克氢气结合才能生成水。既然我们知道每个水分子（H_2O）中氧原子和氢原子的数量比是 1∶2，那么根据普劳特的理论，氧原子的重量应该是氢原子的 16 倍左右（确实如此）。基于其他元素也有类似的近似整数比例关系，普劳特认为氢是唯一真正的基本粒子（他称之为 protyle），其他元素的原子是由不同数量的氢原子构成的。

后来，更精确的实验表明，其他元素的原子质量并不完全符合整数倍关系。氯元素就会带来一个显著的问题。[26]盐酸（HCl）由一个氯原子和一个氢原子构成，大约需要 35.45 克氯气与 1 克氢气反应。这表明氯原子的平均重量是氢原子的 35.45 倍，也使人们对普劳特的"整数比"假设产生了严重的怀疑。

事实证明，普劳特并不完全正确。原子其实是由质子、中子（质量与质子几乎完全相同）和电子（质量仅有质子的 2 000 分之一左右，这意味着它们在计算中几乎不会产生任何影响）构成的。同一种元素有不同的同位素，它们的质子数相同，但中子数不同。例如，氯有两种主要的同位素：一种有 17 个质子和 18 个中子，因此质量大约是氢原子的 35 倍；另一种有 17 个质子和 20 个中子，质量大约是氢原子的 37 倍。[35]Cl 和 [37]Cl 的比例大约是 3∶1，这就解释了为什么大约需要有 35.5 ×（¾ × 35 + ¼ × 37）克天然存在的氯气才能与 1 克氢气结合。尽管存在这种细微差别，但只要把所有同位素都考虑在内，普劳特关于其他原子的质量大约是氢原子质量的整数倍的说法仍然是正确的，这也被称为"整数法则"。1922 年，弗朗西斯·阿斯顿因为提出了整数法则而获得了诺贝尔化学奖。

也许更重要的是，普劳特在无序的测量数据中发现的规律激发了学术辩论，从而大大提高了我们对原子结构的理解。100 多年后，欧内斯特·卢瑟福用 α 粒子轰击了氮原子。[27] 他的目的是想轰出氢原子核，因为他推测所有原子都可能是由氢原子核这种基本粒子构成的。他将这些粒子命名为质子，这个名字来源于希腊语 protos，意思是"第一"。此外，卢瑟福也想对普劳特富有洞察力的猜想表示自己的敬意。

虽然巧合可以为新的科学发现指明道路，但是当它们证实了一个不正确的理论时，它们也可能成为科学进步的障碍。19 世纪初，德国解剖学家约翰·弗里德里希·梅克尔就犯了这样一个错误。他相信"自然梯级"（scala naturae），认为自然界有一个有序但静态的等级体系，其中人类的位置高于所有其他动物。最简单、最原始的生命形式被认为生活在阶梯最低处，而最复杂、最先进的生命则生活在最高处。他的观点并不令人惊讶，因为"存在之链"是当时的主流理论。现在被普遍接受的"共同起源"理论（多个物种从单一祖先种群进化而来）当时还只是一个处于萌芽阶段的想法。

梅克尔利用自然梯级，对他的专业领域（胚胎发育）提出了一个猜想。在所谓的复演说理论[28] 中，他假设高级动物（如哺乳动物）的胚胎最初的构造与低级阶梯上"不太完美"的动物（如鱼类、两栖动物和爬行动物）非常相似，但是在发育过程中会连续不断地进化。这个理论有一个令人吃惊但似乎不太可能的预测：人类胚胎进化到"鱼类阶段"时，应该会出现鳃裂。

碰巧的是，1827 年，人们发现人类胚胎在发育的早期阶段确实有类似于鳃的裂缝[29]。这一非同寻常的发现似乎证实了梅克尔的预测，也证实了他的复演说。由于证据确凿，这一理论被广泛接受，直到近 50 年后，也就是 19 世纪 70 年代，随着共同起源的观点开始站稳脚跟，发育复演说才最终被彻底抛弃。[30] 共同起源说清楚地表明，我们根本不会在子宫里经历"鱼类阶段"，只是我们与鱼类有着共同的祖先，我们和它们有非常相似的 DNA 和早期发育过程，鳃裂就是由此造成的结果。

隐藏在噪声中的模式

在数据泛滥的现代世界，科学家需要更加小心，不能把随机的巧合误解为意义重大的联系。在回答科学问题时，我们常常感兴趣的是确定一个量是否随另一个量而变化。例如，我们可能想要了解某一特定环境因素的存在或缺失是否会增加或减少我们的健康受某种特定影响的机会。

1992 年 2 月，朱莉·拉姆的大儿子凯文被诊断出患有急性淋巴细胞白血病。这位来自内布拉斯加州奥马哈的 5 个孩子的母亲回忆说："我当时就想知道是什么导致了癌症，因为我担心我的其他孩子。"朱莉和她的团队组织了一群儿童癌症患者的父母，成立了"奥马哈预防癌症"小组，开始调查凯文的可能病因。他们把最近出现的所有已知儿童癌症病例绘制到奥马哈地图上，发现了一些比较独特的区域，似乎病例在这些区域比较集中。他们把代表供电电缆的网格覆盖到地图上，发现一些癌症病例聚集的地区密集分布着纵横交错的电力线。他们还发现，在奥马哈一个变电站 1 英里半径范围内，至少有 11 名儿童在过去 7 年内被诊断出患有癌症。

在整个 20 世纪 80 年代和 90 年代初，人们都特别关心生活在电力线附近是否会增加罹患癌症的风险。1992 年，参与争论的几位著名物理学家指出，电力线发出的电磁场强度只有地球磁场的几百分之一，因此不太可能造成伤害。

"电力线致癌论"的支持者提出了一个富有想象力的想法，认为振荡的电磁场会让人体细胞发生相同频率的振动。但物理学家再次计算出，电力线可能对人体细胞产生的所有力只有人体自身热量产生的波动强度的几千分之一。除此之外，生物学家也发现很难解释这些微小的力是如何诱发癌症的。简而言之，没有合理的物理或生物机制能将电力线与癌症联系起来。

然而，只要没有明确的实验结果从实证上排除这种联系，奥马哈预防癌症小组就会继续认为电缆是导致癌症病例聚集的原因。而我们将看到，这些病例聚集最有可能是纯粹的概率使然。

*

为了理解为什么家长小组最终偏离了目标，我们需要了解人类是如何处理随机性的（如果他们没有像前一章那样，把随机性视为一张供他们在上面撰写通灵信息的白纸的话）。不幸的是，事实证明，在理解随机现象这个问题时，我们的直觉经常让我们失望。

先不要看说明文字，看看你能否从图 2–1 中找出以真正均匀的随机数作为点的坐标（也就是说，图中每个点都独立于其他点，点的横坐标落在横轴上任何位置的可能性都相等，纵坐标落在纵轴上任何位置的可能性也都相等）生成的数据集。

如果你不确定，并决定选择中间那幅图，那么你很可能有"中庸偏倚"的问题——倾向于排除极端的选项，而选择更靠近中心的选项。行为科学家证实，当在两种定价方案之间做出选择时，大多数人倾向于选择低价，而不是高价，但是如果还有第三个超高价的方案，那么居于"中间"的高价方案就会最受欢迎。[31] 当你购买保险以对冲未来风险时，有个问题值得你好好想一想："白金方案"是真的能带来切实的好处，还是只是为了让"黄金方案"更受欢迎？

教育心理学家同样发现，如果学生真的不知道选择题答案，那么他们在猜答案时往往会选择 4 个选项的中间两个，或者 5 个选项中的第三个。[32] 很多活动都会受到这种影响，例如玩《战舰》游戏时（玩家在试图击沉对手的战舰时，他们更可能会猜远离两边的坐标），在架子上选择物品或选择电脑下拉菜单选项时[33]，甚至是上厕所时（选择中间隔间的可能性比选择两侧隔间的可能性高 50%）[34]。

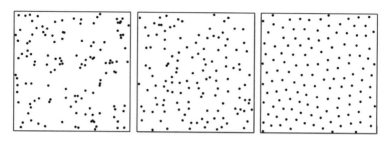

图 2-1　三个数据集，每个数据集有 132 个点。一个数据集表示巴塔哥尼亚海鸟巢穴的位置，一个表示蚁群巢穴的位置，还有一个表示随机生成的坐标。哪个对应哪个呢？

事实上，图 2-1 中真正随机分布的是最左边的那幅图。中间的那幅图表示的是蚁巢的位置，蚁巢的分布尽管有一定的随机性，但也表现出了避免靠得太近以至于挤占资源的倾向性。最右边那幅图表现的是巴塔哥尼亚海鸟筑巢地，呈现出分布更加规则和均匀的特点，这是因为它们在养育幼鸟时不喜欢离邻居太近。最左边的图是计算机生成的真正均匀且随机分布的点，这些点不会避免彼此靠近。

如果你选错了，也无须懊恼，因为你绝对不是唯一一个选错的。除了可能受中庸偏倚的影响外，我们大多数人倾向于认为随机性就是"间隔均匀"。真正随机分布的点出现的密集聚集现象和大量巨大间隙似乎与我们关于随机性的固有概念相矛盾。

正是由于这种长期形成的认知偏见，我最近的一些研究专注于找到能够完全不借助人类感知来判断空间模式是否随机的标准。[35] 团队的研究人员使用这些工具来确定正在发育的胚胎中的细胞是否比我们预期的更分散，也用来描述并更好地理解斑马鱼条纹呈现的美丽模式。[36]

*

随机模式不等于间隔均匀，理解这一点有助于理解奥马哈的所谓癌症病例聚集问题。由于癌症病例不是均匀分布在一个国家，而是随机分布的，因此，即使不存在致癌因素，随机分布的癌症病例仅仅因为偶然，也会发生聚集现象。奥马哈预防癌症小组在检测癌症病例随机模式时取得的偶然发现，可能是随机性导致逻辑错误的一个例子，这被称为得克萨斯神枪手谬误。

这个谬误得名于一个故事，讲的是一个得克萨斯牛仔喜欢在喝了几杯酒后去谷仓练习射击的故事。人在醉醺醺时不可避免地在谷仓的墙上留下了随机分布的弹孔，其中一些弹孔仅仅是因为偶然才集中在一起。一天早上，这位精明的"神枪手"拿出油漆罐，围绕这堆弹孔画出了一个靶心，目的是让没有看到这些弹孔形成过程的人觉得他枪法很准，同时把人们的注意力从其他更分散的弹孔上转移开。

神枪手谬误是指仅收集与给定假设相符的数据而得出结论，而忽略不支持结论的数据。错误地认定事件的关联性以及事后"画靶心"并不总是有意识的行为。在某种意义上，这个谬误可以被认为是前一章中重点介绍的证真偏倚和后见之明偏倚的产物——产生嘈杂的数据后只关注我们期望看到的东西。电视真人秀的制作就是一个经典的例子，我们从中可以看到目标明确的"神枪手"。只要拍摄的片子足够长、人物足够多，甚至是最平凡的对话片段都可以被编辑成令人信服且针对性很强的叙述。

奥马哈的家长可能在无意中犯了神枪手谬误，他们在那些集中出现在电力线区域的癌症病例周围画了一个"靶心"。虽然理解这个谬误并不一定排除了电力线和癌症之间存在联系的可能性，但它确实表明，奥马哈地区的癌症病例集中出现在电力线附近，密集程度或高或低，背后可能并没有固定的原因。

*

随机性会让我们的大脑无法做出合乎情理的推断，不幸的是，它或多或少成了我们日常生活的一部分。在很多事情上（例如下一班公交车的到达时间、音乐播放器随机播放的下一首歌曲），我们都要面对这个问题。

举个例子。记者史蒂文·列维注意到他的iPod（苹果音乐播放器）在随机播放时，史提利·丹乐队的歌被播放的次数总是特别多，于是他直接问乔布斯，"随机播放"模式是否真的是随机的。乔布斯向他保证确实如此，甚至还找了一位工程师进行了电话确认。列维随后在《新闻周刊》上发表了一篇文章，大量有类似经历的读者纷纷回应，并提出质疑，例如，在随机播放模式下，鲍勃·迪伦的两首歌曾被连续播放（他们收藏的歌曲有数千首），怎么可能真的是随机播放呢？

我们往往过于随便地将随机产生的聚集赋予某种意义，并因此推断在这种模式背后有某种动力促使其生成。这是我们与生俱来的倾向。进化论观点认为，数万年前，如果在森林里打猎或采集时听到灌木丛中有沙沙声，明智的做法是选择安全行事，尽快逃跑。也许一只猛兽正在寻找午餐，逃跑会让你保住性命。也许这只是风在树叶间随意地低语，因此你看起来有点儿傻——傻，但还活着，能够把你偏执于识别模式的基因传给下一代。

如今，在没有捕食危险的情况下，人类将这种长期磨炼的听觉技能主要用于"倒带掩码"（backmasking）——将信息藏在录音中，只有倒放能识别出来。尽管倒放的录音听起来毫无意义，但是人们声称，将齐柏林飞艇乐队的《通往天堂的阶梯》倒放，就能听到："致我的甜蜜的撒旦，他的小路会让我伤心，他的力量是撒旦。他会给和他一起的人666。在那个小小的工棚里，他让我们受苦，悲伤的撒旦。"

尽管乐队否认他们故意将秘密信息编码到歌曲中，但1982年加利福尼亚州议会消费者保护委员会在一次会议上播放了《通往天堂的阶梯》的倒放片段，并要求对一项法案进行投票，内容是强制给含有"危险性"倒放掩码的音乐贴上警告标签（该法案最终没有通过）。自称是"神经科学家"的威廉·亚罗尔在向委员会作证时说，青少年只需要听三遍倒放掩码的歌曲，这些隐藏信息就会"作为真理保存到脑子里"，使他们成为反基督教的门徒。尽管齐柏林飞艇乐队被认为是主犯，但亚罗尔声称，他在其他乐队（包括皇后乐队和披头士乐队）的倒放音乐中也发现了一些信息。

披头士乐队 1968 年的歌曲《革命 9》中重复出现的单词"number nine"（九号）倒放时听起来有点儿像"让我兴奋起来，死人"。约翰·列侬同一张专辑中的歌曲《我很累》结尾时的喃喃自语倒放时听起来就像"保罗死了，伙计。想他，想他，想他"。这些"发现"为保罗·麦卡特尼已于 1966 年 11 月去世、被一个替身秘密取代的阴谋论提供了证据。如果你仔细听一听这些倒放片段，无论哪一段，你都会发现你听到的声音和人们声称能听到的词语之间没什么对应关系，听歌的人很可能是没有规律却硬找规律。

这种听觉上的一厢情愿在心理学中叫作空想性错视（pareidolia）。这个概念是指观察者将模糊的听觉或视觉刺激解释为他们熟悉的东西。这就是我在引言中说的"规律识别倾向"现象，它让我的孩子们看出云的形状，也让人们看到月亮上的人。空想性错视属于更普遍的幻想性错觉（apophenia）中的一种。所谓幻想性错觉，意思是人们错误地认为不相关事件或物体之间存在联系并赋予其意义。这些错误联系会导致我们去验证不正确的假设并得出不合逻辑的结论。因此，这种现象是许多阴谋论的根源，例如，许多外星探索者认为天空中任何明亮的光都是 UFO（不明飞行物）。

幻想性错觉让我们去寻找结果背后的原因，而实际上可能根本没有原因。当我们连续听到同一位歌手的两首歌时，我们以为发现了一种规律，于是迫不及待地指出有问题，而事实上，这种聚集是随机性的固有特征。

最终，由于人们对 iPod 真正的随机播放所固有的聚集现象不满，史蒂夫·乔布斯在 iPod 上实现了新的"智能随机播放"功能，这意味着下一首播放的歌曲将不会与前一首特别相似，这与我们对随机性的错误看法更一致。正如乔布斯自己说的那样，"我们减少了随机性，但人们感受到了更多的随机性"。

*

朱莉·拉姆坚信自己发现了癌症病例的规律，于是她和奥马哈的其他家长一起赶到内布拉斯加州卫生部门。但到了那里后，官员们解释说他们的证据其实就是聚集效应，是幻想性错觉的一个教科书式案例。就在他们即将失去信心，认为自己的看法无法取得政府部门的信任的时候，瑞典发表的一项大型研究[37]似乎为他们的假设提供了支持。

瑞典的这项研究声称，高度暴露在电力线产生的电磁场中的儿童患白血病的可能性几乎是未暴露的儿童的 4 倍。4 倍的风险比（暴露在电力线形成的电磁场中的儿童的癌症发病率除以对照组的发病率）表明电力线影响极大，似乎很难把这个结果解释为小群体中噪声引起的意外，因为样本量很大。这项研究的研究人员非常勤奋，他们让 1960 年至 1985 年间在 220 千伏或 400 千伏电力线附近 300 米范围内居住了至少一年的瑞典人都参与了实验，还花了大量时间和精力来计算癌症患者在确诊时和确诊之前接收到的电磁场强度。毫无疑问，这项规模庞大、看似无懈可击的研究取得的关于电磁场强度的发现为电力线致癌提供了无可争议的证据，即使是那些对电力线致癌机制持怀疑态度的物理学家和生物学家也不得不接受。

然而，事实证明，这项研究存在一个问题，而且是一个非常普遍的问题，以至于它成了公共卫生流行病学专业的学生要学习的重要内容之一。那就是，在开始调查之前，研究人员并没有明确他们要研究什么，而是进行了大量的测量和比较。他们精心收集和高度分层的数据集十分广泛，表面上看令人赞叹，其实恰恰是问题所在。这些数据使得他们不仅可以直接比较住在电力线附近的人和其他人的癌症发病率，还可以做很多其他比较。他们可以对大量人群进行类似的分析：确诊前在电力线附近居住了 2 年、5 年和 10 年的人；暴露在 0.1、0.2 和 0.3 微特斯拉场强下的人；一辈子都居住在电力线附近的人和一生中只有部分时间居住在电力线附近的人；住独立公寓的人和住多户型公寓楼的人；成人和儿童……还可以继续列举下去。研究核查了每一个亚群体多种疾病发病率增加的情况，最终计算出了 800 多个风险比。虽然从表面上看似乎非常周密，但实际上，这是科学研究中的一个基础性错误，被称为多重比较谬误，亦称"查看别处效应"。

当我们收集有关环境因素变化的数据并将其与各种原因导致的健康问题的发生率进行比较时，我们通常能找到数据中的变化。幸运的是，即使数据中包含很多噪声，也有许多统计检验方法可以用来评估不同因素之间存在特定关系的置信度。这些测试通常会得出所谓的 p 值，其中 p 代表概率。粗略地说，p 值是环境因素和健康问题之间确实没有关系时得到你所观察到的极端结果的概率。这个 p 值越低，置信度就越高，我们就越认为两个因素之间的相关性是它们之间关系的真实反映，而不仅仅是偶然的结果。例如，p 值为 0.05 则表明，平均而言，如果两个因素之间并不存在相关关系，两个因素之间的这种数据统计结果在每 20 次重复实验中只能偶然观察到 1 次（概率 0.05 就是每 20 次发生 1 次）。这一发现并不能确定地证明任何事情。但是，如果发现在变量之间确实没有关系时这些数据的出现概率很低，就会提高我们对存在这种关系的信心。

通常，在收集任何证据之前，应该指定一个可接受的 p 值，即研究的显著性水平。如果发现的 p 值小于显著性水平，就可以说被测试的关系具有统计显著性。不同的科学领域对结果有不同程度的置信度要求。你越想对你的发现有信心，你指定的显著性水平的值就应该越低。例如，将显著性水平定为 0.01 则意味着，即使没有真正的影响，平均而言，每做 100 次独立重复的实验，就有 1 次统计测试表明影响是存在的。在显著性水平保持不变的情况下，随着测试数量的增加，找到看似具有统计显著性的结果的概率就会增加。一种简单的校正方法（被称作邦弗朗尼校正）是将显著性水平除以测试次数。如果确实没有关系，那么做的测试越多，结果就越难被认为具有显著性。故意对数据集进行多种比较并且只报告具有显著性的比较，这种行为就叫作数据捕捞、数据钓鱼或 p 值操纵。

进行大型研究时，如果拟定的测试未能显示出显著的结果，那么，通过对数据进行分层，测试在不同数据子集中引起的一系列潜在影响（具体而言，瑞典电力线研究对不同亚群中电力线与一系列疾病之间关系的测试就属于此类）就有可能起到"查看别处"的效果。该研究的作者在总结研究结果时写道："对于脑肿瘤或所有儿童癌症来说，几乎没有证据支持两者之间的联系。"但作者接着进行了 800 多次比较，因此，他们最终能发现一个看似显著，甚至是高显著性水平（低 p 值）的结果的可能性极大。他们最终发现，住在单户住宅、暴露在 0.3 微特斯拉以上的电磁场中的儿童患骨髓性白血病的风险更高。可以看到，这句话中包含多个条件，对具体的疾病和研究参与者的子群体进行了限制，在这种情况下，结果才具有显著性。

实际上，由于进行了大量的比较，因此我们不能确信这种小众性的关联是不是纯属偶然。但研究人员认为他们的结论具有显著性。他们提出一些令人难以置信的原因，试图解释为什么只有这一小部分人以这种方式受到了影响。为了解释为什么只有单户住宅家庭的研究结果具有显著性，他们甚至怀疑他们在评估多户型公寓电磁场时使用的技术可能无效。在面对随机巧合时，一些科学家似乎和我们其他人一样容易做出因果推论。

尽管有时因果关系似乎是显而易见的，但为了避免查看别处效应，科学家在开始研究之前，应该谨慎地对研究要回答什么问题加以限制。如果设计得好，最终的研究应该足以回答他们最初提出的问题，还有可能发现其他有趣的关系，引导他们提出新的问题并开展研究。因为每个数据集都会包含一些纯属偶然的模式，所以直接围绕这些模式画一个"靶心"，然后得出存在某种关系的结论，是无法令人信服的。如果我们想要找到这些数据集真正反映的问题，就必须收集更多的数据，列出要研究的问题并将这些新问题包括其中，然后开始研究。

　　瑞典的这项研究针对其数据集提出了太多的问题，因此最终的结果是所有答案都不可信。让朱莉·拉姆和奥马哈预防癌症小组的家长们非常失望的是，我们至今尚未发现电力线电磁场与癌症之间存在任何联系，也没有发现电力线任何其他有害健康的影响。虽然瑞典科学家本该清楚不能同时探索太多不同的方向，但掉进这个陷阱的大有人在。

数字游戏

　　1967 年 3 月 21 日早上 6 点，精神病医生约翰·巴克博士在"英国预感局"接到了一个电话。在电话的另一端，艾伦·亨切尔听起来很焦虑，他絮絮叨叨地说一架飞机将在山上坠毁，造成 123 或 124 人死亡。不到一个月后，一架客机在塞浦路斯上空的雷暴中坠毁。第二天，《旗帜晚报》的头版标题是"124 人死于客机失事"。

　　亨切尔的预感似乎准确得惊人。提前预测受害者的确切人数似乎是不可能的事，因此我们可能会认为发生这种事的概率非常小，可以排除偶然或巧合的可能。那么，唯一的解释必然是，亨切尔确实能够预测未来。但是，仔细分析就会发现，这个故事有许多隐藏的因素，这意味着预测未来可能并不像我们想象的那样不可能。

　　那些认为自己能未卜先知的人通常把做梦作为一种预知的方法。因此，我们假设某人做了一个梦，准确地预测了一个月内将发生飞机失事（亨切尔预测的事故恰好发生在他的预感后的第 30 天），看看这个看似不太可能发生的事件的概率。首先，考虑在 1967 年全世界有 35 亿人，在某起事故发生前的 30 天内，每个人每周大约会记住 2 个梦境主题[38]。因此，这段时间一共有 300 亿个梦。飞机失事是最常被记住的梦境主题之一[39]，但我们保守一些，假设每 1 000 个梦境中只有 1 个是飞机失事。即使在这个适度的梦境频率下，我们仍然可以预计在坠机前的一个月里会有 3 000 万个关于坠机的梦发生。

但是，亨切尔不仅预测了飞机失事，似乎还预测了正确的死亡人数，这似乎完美地证明了他的预知能力。只是，空难梦的绝对数量这么多，意味着在梦中正确预测死亡人数等看似具体细节是十分常见的。我们假设只有 1/10 的飞机失事梦非常清晰，做梦者可以估算出死亡人数，那么仍然有 300 万个有具体死亡数字的飞机失事梦可供选择。考虑到当时最大的客机最多只能搭载 260 名乘客，随便说一个数字都有 260 分之一的正确率。即使将候选的梦的数量除以 260，也可以看出，在事故发生前一个月，看似能预知死亡人数的梦仍将超过 1.1 万个。

亨切尔的预测是 123 或 124，这给了自己一定程度的回旋余地。事实上，据了解，有 2 个人被从飞机残骸中救出，但是后来因为伤势过重在医院死亡，使死亡总人数达到了 126 人。尽管差了 2 个人，但我们仍然对亨切尔预测的准确性惊叹不已，这说明我们渴望相信巧合，对确切的细节有一定程度的容忍。对许多人来说，只要预测的死亡人数在 123 到 129 之间，他们就会认为预测与事实非常接近，足以为亨切尔的预见能力提供令人信服的证据，这将他成功的机会提高了 6 倍。这是"邻近原则"的一个例子，它的内容是，一个预测无须与事实完全吻合，只要接近，就会被视为成功预测。邻近原则是阴谋论者和民间传说研究者最喜欢使用的工具，它可以极大地提高在本来不相关的事件之间建立联系的概率。下面我们以围绕美国总统亚伯拉罕·林肯和约翰·F. 肯尼迪遇刺事件的所谓"诡异"巧合为例。两个杀手，约翰·威尔克斯·布斯和李·哈维·奥斯瓦尔德都是南方人，他们广为人知的名字都有三个部分，而且他俩据说出生年份都以 39 结尾。更令人惊奇的联系是，布斯从枪杀林肯的剧院逃跑，最终在一个仓库被捕，而奥斯瓦尔德从枪杀肯尼迪的仓库逃跑，也是在一个剧院被捕。

从表面上看，这些巧合似乎很不寻常，令人难以置信，但是只要我们深入挖掘，就能发现邻近原则的迹象。事实是，作为一名演员，布斯经常被称为 J. 威尔克斯·布斯或约翰·威尔克斯，以区别于他的家族中的其他演员。而在肯尼迪遇刺之前，奥斯瓦尔德的三个名字都不为人所知，只是在遇刺之后人们才知道了这些名字。由于他经常使用假身份，包括他自己名字的变体，因此为了明确起见，达拉斯警方开始使用他的全名。虽然两人都出生在南方，但布斯在北方生活了很长时间，认为自己是一个"了解南方的北方人"。虽然他们的出生地都位于美国人口稠密的地区，但我们不应该对这一事实太过惊奇。两个杀手出生年份的巧合源于信息错误。奥斯瓦尔德出生于 1939 年，布斯其实出生于 1838 年，而不是 1839 年。在重述这个故事时，这个微小的不一致通常被掩盖了起来，以免有人吹毛求疵地调查事实。最后，林肯是在剧院（这里上演的是戏剧）里被暗杀的，而杀手布斯是在一个农村农场的烟草仓库（不是货仓）里被捕的；奥斯瓦尔德是在达拉斯市中心的一个书店仓库（你可以认为这是一种文学仓库！）枪杀了肯尼迪，后来在一家电影院被捕。有时候，如果你看得不仔细，那么只要足够接近就会让你信服。

让我们回到亨切尔的航空灾难预测，接近原则为死亡人数预测留下了 6 倍回旋余地，因此我们可以预计，在坠机发生前的一个月里，全世界会有超过 66 000 个惊人准确的飞机失事预测梦。即使每 10 000 人中只有 1 人会向当局报告他们的梦，可以预计我们仍然有希望听到大约 6 个这样的预测。尽管亨切尔可能没有在梦中看到他报告的幻象，但是如果幻象还可能有其他体验方式，那么这种预感只会更多。突然之间，亨切尔表面上有先见之明的预言似乎不再那么不可能了。

接受亨切尔的预测还需要我们忽视一个事实：尼科西亚国际机场位于海拔 220 米的迈萨奥里亚平原中部，与亨切尔预测的坠机地点并不相符。当我们发现亨切尔在预感局并不只留有这唯一一个预言时，亨切尔的成功就更不稀奇了——在预感局成立的头几年里，他打过好几百个电话。

亨切尔曾在半夜 1 点打电话到巴克家中，坚持要求这位精神病医生检查住所的煤气管道，因为他担心巴克的安全。但巴克的房子根本没有接通煤气。10 天后，1967 年 5 月 1 日，亨切尔通过电话向巴克报告了另一个空难预感，声称空难将在三周内发生，这很有可能，因为那一年平均每 20 天就有一架民用飞机坠毁。结果，那个月，也就是 1967 年 5 月，是当年全世界唯一没有发生有人员伤亡的民用飞机坠毁事件的月份。

亨切尔从不担心自己的预测过于大胆。两年后，他做出了下面这个关于世界末日的预言：

> 1969 年 9 月之前的某个时候，将有一个巨物飞向地球。强烈的太阳黑子活动将达到闻所未闻的顶点。在这些自然现象的共同作用下，世界多个地方会发生洪水、飓风和剧烈地震。大约会有 50 万人死亡。

毫无疑问，如果这个预言是对的，你早就听说过了。

仅亨切尔一个人就做过大量预测，因此从长远来看，他成功预测某事的可能性很大。考虑到听到世界上任何一个人准确预测一个故事，我们都会印象深刻，因此这种"预感"事件几乎一定会发生。这也可以称为巨数法则。巨数法则指出，对于一个给定的事件，无论它只发生一次的可能性有多低，只要给予它足够多的机会，它早晚会发生。

尽管我在估算亨切尔空难预测成功的概率时尽量做到公平，但我还是做出了许多假设（不过每次假设时，我宁可让预测成功看起来不太可能是纯粹的运气使然）。对于现实世界中的绝大多数巧合，如果不经过这样的数学论证，很难说服信徒们相信，在他们认为有因果关系的偶然事件背后，唯一的推动力其实只有概率。很多这样的不寻常事件难以通过数学来确认其发生的可能性。当试图为事件的可能性或不可能性确定数值时，我们总得做一系列基本假设。无论我们多么认真细致地证明这些假设是合理的，任何人只要有足够的动力，都可以一步步削弱这些假设，直到整个结构看起来摇摇欲坠，至少在信徒的眼中是这样。

但是，有一些极不可能发生但总是会发生的事件，更适合用可靠的数学方法加以处理。我们可以精确地估计这种不寻常事件发生的概率，并看到巨数法则如何使它们发生的可能性远远高于我们最初的想象。

有可能是你，但很可能不是你

"有可能是你"，这是英国国家彩票 1994 年首次发行时的广告语。该广告鼓励人们花 1 英镑购买彩票，一只巨大的手就会从天而降，指向一个普通人，把足以改变人生的头奖送给了他。虽然中奖的机会非常渺茫，但正如老话所说，只要买了一张彩票，你中奖的机会就会大大增加（甚至无限增加，如果我们谈论的是相对概率）。

迈克·麦克德莫特是这一推理的忠实信徒。2002 年 10 月 5 日星期六深夜，当这位朴次茅斯的电工查看他的彩票号码时，他简直不敢相信自己的眼睛。他成功押中了那个鼓形结构产生的 7 个数字中的 6 个，这意味着他将获得超过 12 万英镑的奖金。对大多数人来说，这一大笔意外之财足以改变其一生。但是在这之前，迈克和大多数人的经历并不一样。

当英国国家彩票刚发行时，参与者需要在 1 到 49 之间选 6 个数字（所谓的 49 选 6），然后国家电视台将直播经过认证的"重力抽彩"机器抽出 6 个"主数字球"和 1 个"奖励球"的过程。如果与 6 个主数字球相同，将赢得该期头奖的一部分（或全部，如果你是唯一的赢家），但如果只有 5 个主数字球和 1 个奖励球匹配，也会赢得一笔可观的奖金。在 10 月那个漆黑的夜晚，迈克做到了后者。

赢得大奖的概率大约是 1 400 万分之一。从机器中出来的第一个号码球可以是 49 个球中的任何一个。第二个是从剩下的 48 个球中选出，再下一个是从 47 个球中选出，以此类推，直到第 6 个球从剩下的 44 个球中选出。最后会从鼓中剩下的 43 个球中随机选出奖励球。因此，从 49 个球中依照特定次序抽取 6 个球，一共有 49×48×47×46×45×44 种不同抽法（你也可以算出来，最终结果超过 100 亿）。在数学上，这些不同排序叫作排列。这些排列中可能会包含相同的数字，只是从鼓中抽取的先后次序不同。例如，排列 1、2、3、4、5、6 不同于排列 6、5、4、3、2、1，也不同于排列 3、4、6、1、5、2，以此类推。

但对于大多数彩票来说，球出来的顺序并不重要。把中奖号码按数字升序排列，有可能得到相同的结果。当一组数字的顺序无关紧要时，那么它们就是组合。这个词最常用于在数学语境中描述"密码锁"，比如自行车锁或保险箱的密码锁。（具有讽刺意味的是，这些锁实际上应该被称为"排列锁"，因为数字的顺序很重要。）

要根据排列数计算出组合数，需要除以被选择的球的排序方式的种数。6 个不同的球有 720（6×5×4×3×2×1）种排序法（第一个位置有 6 种可能，第二个位置有 5 种可能，以此类推，直到最后一个位置只有 1 种选择）。为了计算球的不同组合的真实数目，我们用从 49 个球中选 6 个球的 100 亿种方法，除以 6 个不同数字的 720 种排序法，得到大约 1 400 万种不同的可能组合。因此，1 400 万分之一是你所选择的数字在本轮抽奖中被抽中的大致概率。

迈克在 10 月份得到的结果其实比赢得大奖要容易一些。他也匹配了 6 个数字，但匹配的是前 7 个中的 6 个（5 个主数字球和 1 个奖励球），而不是前 6 个中的 6 个。由于匹配前 6 个数字中的 5 个有 6 种不同的方法（或者说，从前 6 个数字中排除 1 个数字有 6 种方法，两个说法等价），这意味着得到迈克的结果比赢得大奖的可能性高 5 倍。

尽管如此，迈克中奖的概率还是不到 200 万分之一。对个人来说，这个概率似乎低得惊人。但是考虑到 2002 年每轮抽奖售出的彩票数目在 2 000 万到 6 500 万张之间，那么几乎每周都有人中奖就不应让人们感到惊讶了。事实上，根据保守估计，假设有 2 000 万张独立的、随机选择的彩票被售出，没有人同时匹配 5 个主数字球和 1 个奖励球的概率是非常小的，平均来说，每抽奖 5 331 次才会发生一次这种情况。在迈克中奖的那次抽奖中，还有 16 张彩票也满足匹配 5 个主数字球和 1 个奖励球的条件。

但迈克中奖这件事真正令人惊讶的是，这已经不是他第一次中奖了。就在 4 个月前，迈克用完全相同的数字，成功匹配了 5 个主数字球和 1 个奖励球，赢得了近 19.5 万英镑的奖金。这看起来真的太不可能了。迈克自己也说："我们认为用同样的号码中两次奖是根本不可能的。"

由于所有的抽奖都是相互独立的，要计算任何一个人在任意两次特定抽奖中两次匹配 5 个主数字球和 1 个奖励球的概率，需要将他们中一次奖的概率（1 / 2330636）乘以自身，得到的概率还不到 5.4 万亿分之一。南安普敦大学的西蒙·考克斯教授在接受《每日邮报》采访时表示："可能性这么低的事情，想也是不可能的。这件事太离奇了，我想不出还有什么比这更不可能发生的事情了，除了中两次彩票。"

虽然这确实是一个不寻常的事件，但它可能并不像"5 万亿分之一"的头条新闻所描述的那么不可能。首先，我们说过，考虑到每周有大量的人买彩票，应该可以预计会有数十人中和迈克一样的奖。数百次抽奖后，有可能中奖的人数就会达到数千人。当然，这些中奖者获得第二次中奖的机会取决于他们是否继续买彩票。你可能会问，既然在赢了大笔现金后，再次中奖的可能性似乎极低，他们为什么还会买彩票呢？的确，对于从未中过彩票的人，中两次奖的机会比只中一次的机会要小得多。但是，不管这听起来多么违反直觉，我们要知道当他们在某一次抽奖中成功中奖后，他们再次中奖的概率不会因为曾经中奖的经历而受到任何影响，而是与其他彩民中奖的机会相等（即使他们继续选择第一次获奖时选择的号码）。

我最喜欢的一个笑话就是建立在对不太可能的独立事件的这种推理之上的。笑话是这样的：我昨晚遇到了一个搭便车的人。看到我爽快地停车并让他上车，他感到很惊讶。车开起来后，他问我："你不担心我是个连环杀手吗？""不担心。"我回答说，"同一辆车里有两个连环杀手的可能性太低了。"这个笑话好笑的点是，你是连环杀手并不会降低另一个人也是连环杀手的可能性，尽管两个连环杀手独立出现在同一辆车里的可能性确实非常低。同样，尽管从未中过奖的人中两次奖的机会非常小，但中过一次奖并不会降低你再次中奖的可能性。

事实上，许多第一次中彩票的人都觉得他们第二次中奖的机会更大了。他们觉得中过奖的人更幸运，这种想法通常会让他们更频繁地买彩票。举个例子，在遇到了中奖两次这种概率极低的事件之后，迈克告诉围在一起观看他喷香槟酒的媒体人员说："人们说事情一发生就会接二连三，所以我肯定会继续使用这组数字。我现在相信一切皆有可能。"另外，许多中奖者都有一种感激之情，而且与中奖前相比，在获得新的流动资金后，他们有能力购买更多的彩票，这会进一步增加他们中奖的概率。

因此，尽管迈克的号码在一次抽奖中再次出现的概率不到 200 万分之一，但考虑到之前有成千上万的中奖者，许多人仍然在买彩票，而且会购买多张彩票，所以很容易看出，某个人在第一次中奖后又多次购买彩票且再次中奖真的不是那么不可能。

那么一个人中一次甚至两次彩票的概率是多少呢？巨数法则告诉我们，概率其实很高，但理性告诉我们，中奖的可能不会是你。

2009 年，保加利亚国家彩票发生了比迈克两次中奖更不寻常的事情。保加利亚的彩票机每周都会在独立的彩票委员会的见证下，从 42 个可能的数字中选出 6 个数字（42 选 6 彩票）。9 月 6 日，选出的数字是 4、15、23、24、35 和 42。4 天后，同样 6 个数字又出现了（尽管出现的次序不同）。重复抽出相同的号码在全世界都成了新闻。在连续两次抽奖中出现同一组数字的概率还不到 275 万亿分之一。在注意到这一巧合后，一位彩票发言人说："这是彩票 52 年历史上的第一次。看到如此离奇的巧合，我们都感到震惊。"尽管彩票官方声称"不可能有操纵行为"，但这一事件的不可能性还是促使保加利亚体育部长斯维伦·尼科夫对这一事件展开了调查。

不过，如果更仔细地分析这个问题，就会发现大奖号码重复出现的可能性并不像听起来那么小。第一次抽奖会抽出哪些数字并不是那么重要，只有当同样的数字再次出现时，才会引起人们的注意。鉴于任意一组 6 个数字重复出现，我们都会感到惊讶，所以我们其实只需要考虑在第二次抽奖时出现相同一组数字的概率。对于这种 42 选 6 彩票，这个概率是 1 / 5 245 786，这比报纸头条报道的 275 万亿分之一的概率高出了

5 000 多万倍。

同样一组数字出现在连续两次抽奖中当然令人惊讶，但如果抽出的号码跟之前任意一次的大奖号码相同，可能仍然会成为新闻。保加利亚的彩票已经运行了 52 年。假设每周抽奖两次，那么总共抽出了超过 5 400 种相互独立的 6 个数字组合。因为我们关心的是两组不同的 6 个数相互匹配的问题，所以真正重要的是抽出的两组数可以形成的配对总数。两次抽奖可以形成的配对总数会按照抽奖次数的二次方增长。抽奖 3 次，有 3 种可能的配对；抽奖 10 次，有 45 种配对；100 次对应 4 950 种配对；抽奖 5 400 次，就有超过 1 450 万种配对。这 1 450 万组配对号码都不相同的概率只有 6%。简而言之，在保加利亚 52 年的彩票历史中，极有可能出现过两组相同的大奖号码。

考虑到在足够长的时间内出现相同大奖号码的可能性这么大，一旦真的出现，也不应该引起我们的怀疑。9 月 6 日保加利亚第一次开出那组号码时，没有人中头奖，但在 4 天后第二次开出那组号码时，有 18 人同时中奖，于是人们开始提出疑问，有些地方似乎不对劲。但是，有多人中奖也有一个明确无误的解释。对于许多老玩家来说，选择前一次抽奖的中奖号码是一种特别常见的策略，在随后的抽奖中，这些数字被选中的预期频率通常是其他数字的 100 倍以上。第二次抽奖有如此多的人中奖正是我们应该预料到的。

理性地思考一下，如果你要操纵彩票，你多半不会告诉其他 17 个人，而且你几乎肯定不会选择前一次的中奖号码。尽管彩票的结果是相互独立的，但还是有 18 个人选择了上周出现过的号码，这一事实可能更能说明彩票玩家讲迷信，以及他们不了解如何尽可能多地赢取奖金（我们在前一章已经简要提及了这个问题，在下一章还将进一步研究），而不能说明可能存在干扰因素。每位中奖者失望地领到了 4 600 英镑奖金。对中奖号码重复出现的调查直至结束，也没有发现任何不当行为的证据。

考虑到世界上有数百种不同的彩票，那么当有一种彩票开出了跟之前完全相同的号码时，其实也不算离谱。举个例子。2010 年 10 月 16 日，以色列的彩票以相反的顺序，开出了三个多星期前（也就是 9 月 21 日）刚刚开出过的 6 个数字。彩票官员先是撤销了这个结果，因为他们担心机器被人做了手脚或者是出了问题。电台接到大量声称抽奖被操纵的电话，但是对抽奖的调查同样没有发现任何不当行为的证据。巨数法则表明，如果有足够多的机会，即使看似极不可能的事情也可能发生，而且确实会发生。

打开组合锁

相互作用的元素组合在一起也体现了巨数法则的规律。在计算保加利亚彩票开出重复奖号的概率时，我们并不是直接计算之前的数千个奖号中有一个与上一期开出的那组数字相互匹配的概率，而是将之前的中奖号码两两配对，计算构成的成千上万对号码中出现相互匹配现象的概率。当出现相互匹配结果的数量组合增加到足以抗衡奖号全都两两不同的结果数量时，看似不太可能的事情就会发生了。

计算组合的数学方法可能会产生一些令人惊讶的结果。想象一下，从一副标准的 52 张牌中随机抽取一张牌，然后把牌放回去。你认为你需要重复多少次才能使两次抽到同一张牌的概率超过 50%？答案是 9 次。如果再抽 9 次，概率就会超过 96%。

大多数人可能认为，银行发给他们的四位数支付密码不太可能和发给某位熟人的密码相同，毕竟，有 10 000 种排列可供选择。然而，事实证明，在一个只有 119 人的聚会中，有 2 个人得到相同密码的可能性超过一半。如果有 300 人，这种可能性就会增加到 99%。下次你参加一个足够大的聚会时，可以向大家索要电话号码的后四位数字（出于某种原因，人们总是不愿意告诉我们信用卡的支付密码），看看会不会出现完全相同的情况。

用同样的方法推理英国之前的 49 球（英国现在已经改为使用 59 个

球）国家彩票就会发现，在开出的 2 065 个奖号中看到重复奖号的概率是 14%。这个概率很小，但绝不意味着不可能，尽管在英国彩票使用 49 个球的 21 年里没有发生过。总共只需要开奖 4 404 次，得到重复奖号的可能性就会超过一半。考虑到英国每周开奖 2 次，只需 42 年多一点儿的时间就能满足这个条件。

也许这种组合数学最著名的应用是计算需要把多少人召集到一起才能使其中两个人生日在同一天的可能性超过一半。答案出人意料地少，只需要 23 个人。如果房间里有 23 个人，那么将他们两两配对，可以配成 253 对。这么多的配对意味着，尽管任意两个人同一天生日的概率很小——只有 1/365，但房间里至少有一对（总共 253 对）人同一天生日的概率超过了一半。

组合往往是大量可能性背后的驱动力，巨数法则依赖于这些可能性来引发看似不可能的事件。当让一件事出现的可能情况足够多时，即使其中任何一种情况发生的可能性看起来很低，它们加在一起也可以使看似不可能发生的事情变得非常有可能发生。例如，当房间里有 70 个人时，就有 2 415 对生日组合可供比较。在近 2 500 对生日中看到匹配现象的概率上升到了 99.9% 以上，这意味着几乎必然发生。

我们的直觉之所以在认识这类情况时会遇到问题，是因为我们需要计算涉及的组合数，然后将它与单个事件发生的小概率进行权衡，看看哪一个会胜出，但是我们的直觉并不擅长这项工作。在生日问题中，配对数并不是随着房间里的人数成比例变化。相反，它呈非线性变化，随着房间人数的增加而急剧增加。从第 6 章开始就可以看到，我们并不擅长思考这样的非线性现象。

正是因为低估了各种因素通过组合导致的大量可能情况，当事件（根据巨数法则很可能发生）真的发生时，我们才会大吃一惊。在前文中已经看到，当我们凭直觉认为不太可能发生的事情偶然发生时，我们倾向于寻找一些潜在的原因，而事实上，根本没有什么原因。

虚幻相关性

虚幻相关性这种现象是指你感受到了一种关系的存在，但这种关系其实并不存在。例如，即使在随机数据中，我们也往往会注意到看似有意义的聚集，然后推断出毫无根据的联系。虚假的相关性和后设理性都会推动我们寻找规避危机的方法，或者复制取得胜利的秘诀，而事实上，那个方法根本无助于规避危机，那次胜利的背后也没有任何理由。

在评估不寻常事件发生的可能性时，我们必须牢记我们的头脑中存在根深蒂固的认知偏见，只有这样我们才不会仓促地得出错误的结论。当一个不寻常的事件或巧合发生在我们身上时，我们必须问自己，仅仅是我们自己觉得可能性很低，还是所有人都这样认为。答案将改变我们对事件的因果推论。

我的亲朋好友曾向我提出抗议，说我破坏了他们的乐趣，因为我告诉他们"不可能发生"的巧合也许并非真的不可能，从而使他们的生活少了很多奇迹。但在我看来，奇迹在于首先要知道这些事是巧合。表面上看似概率极低的事件，实际上每时每刻都在我们身边发生。我们听过这样一些不寻常的故事：在千里之外的异国城市的咖啡馆里，突然发现邻桌坐着自己的邻居，但双方事先都不知道对方会去那里；或者，一个成年人在远离家乡的地方逛一家二手书店，他打开一本他最喜欢的儿童读物，却发现里面写着自己稚气的名字，而且笔迹还是他自己的；再或者，丈夫在翻看妻子小时候去迪士尼乐园的照片时，碰巧在背景里发现自己的父亲推着童车，而车里的那个孩子只能是丈夫本人。

当然，我们从来没有听说过两个邻居分别坐在咖啡馆两头，因而都没有看到对方的故事，没有听说过你发现你找到的书上写着一个你从未见过的邻街孩子的名字的故事，也没有听说过丈夫看妻子童年照片时不注意看背景的故事。神奇的不是那些看似极不可能发生的事情真的发生了。数学告诉我们，如果有足够多的机会，这些事情一定会发生。这些故事之所以吸引眼球，是因为我们了解到了它们。我认为，知道彩虹是阳光被雨滴折射和反射后形成的，只会增加它们的吸引力，同理，巧合令人兴奋的地方是我们知道这是巧合，然后明白它到底是如何发生的。

事实上，看到巧合时知道它是巧合是很重要的，因为不可能发生的事件会让我们得出错误的因果关系，导致我们做出没有根据的结论，或者不相信摆在我们面前的事实。不过，在巧合面前保持理性说起来容易，做起来很难。尽管我劝告人们警惕看似不太可能的巧合，但我发现自己也很难做到。让我告诉你一个最近让我陷入麻烦的巧合。

泰莎·胡德是我妻子最要好的朋友，她们保持了 30 多年的友谊，从小学时就认识了。泰莎有一个姐妹叫露西。我的女儿看起来就像我妻子的迷你版，她在小学的班上有一个好朋友，也叫泰莎，她也有一个姐妹叫露西。到目前为止，我只是觉得很有趣，但没觉得有什么问题。然而，有一天，我女儿回家告诉我，她发现了一个奇妙的巧合——她的朋友泰莎，还有她的姐妹露西，也都姓胡德。于是，事情就变成两代人的两个朋友（一个是我妻子的朋友，另一个是我女儿的朋友）都叫泰莎·胡德，都有一个姐妹叫露西。

现在，我知道了（从学校的聊天群组）泰莎和露西（我女儿的朋友，不是我妻子的朋友）的妈妈姓贝里，所以我认为我女儿在听说我妻子的朋友和她的姐妹时，把这两条信息搞混了。当我向女儿询问这个看起来不一致的地方时，我尽量说得委婉，但她还是能看出我并不完全相信她的话，于是她不再和我谈论这件事。直到最近的一次聚会上，我遇到了泰莎和露西的爸爸，原来他真的叫本·胡德。我立刻为怀疑女儿而感到内疚。

这似乎是一个惊人的巧合。事实上，这太让人吃惊了，因此我直到亲自认证信息的准确性之后才相信。事后看来，我如果注意到了一些蛛丝马迹，可能就不会觉得这个巧合那么特别了，但我有意无意地忽略了。泰莎和露西在英国都是比较常见的名字，所以考虑到我们在学校内外认识的家庭的数量，这两个名字一起出现而且我们认识她们也许并不那么意外。在描述这个巧合时我也犯了滥用邻近原则的错误。我女儿的朋友实际上叫泰丝（Tess）而不是泰莎（Tessa），她还有一个弟弟，但是当我想到姐妹这个巧合时，我直接忽略了他的存在。此外，我女儿认识的胡德姐妹中，露西是姐姐，但我妻子的朋友中，露西是妹妹。我越是深入调查，就越发现这两对姐妹之间的不同点更多。

我仍然认为这是一个很大的巧合，但也许还不至于让我怀疑我诚实、聪明、正直的女儿。我向她道歉并得到了她的原谅。事后看来，这个巧合的乐趣在于推理她是如何建立这种联系的。

这个例子只是为了说明，有很多原因可以解释为什么看似不可能的事件并不像乍一看那么不可能：足够多的组合数目会导致其中不可避免地会包含匹配的情况；看似不可能的把戏，其实是事先在牌上做了记号；我们在静电噪声中读到的信息根本就不存在。

一件事引人关注的程度取决于它看起来有多令人吃惊，而这又与我们对事件概率的认识直接相关，事情发生的可能性越小，就越令人吃惊。意识到看似不可能的事件背后的无数机制，有助于我们更好地估计它们的真实概率，在不贬低它们的神奇性的情况下不至于太惊讶。如果我们认识到我们在嘈杂的背景中发现的意想不到的规律可能只是背景噪声的一部分，如果我们在看到某个巧合时保持警惕，不要马上认为看似不相关的现象之间存在更深层次的未被发现的联系，同时记住这种联系往往并不存在，如果我们能提醒自己，即使是极不可能的事件也始终都在发生，那么当我们遭遇这些"骗局"的时候，我们就能更好地看穿虚幻相关性。

第 3 章

掌握不确定性，做出理性选择

在前一章中我们看到，在很多情况下，我们会被随机性欺骗，猜测某些事情有潜在的因果关系，而实际上那只是背景噪声——随机性，而不是原因。如果说上一章展示了我们的认知缺陷是如何阻止我们正确认识随机性的，那么这一章的重点则是说明我们的大脑在为我们产生随机性这个方面能力有限。有人认为这种局限性会使我们的自由意志受到质疑，降低我们做出正确预测的能力。

但是，我们将充分利用我们学到的关于随机性的知识。我们将学会如何发现那些表面上看起来随机，其实根本不随机的情况。同时，我们将了解如何将看似充满不确定性的事件转变为看起来很确定的事情。随着我们对自身缺点的认识越来越清晰，我们将熟练掌握一些策略，使我们能够在遇到不确定性时做出理性的、面向未来的选择，甚至利用随机性（或者随机性的缺失）来帮助我们做出困难的决定，或者在彩票等游戏中赢得更多的奖金。

你怎么敢确定呢？

在上一章中我们说过，在人数较少的一群人中，有两个人生日在同一天的概率非常高。我的上一本书重点讨论了这个问题，之后我在不同规模的人群中做了这个生日问题的实验。我经常利用人们对其中涉及的组合数目的错误认识下一个小赌注。即使房间里的人数比较少，他们可以配成的对也会很多，因此有两个人生日在同一天的可能性非常大。我总是把赌注的回报设置得非常大，以确保人们抵制不住诱惑去押另一边——不会有两个人同一天生日，把更有可能的那个选项留给我。然后，我按照月份，让人们说出他们的生日。如果人足够多的话，甚至可以在一月份就会出现一对。在人数较少的情况下，我有时需要紧张地等待，直到12月份才出现匹配现象。有一次，一对都没有，害得我输了钱（令人恼火的是，当时我正在谷歌的拍摄现场）。还有一次，我向观众解释说，80个人出现匹配现象的概率会上升到99.99%，200个人时的概率会超过99.999 9%。当时有人问我，这个概率是否会达到100%？

从这个角度来看，这似乎是一个合理的问题——随着人数的增加，我们会不会只是越来越接近100%，但永远都达不到真正的100%？不过，稍加思考，就很容易找到答案了。如果房间里有367个人，你可以百分之百地肯定会有两个人的生日匹配，因为人们可能出生的日期只有366天（包括闰年的2月29日）。即使你询问的前366个人的生日都没有重复，第367个人的生日也一定会与前面某一天重合，这也叫鸽笼原理。

设想你在收发室工作，放邮件的架子上有100个小格。如果有一天早上，你要分发101封信，那么你可以肯定，至少有一个小格里会放不止一封信。在分发前100封信时，你可以让每个小格里的信不超过一封，这意味着每个小格里都正好有一封信。那么最后一封信就只能被放进其中一个已经有一封信的小格里。你也有可能以不同的方式放这些信，可能有几个小格里有不止一封信，有的小格里没有信。也有可能你把所有的信都放在一个小格里，其他所有小格都是空的。但是，在你能想到的所有情况下，总会有至少一个小格里有至少两封信。也就是说，在将"对象"分成若干"类别"时，对象的数目多于类别的数目，那么有的类别就必然包含多个对象。应用这个鸽笼原理，就可以确定某个事件必将发生，即使乍一看似乎很难确定。

举个例子。在巴斯大学的新生测验中，我问了刚入学的数学学生一个问题："伦敦的两个人头发毛囊数量相同的概率是多少？"（我问的是"头发毛囊"而不是"头发"，以免马上有学生指出，所有秃顶的人的头发数量都同为零。）我从学生那里得到的回答通常是 0.999 9，或者小数点后重复出现不同个数的 9，因为这看起来非常有可能。很少有学生通过推理得出 1。据合理估计，人类头发的最大数量大约是 20 万根。考虑到伦敦有 1 000 多万人，鸽笼原理表明，所有可能情况不足以让每个人的头上都有不同数量的毛囊。因此，肯定至少有两个人的头发毛囊数相同。

另一个来自社交网络的例子稍微不那么直观。假设在脸书上完全随机地选择一群人（人群的大小不重要，只要里面包含不止一个人——可以小到 10 人，也可以大到 1 万人）。根据鸽笼原理，被选中的人中至少有两个人在这群人里的好友数相同。这个推理过程要复杂一些，请读者留意。如果人群里有 N 个人，那么我们首先可以知道，在这群人中拥有的朋友数有 N 种可能，从 0 到 $N-1$（在脸书上，目前还不能成为自己的好友）。这意味着有 N 个"鸽笼"，这群人中的全部 N 个人都可以归类到这些鸽笼中。但要让鸽笼原理起作用，我们必须让鸽笼比人少。幸运的是，从逻辑上讲，如果有人与群体中的所有人都是朋友，那么就不可能有人与任何人都不是朋友（反之亦然，如果有人与任何人都不是朋友，那么就不可能有人与所有人都是朋友），所以实际上，这 N 个人只能利用这 $N-1$ 个"鸽笼"进行分类。根据鸽笼原理，至少有一个鸽笼里面有至少两个人。也就是说，至少两个人在这个群体中拥有同样多的好友。

因为鸽笼原理有时违反直觉，而且推理过程并不总是显而易见的，所以以它为基础设计了一些优秀的数学纸牌魔术。就像第 1 章介绍的猜数字魔术一样，这些魔术也是看上去随机，但实际上，结果已经被数学魔术师通过某个花招提前决定了。同样的想法——利用人们对概率的认识，也被运用到了另一个经典的数学骗局中。

完美预测

2014 年 7 月一个闷热的周日晚上，我和全球其他 10 多亿人一样，坐下来观看了阿根廷队对阵德国队的男子足球世界杯决赛。就像这些风险极大的标志性赛事中经常出现的情况一样，比赛波澜不惊又令人紧张，场上几乎没有出现得分的绝佳机会（特别是与德国在半决赛中以 7 比 1 击败东道主巴西的那场比赛相比）。在 90 分钟平淡无奇的常规时间结束时，比分是同样令人乏味的 0：0。与之形成鲜明对比的是，马里奥·格策在加时赛下半场结束 7 分钟前的精彩进球堪称完美，德国人击败了阿根廷人，格策也帮助德国队赢得了世界杯冠军。

虽然这场比赛本身没什么值得大书特书的，但几天后我发现了一件更惊人的事情。推特用户 @fifNdhs 指控世界足球管理机构国际足联腐败，他在 7 月 12 日发布了 4 条预测第二天决赛的一句话推文，并以此作为假球的"证据"。推文写道：

> 明天的比分将是德国 1：0 获胜
> 德国将通过加时赛获胜
> 加时赛下半场将会有一个进球
> 格策将得分

这似乎是一组引人注目的预言。如果只有其中一个是正确的，也足以令人震惊，不过也不是不可能。但是，同一账户连续做出 4 个正确预测，似乎就是一个奇迹。如果没有奇迹，那么这场比赛可能真的是被国际足联操纵的，而且球场上将要发生的事情是事先知道的，就像帖子中第 5 条也是最后一条推文所说的那样：

> 证明国际足联腐败

尽管国际足联内部的大规模腐败最终在一年后被曝光，但是在世界上受到最严格审查的足球比赛中如此操纵比赛，连他们也不可能做到。相反，这名推特用户实际上展示的是一个叫作完美预测（亦称股票经纪人骗局或易受骗的赌徒骗局）的经典骗局的现代版本。

在这个骗局的传统版本中，骗子给大量潜在受害者（容易受骗的老实人）写信，预测即将到来的体育赛事结果或股市变化。通常，这些预测的结果都是二选一——股票价格上涨或下跌，或者棒球比赛中获胜的是这支球队还是那支球队。它们的准确性依赖于一种被称为"双面站队"的体育预测经典骗局，即一半老实人收到一个预测，另一半收到相反的预测，从而保证有一半人肯定会收到正确的预测。这种结构表明开始时老实人的人数应该是 2 的幂，例如 32。在第一轮之后，最初的 32 人中有 16 人将收到正确的预测。接下来，这 16 个人将再次收到下一个关于股票价格或体育比赛结果的预测——8 个人收到的是一种结果，另外 8 个人收到的是另一种结果。而在第一轮中收到错误预测的 16 个人将被放弃。在事件的结果出来之前，骗子会继续跟踪收到第二个正确预测的 8 个人，向他们发出对第三个事件的预测。连续三次正确的预测可能已经足以让骗子在为剩下的 4 个老实人进行下一轮预测时收取一小笔费用了。在接下来的几轮预测中，随着人数被减少到 2 个，最后只剩下 1 个毫无防备的受害者，收取的费用还可以增加。至此，最后这名受害者已经连续看到了 5 次正确的预测，他肯定会想，这么多正确预测不可能是偶然发生的。

2008 年，致力于揭穿骗局的怀疑论者德伦·布朗在他的节目《系统》中上演了一个现实版的完美预测骗局。他从 7 776（6^5）名老实人开始，连续多轮预测有 6 匹马参赛的赛马结果，每轮剔除剩余老实人的 5/6。连续 5 次收到赛马结果的正确预测（有时冠军的夺冠概率极低）足以说服最后一名老实人把她的毕生积蓄押在布朗对最后一场比赛的预测上。在最后一场比赛中，布朗自己押上了参赛的全部 6 匹马，然后通过某种高明手法调换了她的票，帮助她赢了那一轮。

2022 年 3 月底，在等待这本书出版期间，我玩了一个类似的游戏。我选择了 5 项相当于有两匹赛马参加的赛事：英格兰对澳大利亚的女子板球世界杯决赛；牛津对剑桥的赛艇比赛；泰森·富里与迪利安·怀特争夺 WBC 世界重量级拳王金腰带的比赛；利物浦与曼城争夺英超冠军的比赛（当时，其他球队的积分远远落后，实际上只有这两支球队有可能问鼎）；共和党和民主党在 11 月的中期选举中争夺众议院多数席位的比拼。

我自掏腰包 320 英镑，为这 5 轮所有 32（2^5）种可能结果分别下注，每注 10 英镑。我的这些投注的赔率从 2.25：1（如果热门的澳大利亚队、牛津队、富里、曼城队和共和党都赢了，只能得到少得可怜的 32.50 英镑的返还金额）到大约 920：1（如果普遍不看好的英格兰队、剑桥队、怀特、利物浦队和民主党都赢了，将返还 9 216.80 英镑）不等。我甚至花了大力气，录了 32 段视频，记录了我做出的不同预测并展示了投注单。在第一个事件开始之前，我把所有视频都上传到我不常访问的优兔频道上，给视频打上了日期戳。

前三个事件都是热门一方胜出——澳大利亚队在板球决赛中轻松击败了英格兰队，牛津队以两个多艇身的优势赢得了赛艇比赛，泰森·富里在 6 个回合内击倒了迪利安·怀特。每次新的结果出来后，我都会扔掉投注单，删除视频，小心翼翼地清除我在两边都下注的证据。

英超联赛的冠军争夺战比前三场比赛更加激烈。悬念留到了赛季的最后一天。由于曼城在主场落后阿斯顿维拉两球，利物浦似乎更可能夺得冠军。但是曼城在 6 分钟内进了 3 个球，逆转了比赛，以 1 分的优势夺冠。尽管我两边都下了注，但这并没有减轻我作为曼城球迷观看比赛时的紧张感。

众议院的争夺之战也比预期的要激烈。现任总统所在的政党在众议院的席位几乎总是输给对方，平均要输 27 个席位。自 2020 年大选以来，民主党一直以 222：213 的微弱优势占据多数席位，共和党预计只需改变

5 个席位的归属就能轻易将其击败。但是，在 11 月 8 日投票结束一个多星期后，只剩下几个席位的归属尚未确定，众议院仍然没有出现多数党。最终在 2022 年 11 月 17 日，众议院终于确定共和党占据了绝对多数所需的 218 个席位（总共 435 个席位）。我终于赢了（其他 31 个我没有赢的赌注就不说了）。遗憾的是，由于所有热门的一方都胜出了，所以我最初的 10 英镑赌注只赚了 22.50 英镑。

当我把"赢了的赌注"发布到推特上后，许多人对我正确预测了 5 个不相关事件的结果感到惊讶。显然，我没有提到我还有 31 个预测都是错的。与我们在第一章中遇到的诺查丹玛斯的"预测"类似，我依赖于事后预测（我的正确赌注是在事实发生后才出现的）来表明我有令人震惊的预测技能，而事实上，我根本没有这种技能。

虽然我的赌注给了我一些乐趣，且每个人看到布朗在《系统》中得出的结论时都会心一笑，但在现实世界中，这类把戏的结局通常并不那么愉快。这种双面战队的概念让人想起一些基金管理公司的不诚实做法，他们会创建一系列"启动资本"——由股票和股份组成的投资组合，最终目的是吸引外部投资者。几年来，这些管理公司自己出少量资金，在远离公众视线的情况下"孵化"这些基金。孵化期结束后，表现最强劲的基金被积极地推销给投资者，而表现较弱的基金则被悄悄剔除，让人以为表现好是精心选择投资组合的结果，而不是运气或者普遍撒网的投资造成的结果。在向公众开放后，这些之前表现优异的基金通常表现不及其他同类基金。

深谋远虑地剔除表现不佳的预测，正是 @fifNdhs 惊人地预测了世界杯决赛结果的原因。前一天，他们在推特上发布了各种各样的预测，包括"阿圭罗会进球"、"克罗斯会进球"和"阿根廷会在点球大战中获胜"。如果他们在发布和删除错误的推文之前将自己的账户保密，而不是让眼尖的推特用户截屏并揭发他们，那么他们的诡计可能会更成功。但是在这之前，这些虚假的预测已经获得了成千上万的点赞和转发。

*

这些完美预测骗局利用了我们的偏见，尤其是我们对有时间戳的社交媒体帖子的权威性的偏见。在上述例子中，与事件关系最紧密、使我们产生失实看法的因素或许是两个彼此相关但略有不同的选择偏倚——报告偏倚和幸存者偏倚。

报告偏倚的特征是主动隐瞒或选择性披露信息。报告偏倚在与疾病相关的生活方式行为研究中尤为常见。例如，为了解性传播疾病的流行病学特征而进行的调查特别容易出现这种报告偏倚。1992 年在法国进行的一项关于艾滋病和性行为的研究[40]中，100 多位访问员电话访谈了数千名受试者，询问他们的性行为。结果表明，有危险或潜在非法行为（如静脉注射毒品）的人的比例令人惊讶，远低于预期。该结果遭到怀疑的一个重要原因是所谓的社会期望偏倚。因为这种报告偏倚，受访者往往倾向于给出他们认为能博取他人（特别是访谈他们的人员）好感的回应。这种偏倚的特点是受试者会少报他们认为可能招致麻烦的行为（如无保护的性行为），多报他们认为会得到社会认可的行为（如使用避孕套）。纸质问卷调查或电话自动问卷调查将人类访问员从调查过程中移除，使参与者有更强的匿名调查的感觉。研究发现，这些自动调查技术在调查有关"敏感"行为的问题时，能显著提高真实的自我报告水平。

在学术环境中，报告偏倚几乎等同于发表偏倚，即一项研究的结果会影响相关研究随后的发表和可见性的现象。在医学领域评估治疗效果时，这是一个十分严重的问题。研究人员调查临床试验论文作者未发表的研究成果后发现，具有统计显著性的实验结果被发表的可能性远高于治疗没有明显效果的研究。[41]乍一看，只报告那些看似有影响的结果似乎是合理的，但是我们不仅需要知道哪些药物起作用，还要知道哪些药物不起作用。如果利用荟萃分析评估此类治疗的总体有效性，就有可能因为发表偏倚而产生失真结果[42]，导致药品监管机构和医生过于相信药物的效果。一些针对制药公司的诉讼就揭露了旨在突出有利发现、掩盖其药物不利影响的系统性发表策略。为了减少这种不当行为，人们做了各种各样的尝试，例如，一些著名医学杂志要求，如果制药公司想在他们的出版物上发表其资助的研究项目，就必须在研究刚开始时公开注册登记。尽管做了这些勇敢的尝试，但是一些研究人员总是能找到漏洞——延迟报告负面结果，用不太常用的语言发表，或者在发行量较低、不太可能被阅读的期刊上发表，这些都是医学造假的手段。

如果说报告偏倚是故意隐瞒信息，那么幸存者偏倚可能是它无意中的伙伴。幸存者偏倚通常很难被发现，因为它依赖于观察者过于关注（通常是在不知不觉中）那些能在通常看不见的选择过程中存活到最后的结果，忽略没有存活下来的其他结果。我过去常常听到我的祖父母说"他们再也不做那么好的东西了"，指的是一些代代相传的工具，这当中就存在幸存者偏倚。这些幸存下来的工具并不能证明过去的工艺比现在好得多。相反，有可能是许多制作不太好的工具没有经受住时间的考验，因此无从比较。

关于幸存者偏倚，我最喜欢的一个例子是猫似乎拥有从高层建筑上摔下来后还能存活的超自然能力。许多相信这个都市传说的人都会引用一项研究，该研究观察了 20 世纪 80 年代末从高层建筑上摔下来后被送到兽医那里的猫[43]（当时似乎没有更值得研究的东西）。报告中的猫最矮从 3 层，最高从 32 层掉下。值得注意的是，研究中的猫有 90% 活了下来。这一结果在 www.pets.webmd 和其他宠物网站上被解释为："如果得到及时适当的医疗护理，从高楼坠落的猫的存活率为 90%。"如果你稍微动点儿脑筋，还知道一点儿物理知识，那么甚至还可以对猫逃避死亡的惊人能力做出解释。通常的说法是，猫可以把背拱起来，这使它们能够（像降落伞一样）降低终极速度（当向上的空气阻力足以抵消向下的重力时物体达到的最终速度，而不是另一种意义上的"终极"），从而更有利于着陆。从直觉上，这似乎是一个吸引人的理论。另一种可能更合理的解释是，这项研究只观察了那些身体状况不太糟糕、值得送到兽医那里的猫。正如我的一位老师在解释幸存者偏倚时对我说的那样："很多猫在人行道上摔死，而你不会带它们去看兽医。"

宠物通灵预言

世界杯的另一种骗局——宠物通灵预言，也会用到幸存者偏倚。章鱼保罗曾对德国队在 2010 年世界杯的比赛结果做出了一系列惊人的准确预测。在德国队的每场比赛之前，奥伯豪森海洋生物馆的饲养员都会把两个装有食物的盒子放进保罗的水箱里。一个盒子上有德国国旗，另一个盒子上有即将开始的比赛对手的国旗。保罗进入哪个盒子寻找食物，就认为是它对比赛获胜方的预测（不考虑平局的可能性）。保罗在 2010 年世界杯上的表现非常出色。它正确地"预测"了德国队的所有 7 场比赛结果（包括两场失利），以及西班牙和荷兰之间的决赛结果。如果保罗随机选择盒子，那么它连续 8 次正确预测获胜方的概率将是 1/256（甚至更低，考虑到一些小组赛可能以平局结束）。在比赛期间，押注保罗进食的那个盒子，无疑会为你的初始赌注赢得可观的回报。

这并不是保罗第一次成功预测足球比赛。在两年前举行的欧洲杯上，它用同样的方法正确"预测"了德国队 6 场比赛中的 4 场。假设保罗没有任何通灵能力，它在 14 场比赛中做出 12 次正确预测的概率大约是 1/180。概率似乎非常低，因此人们认为这种聪明的无脊椎动物一定对足球有某种特殊的第六感。

然而，怀疑论者指出，保罗的预测并不是在高度受控环境中做出的。它对盒子的选择可能取决于盒子里的食物、旗帜颜色的反差，或者盒子放进去时保罗在水箱里的位置。一些人认为保罗的预测被拍摄了多次，只有做出了正确选择的预测才被呈现给了公众。然而，考虑到保罗的预测是在比赛结果揭晓之前公布的，操纵者实施这些作弊行为必须满足一个条件：他们自己能做出正确的预测。虽然这种可能性更大一些，但预测结果正确的可能性仍然极低。一些阴谋论者甚至认为，在 2008 年欧洲杯上做出预测的章鱼，在 2010 年世界杯之前就死了，取而代之的是一只替身章鱼，这引发了一个"保罗已死"的新的阴谋论，虽然目前还不清楚章鱼被替换对其预测会产生什么影响。

　　但更有可能的是，保罗对世界杯的预测是偶然和幸存者偏倚的结果。保罗之所以声名鹊起，是因为它在 2010 年世界杯淘汰赛第一轮正确预测了德国击败英格兰，这是它的第四次正确预测。假设开始时有 200 只动物做预测（考虑到保罗成名后奥伯豪森海洋生物馆收获的知名度和人气，哪个动物园不会把他们预知能力最强的动物推到台面上呢？），再假设这 200 只动物都没有任何特殊能力，只是随机预测，那么在这 200 只动物中，至少有一只做出 4 次正确预测的概率是 97.6%。因此，像保罗这样的动物崭露头角也就不足为奇了。事实上，我们应该能够预料到会有好几只动物脱颖而出。的确，每届世界杯都是如此。从这个角度来看，考虑到它在前几轮预测中幸存下来，保罗以 1/16 的概率预测剩下 4 场比赛的壮举，似乎也没有那么了不起了。事实上，另一只"通灵"宠物——鹦鹉玛尼，也以 100% 的预测率进入了决赛。不幸的是，玛尼最终选择了荷兰队，而保罗选择了最终的冠军得主西班牙队，势不可当地将自己的名字与 2010 年世界杯联系在一起，而玛尼则淡出了人们的视线。

　　幸存者偏倚还可以与我们在上一章中遇到的巨数法则结合使用。为了说明这个问题，我来告诉你在 2018 年世界杯上发生的事情。数学家兼喜剧演员马特·帕克试图在世界各地 1 000 多名粉丝和宠物主人的帮助下，发掘出一些具有"通灵"能力的动物。一开始，总共有 133 只宠物预测英格兰队的比赛结果。当英格兰队进入四分之一决赛后，只有 2 只宠物保持了 100% 的正确率。拉布拉多猎犬巴里正确地预测出英格兰战胜瑞典。尽管它没能预测到英格兰队在半决赛中输给克罗地亚，但它正确预测了英格兰队在随后的第三名附加赛中输给比利时，这使得它在英格兰队的 7 场比赛中做出了 6 次正确预测，这一记录可以与章鱼保罗媲美。

　　如果你不知道有多少其他宠物从一开始就做出了预测，你会觉得这很了不起。当然，我也故意没有提及巴里不仅仅预测了英格兰队的比赛。

在整个世界杯期间，巴里一共预测了 59 场比赛，但是只预测对了其中的 30 场。我的报告偏倚，即遗漏某些信息、仅仅呈现巴里取得成功的那些预测，无异于撒谎，并使得这只犬类通灵师的未卜先知能力看起来比实际强。

赢得更多的奖金

动物能预测足球比分似乎并不像我们最初希望的那样是一种赚钱的好办法。事先挑选赢家从来都是一项艰巨的任务。然而，许多下注者会告诉你，正是肾上腺素和多巴胺冲动[44]的共同作用使他们乐此不疲，与输赢无关。[45]

自 1994 年英国国家彩票出现以来，众多玩家一直秉持着这样的态度。鉴于人们每次下注都会平均损失 55% 的赌注[46]，一定有什么比中奖期望更重要的东西，让人们一次又一次地回到这个游戏中来。

1995 年 1 月 14 日，英国国家彩票第 9 次开奖。在一周前的第 8 次抽奖后，没有人匹配所有 6 个号码。这是该奖历史上第二次将奖金滚动到下一周，使累积奖金高达 16 293 830 英镑。截至开奖那天，共售出 7 000 万张彩票，平均每个英国人拥有一张以上的彩票。全国有无数人在等待当晚的开奖结果。

皮特·加利莫尔在头 8 个星期里一直在买彩票。到目前为止，这位来自辛德福德的汽车修理工连 10 英镑的最低奖都没有赢过，他决定收手。但是在那个星期六的早上，当他在《每日快报》上看到累积奖金额时，他改变了主意，走回他购买晨报的街角小店买了一张彩票。听他的说法是"随便挑了几个数字"，"完全是随机的"。

那天晚上，当他在电视前观看开奖直播时，他很高兴，因为他看到自己选的两个数字（23 和 28）中了，接着第三个数字 17 也出现了。他肯定中奖了，而且足以弥补他迄今为止在彩票中花的所有钱。接下来是第四个幸运数字 7，然后是第五个数字 32，最后，连第六个数字——42

也和他的彩票上剩下的数字一样。他中了头奖。"我简直不敢相信，"他回忆说，"我大声叫珍妮特，让她从厨房出来，和我核对一下号码。我们都仔细核对了一遍，才敢相信这是真的。1 600 万英镑，这简直是一场梦。"

但是仅仅过了几天，这个梦就没那么美好了。那天晚上，皮特并不是唯一匹配了所有 6 个数字的人。与前一周无人中奖形成鲜明对比的是，皮特面临的现实是他要与匹配了所有 6 个数字的人（准确地说，还有 132人）分享他的 1 600 万英镑的头奖。当晚的每位中奖者都拿回了 122 510英镑，这仍然是一大笔钱，但与他们当初以为自己赢到的奖金相比，严重缩水了。

"听说奖金没那么多，我很失望。一想到本来赢了 1 600 万英镑，结果他们告诉我实际能拿到的还不到这个数的 1%，我就非常伤心。有那么几个小时，我们以为所有的问题都解决了，我们开始计划美好的生活。别误会，赢了 10 万英镑是很好，但是没有我期望的那么多。"这笔钱让皮特还清了债务，搬到了更大的房子里，但是他还得继续工作。直到 5年前，他在 65 岁生日后，正式达到了退休年龄，他才终于休息。

为什么有那么多人选择了那一期的中奖号码，导致皮特需要和另外132 人分享大奖呢？答案正是因为我们人类太不善于随机选择。我们在前一章中看到，直觉上，我们认为随机就是保持均匀间距，所以当我们主动生成随机模式时，我们通常会选择均匀分布。

把皮特的中奖号码标注到国家彩票投注单上，如图 3-1 所示，就可以清楚地看出有几个特点。首先，这些数字彼此都不相邻。随机性应保持均匀间距的先入之见似乎会导致人们认为不太可能出现连续或过于集中的数字。我们认为，分散的数字组合肯定比 6 个连续的数字更有可能出现。的确，抽出分散的数字比抽出 6 个连续数字的可能性要大得多。因此，我们很容易得出结论，应避免选择连续的数字，但这种推理是错误的。均匀分布的数字出现得更频繁，只是因为均匀分布的组合比 6 个连续数字的组合多得多。任何一组均匀分布的数字出现的可能性都不大

图3-1　标注在英国国家彩票投注单上的中奖号码。左图是1995年1月14日的大奖号码，共有133人中奖。右图是1996年3月16日的大奖号码，共有57人中奖。所选的数字都保持均匀间距（但不完全是规则的），不连续，并避开了最边上的两列

于或小于其他任何6个数字的组合，无论它们是连续的还是非连续的。事实上，在49选6的彩票中，几乎有一半的中奖号码至少包含一对连续的数字，这也是数学原理决定的。

从投注单上可以看到的第二个特点是，每个数字都在不同的行上，但它们都没有紧挨其他数字出现在它们的正上方或正下方。这可能是因为尽管我们认为随机性就是均匀分布，但完全规则的间隔看起来也不是很随机，所以对规则模式稍做变化有助于说服自己，相信我们选出的数字是随机的。

第三，很明显，没有一个数字位于投注单最边上的两列。实际上，在这次抽取的大奖号码中，所有数字都是从第二列和第三列抽出的。这可能是我们在上一章中遇到的中庸偏倚产生的结果。中庸偏倚表明，人们在"随机"猜答案并填写选择题答题卡时（与彩票投注单没有什么不同），倾向于选择位于中间的列。

把这三个因素结合起来，再加上7作为世界上最受欢迎的数字，可

能就是皮特的号码在其他玩家的选择中占比过高的原因。如果有最多人分享的头奖还不足以让你相信这些偏见，那么分享人数第二多的头奖呢？ 1996 年 3 月 16 日，共有 57 人中奖，号码是 2、12、19、28、38 和 48。将它们标注到图 3–1 中右侧的投注单上后，显示出了完全相同的三个规律。

南安普敦大学的研究人员通过分析头奖号码被选中的频率，证明了在人们选择彩票号码时，这三种偏见都是真实存在的。[47] 他们还证实了人们有利用生日选择号码的固有倾向——选择 1 到 31 之间的数字的频率高于 31 之后的数字。根据这些不成文的潜意识规则选择号码会大大降低你的预期奖金数额，因为你可能不得不与许多人分享你赢得的头奖。完全随机地选择数字是一个更好的主意，但你每花 1 英镑，预期回报仍然只有可怜的 45 便士。

虽然你没有办法增加赢得头奖的机会，但是你可以在中奖后提高你领取更多奖金的机会。主动利用其他人的随机性偏倚，选择"不受欢迎"的数字，可以将你付出的 1 英镑的预期回报提高到 90 便士以上。[48] 你仍然会亏本，但是与你不熟练地尝试选出随机数字相比，损失要小得多。认识到我们人类并不擅长随机选择是我们要迈出的第一步，只有这样，当其他人过于轻易地相信随机性就是均匀分布、没有聚集现象时，我们才能发现这一点，并避免遭遇与他们相同的命运。

自由意志和自由否定

下次你和几个朋友一起消磨时间的时候，你可以试着用下面的推理技巧给他们留下深刻印象。让他们中的一个人走到一边，抛 100 次硬币，记下每次是正面还是反面。让另一个人写出一个包含 100 个正面和反面的序列，但这个序列是他在没有硬币的帮助下自己写的。等他们完成各自的任务后，让他们走到一起，然后把两个序列混在一起交给你。接下来，你可以很快指出两个序列分别是谁写的，让他们大吃一惊。

诀窍并不复杂。快速看一眼两个序列，如果有一个序列连续出现 5 个或更多个正面或反面，那么你可以很有把握地认为这是一个真正随机的序列。对于一个人来说，随机出现连续 5 次正面或 5 次反面是很不寻常的。在我们被误导的头脑中，这似乎不够随机。事实上，投掷 100 次无偏硬币，连续出现 5 次正面或 5 次反面的概率是 96%。

我们无法做到随机的现象对我们自身行为的可预测性有着更深层次的含义。如果你在谷歌上搜索"Aaronson Oracle"，你会发现伯克利大学做的一个粗糙的网站排在点击量前列。这是个单页网站，第一行写着："随机按'f'和'd'键。尽可能随机。我将预测下一次你会按哪个键。"这其实就是让你写一个正反面序列，就像我上面描述的那个没有硬币的参与者所做的一样。看到这句话，我嗤之以鼻。如果我完全随机选择，这个网站怎么能预测出我下一次要按什么键呢？虽然我在上一段说我可以区分人工生成的序列和根据事实随机生成的序列，但我绝对预测不出生成正反面序列的参与者接下来会猜什么。那是不可能的，不是吗？

在敲了 5 次键给算法一些训练数据后，网页开始在我刚刚键入的按键旁边给出它的预测。敲了 25 次键后，一个数字出现在顶部，告诉我计算机正确预测我输入的 f 和 d 的百分比。让我非常沮丧的是，在最初的小波动之后，这个数字开始稳定在百分之五十九的水平。如果我真的是随机敲击那两个键，那么从长远来看，电脑应该能做到的最好结果是 50%：计算机的猜测应该只有一半是正确的。事实上，这个算法预测我击键的正确率比这要高，这意味着在某种程度上，它能够预测我下一步要做什么。我想这可能是一次侥幸的成功，所以我刷新了页面，重新开始。在最初的一些摇摆之后，这个数字再次稳定在略低于 60% 的水平上。这让我非常沮丧，我有意识地努力做出随机选择，结果却发现电脑预测我的选择的能力反而有所提高。在某种程度上，电脑在我动手之前就已经"知道"我要做什么了。

我还是觉得这种自动化的洞察力难以置信，于是我检查了在后台运行的代码，以确保网站不是在我按下按键的时候把我的选择作为预测显示出来，同时掺入一些错误，让它看起来更有说服力。结果显示，它没有作弊。它用来进行预测的算法非常简单，运行的代码会记录我按下的按键。具体来说，它记录了我在 32 种可能的 5 个连续键序列（从 f、f、f、f、f 一直到 d、d、d、d、d）中选择每个序列的频率。然后，它会回过头看我之前按过的 4 个键，并根据它从我这里学到的偏好推测更有可能的 5 个键序列，然后根据这两个键中的哪一个会产生该序列，预测我下一步会按哪个键。

这个发现把我吓了一跳。我开始怀疑这对我的自由意志意味着什么。自由意志被定义为根据自己有意识的选择而行动的能力。如果我真的在发挥我的能动性，难道网站不应该无法预测我接下来要按哪个键吗？面对敲击哪个按键这个问题，我是真的有自由去选择，还是只有自由选择的错觉？

更多受控条件下的科学实验也证实了同样的现象。在一项研究中，参与者被要求按随机顺序写下 300 个数字（只包含 1 到 9 这 9 个数字）。进行这项研究的神经心理学家团队在考虑参与者写下的前 7 个数字后，就能够预测他要写的下一个数字，平均成功率为 27%。[49] 虽然 27% 听起来并不特别令人惊讶，但如果这些数字是完全随机产生的，那么预期的成功率应该只有 11%。如果我们不能随机行动，这有可能让我们怀疑自己独立做出有意识决策的能力，并让我们担心外界可以预测我们的行为。

谁敢赢？

石头剪刀布通常被用作解决争端的一种手段，就像掷硬币可能被用来提供一个公正的随机结果一样。当万视宝电工电子公司的总裁决定出售该公司价值 2 000 万美元的艺术收藏品时，他甚至让佳士得和苏富比这两家拍卖行通过石头剪刀布决定拍卖的代理权（佳士得的剪刀战胜了苏富比的布）。但是石头剪刀布和随机抛硬币是不一样的。这是一个由人类参与者玩的游戏，而我们刚才已经看到，人类不太擅长随机。此外，我们在第 5 章探索博弈论的复杂性时也将发现，如果我们能够猜测其他玩家的想法，那么许多游戏都有可能带来最佳结果。石头剪刀布也一样。

石头剪刀布游戏的忠实玩家（而不是用这个游戏来决定谁坐副驾驶座位的兄弟姐妹）都明白，这是一种心理游戏，而不是靠运气取胜的游戏。世界石头剪刀布协会（是的，当然有一个协会——为什么不能有呢？）的成员都是利用可预测性的艺术大师。除了完全随机的策略外，任何东西都有可能被分析（就像 Aaronson Oracle 网站分析我的击键规律一样），并被训练有素的对手所利用。记住随机列出的布、石头和剪刀，然后在竞争博弈时使用，是你战胜职业选手的最佳机会。

所以，如果我们真的想要避免我们的可预测行为被人利用，那么将决策过程的某些控制权交给"随机性发生器"可能是最佳的选择。然而，就像乔治·柯克洛夫特 1971 年的小说《骰子人生》中的主人公卢克·莱因哈特这个极端例子一样，交出所有控制权可能不是最好的选择。

柯克洛夫特笔下的纽约精神病学家莱因哈特厌倦了平淡无奇的生活，渴望冒险，但又不敢打破现状，于是他准备通过掷色子做出一个简单却意义重大的决定。如果掷出 2 到 6 中的任何一个数字，当天晚上他就继续按部就班地生活，吃完晚饭，收拾干净，和妻子上床睡觉。但是，如果掷出了 1，他就会去大厅另一侧他经常幻想的女人阿琳的房间，看看能不能和她上床。啊呀，看，是 1。于是，莱因哈特在阿琳的床上睡了一个晚上，然后回到了他的房间。从此以后，他的生活彻底改变了，他把每一个决定都交给了色子。接下来，小说开始介绍莱因哈特随机的人生旅程。不出所料，莱因哈特失去了名誉、工作和家庭。

1997 年，受这部经典小说的启发，记者本·马歇尔接受了一项任务，追随莱因哈特进入色子世界。这已不是马歇尔第一次涉足由色子决定的世界。15 岁时，他成为一名色子迷，跟着色子来到布赖顿。色子指示他找一名妓女，结束他的处男身份，他照做了。现在，马歇尔已经成年，而且有报酬可拿，所以他对随机分配的新闻工作更加投入了。在两年的时间里，色子鼓励马歇尔吸食海洛因，在男人的天堂圣塔莫尼卡大道上寻欢作乐，甚至让他的女朋友也依赖色子生活，结果她在日落大道找到了一份脱衣舞娘的工作。看来，做一个色子的信徒并不适合懦弱胆小的人。

莱因哈特在小说中实践的人生哲学和马歇尔在现实中的人生观，都属于一种掷币主义（flipism）。这个流行的文学修辞意思是通过硬币或其他随机装置来做出决定。例如，DC漫画《蝙蝠侠》系列中的反派哈维·丹特，又名双面人哈维，选择抛硬币来决定他是做好事还是做坏事。虽然严格坚持极端掷币主义的原则肯定能帮你做出决定，但它并不总是给践行者带来最快乐的结果。然而，有证据表明，随机性的一个小小的推动可能有助于打破有害的习惯，或者避免墨守成规。

2014 年 2 月，伦敦地铁系统的罢工给数十万通勤者造成了严重干扰，迫使他们不得不寻找其他路线上班。来自牛津大学、剑桥大学和国际货币基金组织的经济学家分析了罢工之前、期间和之后的数千次通勤旅程。[50] 他们发现，受到罢工影响的人中有多达 5% 的人在罢工结束后改变了通勤路线。他们的研究结果表明，很大一部分通勤者在罢工之前并没有主动调整并寻找最佳通勤路线。相反，他们选择了还过得去的路线，以避免试验新路线可能导致的一两次长时间通勤。经济学家预测，罢工的随机因素迫使一些通勤者寻找到更好的路线，从长远来看，这将产生净经济效益——只要 20 个通勤者中有 1 个打破旧的习惯，节省的时间就会超过罢工期间所有通勤者损失的时间。

利用随机性优化流程并不是一个新想法。几百年来，加拿大东部的纳斯卡皮人一直在使用随机策略来帮助他们狩猎。在选择方向的仪式中，他们会燃烧之前捕获的北美驯鹿的骨头，根据随机产生的烧焦痕迹确定下一次狩猎的方向。将决策权交给一个本质上随机的过程，可以避免人为决策不可避免的重复性。这既降低了森林特定区域猎物资源耗尽的可能性，也降低了被猎取的动物了解人类喜欢在哪里捕猎并故意避开这些区域的可能性。对数学家来说，用这种方式利用随机性以避免可预测性的策略被称为混合策略。我们在第 5 章深入探讨博弈论的实用主义和反直觉特点时，将听到更多关于这些策略的内容。

分析瘫痪

随机性还可以通过另一种方式，即避开分析瘫痪，来帮助我们对未来做出艰难的决定。如果你和我一样，那么你在看着丰盛的菜单点餐时，就有可能感受到这种现象。应该点意大利肉汁烩饭还是汉堡，牛排还是意大利面呢？我总是难以决断，因此服务员常常先花点儿时间帮其他客人点餐，然后才回来听我的选择。所有选择看起来都很好，但是我希望确保做出绝对最佳选择，这反而会让我面临错过所有选择的风险。

在现代社会中，分析瘫痪现象肯定不仅仅会出现在餐馆这一个地方。现在，在生活的几乎所有领域，无论是购买杂货或穿衣服时的日常选择，还是在哪里居住或和谁约会这种重大决定，互联网都提供了前所未有的大量选择。甚至早在互联网将这些决定直接带入我们的家庭和我们手中的手机之前，选择就一直被视为资本主义的驱动力。消费者可以在相互竞争的产品和服务提供商之间进行选择，决定了哪些企业会蓬勃发展，哪些会被淘汰。或者说，至少人们长期以来普遍是这么认为的。消费者自由选择催生的竞争环境应该会推动创新和效率，提供更好的整体消费体验。

但是，最近一些理论学家提出，选择的增加会引发消费者的一系列焦虑[51]，例如担心错过（FOMO）更好的机会，在选择的活动中失去存在感（心中想"我本来可以做其他事情，为什么现在要做这件事呢？"），以及因选择不当而后悔。广泛的选择所带来的期望值的提高可能会导致一些消费者觉得没有哪种体验真正令人满意，而另一些消费者则会经历分析瘫痪。选择越多，消费者体验就越差，潜在消费者完成购买的可能性就越小，这也被称为选择悖论。

2000 年，哥伦比亚大学和斯坦福大学的研究人员开始探索这一假说。[52]

连续两个周日，他们在加州门洛帕克的一家高档商店设立了一个品尝台。在第一个星期日，台子上摆满了 24 种不同口味的果酱，供顾客品尝。在第二个星期日，样品减少到只有 6 种。品种多的展示成功地吸引了 60% 的路人，而品种少的展示只吸引了 40% 的路人。不过，无论选择是多是少，顾客平均尝试的果酱数量都是一样的（只有 2 种）。而最引人注目的研究结果是，当研究者跟踪调查这些顾客，以了解他们中有多少人真的购买了果酱的时候，他们发现，有 24 种果酱可供选择的顾客中只有 3% 的人最终购买了一瓶，而对于只有 6 种果酱选择的顾客，这一比例高达 30%。这表明，第一天的产品给了消费者过多的选择，使他们感觉自己不了解情况，难以做出购买决定。

至善者，善之敌

决策越重要，遭遇分析瘫痪的可能性就越大。在做决策时，如果退后一步，我们通常就会清楚地看到，虽然可能有一个最佳选择，但还有几个令人满意的好选择。例如，有许多房子能让我们构筑美好的家园，有许多人能和我们一起谱写幸福美满的人生。

我第一次去纽约的时候就给自己上了"足够好"这一课。我喜欢爬上高楼欣赏新城市的景色，那一天我也准备这样干。但是帝国大厦（当时是纽约的最高建筑）下面排的队伍太长了，让我望而却步。于是，我乘电梯到了洛克菲勒中心的顶层。这里的景色也非常壮观，虽然 30 号大楼不是最高的，但它的高度仍然足以让纽约几乎所有其他建筑相形见绌。选择一个可能不是最好的，但至少足够好的替代方案，被称作满意原则。心理治疗师洛里·戈特利布在她的书《嫁给他：足够好就可以了》中就主张满意原则。她建议，在寻找伴侣时，把重点放在回答"我幸福吗？"而不是"这是我能找到的最佳伴侣吗？"的问题上。正如伏尔泰在他的《哲学辞典》中记载的意大利谚语所说："至善者，善之敌。"

认为一个问题（特别是主观问题）有完美解决方案的想法，被称为涅槃谬误。在现实中，可能任何解决方案都达不到我们的理想化的标准——没有完美的伴侣在等着我们，用砖头和水泥建造不出梦想的家。幸运的是，随机性提供的方法可以轻松解决选择导致的分析瘫痪。如果面对多个选择，并且其中许多你会乐意接受，就抛硬币，或者让色子为你决定。有时候，快速做出一个好的选择好于缓慢做出的完美选择，更好于分析瘫痪导致的犹豫不决。

当面对多个选择难以取舍时，如果有一个外部随机工具可以帮你做决定，也有助于你专心考虑你真正的偏好。与本·马歇尔的色子实验不同的是，你不需要完全遵循随机性发生器的决定。但是，外部工具给出建议后，你确实需要认真考虑是否接受这个选择。这个策略可以帮助你设想在此之前看起来很抽象的决定会带来什么样的后果。一组瑞士研究人员进行的实验表明，随机给出的决策提示可以帮助处理经常导致分析瘫痪的信息过载。[53]

在阅读了一些基本的背景信息后，三组参与者被要求对解雇还是重新雇用一名假想的商店经理做出初步决定。在形成初步意见后，三组参与者中的两组被告知，由于这些决定很难做出，他们可以求助计算机的抛硬币结果。抛硬币会告诉参与者是应该坚持最初的决定（第一组）还是反悔（第二组），但是如果他们愿意，他们可以忽略抛硬币的结果。然后，所有三组人都被问及他们是希望获得更多信息（标志着他们陷入了分析瘫痪），还是愿意根据他们已经掌握的信息做出决定。在要求更多信息的参与者收到信息后，所有参与者都被要求做出最终决定。

得到抛硬币帮助的参与者对他们最初的决定感到满意、不要求获得更多信息的可能性是没有接收到随机建议的参与者的3倍。硬币的随机影响帮助他们在无须进行更多耗时的研究的情况下做出了决定。有趣的是，当硬币显示的结果与参与者最初的决定相反时，要求获得更多信息的参与者比抛硬币结果与最初决定一致时少。需要考虑相反的观点会让参与者更加确定他们最初的选择，也就是说抛硬币只是强化了他们的最初决定。

当我们为取舍而头疼时，我们可以让随机性发生器代劳，这真是令人欣慰。即使我们拒绝接受硬币给出的建议，我们也会因此了解正反两方面观点，这往往可以启动或加速我们的决策过程。将某些日常决策的控制权交给随机性可以帮助我们找到更有效的工作方法，或者避免发生重复听同一位歌唱家的同一首歌这样无聊的事情。

但是，如果我们想真正做到无序，就必须将控制权交给外部随机工具，无论是色子、硬币还是计算机算法，因为我们在前文中已经看到，我们并不是天生的随机性发生器。事实上，我们天生不能做到完全随机，对于我们能否真正做出自主的决定有着极其深远的影响。不过，认识到这个基本缺陷可以让我们从人群中脱颖而出，例如，在买彩票时赢得更多的奖金。看起来，对均匀随机性的基本理解让我们在各种情况下占据上风，无论是高风险的商业谈判，还是可能决定谁洗碗的低风险游戏（风险应该比较低吧）。

在认识、理解和利用随机性的同时，我们也应该注意那些看似随机，但实际上没那么随机的情况：受幸存者偏倚影响的概率或者被报告偏倚隐瞒的情况，会让我们忽略那些走不通和失败的路。我们还必须警惕那些不择手段的代理人故意告诉我们的半真半假的信息，他们最终会诱使我们选错马。就像福尔摩斯一样，我们不仅要根据显而易见的信息推断，还要根据缺失的证据推断，类似于狗在夜间没有叫的奇怪事件。我们应该问，哪些东西是我们没有看到的。如果我们能认识到我们所得到的信息可能并不代表全部情况，同时意识到我们看到的数据中可能存在偏见，那么我们就能在一定程度上抵御那些试图利用我们天生不善于处理随机性的问题来对付我们的企图。

第 4 章

如何预测随机事件

到目前为止，我们已经看到了多个表明我们天生无法识别、理解和应对随机性的例子。在第 2 章中，我们揭示了诱使我们在背景噪声中寻找有意义模式的认知习惯。在许多方面，这与我们在前一章开始时讨论的问题完全相反，即我们遇到的表面上受随机性支配的情况，实际上完全是预先确定的。我们在上一章中还看到，我们并不特别擅长为自己制造随机性，因此，我们的行动是否完全出于自主受到了质疑。不过，我们也逐渐意识到一点：如果我们能够将随机性的创造转交给像硬币或色子这样的外部来源，就能在一些（但可能不是全部）决策过程中积极地利用随机性。

鉴于前几章强调的多重潜在危险，我们很容易认为对随机事件的预测是很困难的，在某些情况下甚至是不可能的。但事实远非如此。一种行为并不会仅仅因为它是随机的就完全不可预测，或者在很大程度上不可预测。事实上，许多随机过程的概率描述包含许多可重复和可再现的特征。我们将在本章中发现，数学就像 X 射线仪器一样，可以帮助我们透过环境固有的变动，辨认出能揭示秘密的信号。

我们将在本章末尾看到，也许更重要的是，数学可以为我们对不确定性的推理提供一个框架。讽刺改变主意的人并指责他们虚伪或优柔寡断可能过于轻率，但是在某些情况下，这种嘲笑似乎有道理。当傲慢的政客们百分百肯定地表达自己的信念，不给怀疑留下任何余地，随后很快被证明是错误的时候，人们会带着一定程度的幸灾乐祸去揭露他们的错误。但是，如果人们小心谨慎地表示他们最初的考虑还不妥当，并在掌握了新的信息后完善了自己的观点，那么在嘲笑他们调整行为之前我们需要三思而行。尽管 180 度大转弯相对罕见，但无论如何，根据新的证据改正我们的观点是科学的核心。当我们在充满不确定性的日常生活中寻找方向时，我们会看到数学可以为我们提供引导方向的工具，它是一种指南针，帮助我们确定如何以及何时改变主意。

留意第一个数字

为了证明即使是看似随机的过程也有一定程度的可预测性，让我对你的个人信息做一个预测（我之前并不知道这条信息，而且乍一看，它似乎是相当随机的）。如果你手边有地址簿，就把它拿出来。（为了防止你手头没有，我在表 1 中复制了我自己的地址簿中的门牌号。）如果你的地址簿很长，那么也许可以只考虑前 50 个条目。浏览一下这个列表，写下每个联系人的门牌号的第一个数字。现在数一下有多少个 1、2 或 3。我的预测是，在你的地址簿中，至少有一半的门牌号的第一个数字是 1、2 或 3。

表 4-1　我的地址簿中的 52 个门牌号

35	53	6	191	7	42	32	75	21	31	63	50	18
89	84	23	77	18	9	38	102	198	8	13	11	14
20	6	126	12	54	7	26	7	11	3	47	63	6
37	41	43	24	10	41	202	35	19	2	12	28	26

数一数我的地址簿中所有门牌号第一位数字中有多少个 1、2 和 3，这 3 个数字在全部 52 个门牌号中占了 30 个，远远超过了一半。我猜你的也一样。令人惊讶的是，一共 3 个数字就占所有门牌号首个数字的一半以上，而我可以自信地预测这一点。事实上，如果只从你的地址簿中随机选取 50 个条目，那么超过一半的门牌号以 1、2 或 3 开头的概率接

近 95%。如果选取 100 个条目，那么这个概率可达到 99.6%。

　　这似乎与我们的直觉相悖，因为我们的直觉认为以每个数字开头的地址应该数量相等，没有哪个数字充当门牌号首个数字的可能性高于或低于另一个数字。如果我们的直觉是对的，那么这 9 个数字（记住门牌号不能以 0 开头）出现的频率都应该是 0.11，即 11%。其他场合的确如此。想象一下，如果某个数字在彩票中出现的机会有偏倚，那就意味着每个人的彩票的中奖机会有所不同，这个系统就有可能被人利用，有的人就会彻底告别这个游戏。数字被抽中的频率必须是均匀分布的。

　　而事实证明，同许多其他自然产生的数据集一样，门牌号第一个数字的分布非常不均匀。最不常见的第一个数字是 9，出现频率仅为 4.6%，而最常见的是 1，出现频率是惊人的 30.1%。我们为这种数据类型建模，可被称为本福德分布，亦称本福德定律。从图 4–1 中的左图可以看到，我的地址簿中的第一个数字符合本福德定律。"×"的位置与长条的高度十分吻合。根据本福德定律，数字 2 出现的概率应该是 17.6%。在我的地址簿中，2 出现的频率为 17.3%。4 出现的频率应该是 9.7%，而在我的地址簿中它出现的频率为 9.6%。模型与实际数据之间存在差异，但这些差异在数据集变大后应该会消失。

　　为了验证这一点，我还查看了伦敦 100 多万家企业的地址。处理这些数字后（相信我，其中涉及一些相当烦琐的处理），我得到了图 4–1 中

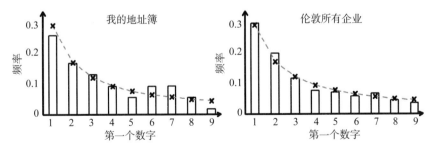

图 4–1　从左图可以看出，我的地址簿中 52 个门牌号第一个数字的出现频率（条柱）与本福德定律预测的频率（虚线上的"×"）匹配程度很高。从右图可以看出，在 1 008 925 个伦敦企业门牌号中，第一个数字的出现频率（条柱）与本福德定律（虚线上的"×"）的吻合程度甚至更高

右图所示的结果。这一次，预测频率和实际频率之间的匹配非常好。以数字 1 开头的门牌号应该占 30.1%，而实际占比 30.8%。以 3 开头的门牌号应该占 12.5%，事实上，这些企业的门牌号中有 12.2% 是以 3 开头的。

不过，如果你想凭借本福德定律的惊人力量去当地酒吧骗几杯酒喝，你首先需要知道何时何地可以使用它。我们已经知道，如果数字是完全随机抽取的，比如在彩票中，那么本福德定律就不成立了。也许你的欺骗活动可以从手机号码开始。在英国，电话号码的前 3 位是规定的，但也许第 4 个数字适用于本福德定律？遗憾的是，不适用。在英国的移动电话号码中，第 3 位数字之后的数字 1 到 9 也是均匀分布的，这意味着它们出现的概率是相等的（我们在第 2 章中利用了这个事实，通过计算发现，只要人数达到 119 个，其中有两个人的移动电话号码最后四位数字相同的可能性就超过一半）。

数的分布不能太均匀。同样的道理，如果限制条件太多，那么本福德定律也不成立。如果你查看英超球员的年龄、成年男性的身高、10 岁儿童的智商或奥运会女子 100 米比赛冠军用时等数据，就会发现这些数据高度集中，只有少数几个数字可能出现在开头。因此，本福德定律肯定不适用。事实上，很多这样的数据集都遵循其他已知的分布。例如，钟形正态曲线可以近似地描述包括患者血压分布[54]、人类男女身高在内的多种现象。[55]

不过，数学家已经证明，从许多这样的分布中提取数据时，随着提取的数据点不断增加，数据的第一位数字将呈现一个非常特定的模式，这就是本福德定律。[56] 因此，虽然许多特征明确的现象（如标准化考试成绩）会满足特定分布的规律，但是一些满足多种不同分布规律的多个不同因素通过随机组合形成的更复杂现象，都遵循本福德定律。你也可以自己生成一个本福德分布：从你最喜欢的报纸上找出一些互不相关、提到一个或多个数的文章，然后从每篇文章中找出一个数，计算它们的第一位数字的出现频率。

为了使本福德定律成立，数据需要跨越多个数量级。例如，考虑英国定居点的规模，你会发现许多村庄的人口不到 100 人，而一些城市的人口超过 1 000 万。英国定居点的人口规模就很有可能遵循本福德定律。其他类似的符合本福德定律的无约束数据集包括出版物的页数、建筑物的高度和河流的长度等。

你的数字有问题

虽然我之前用本福德定律做出的预测可能会让你在聚会上玩出一个令人惊讶的把戏，或者在酒吧里为你赢得一杯啤酒，但是它不太可能迅速改变世界。然而，本福德定律已经在现实世界的多个场景中被用来检测人为篡改的数据。

已经倒闭的安然公司可能是历史上最臭名昭著的会计欺诈案的罪魁祸首。系统化、制度化的掩盖手段使安然在破产前一年（2000 年）声称其收入超过 1 000 亿美元。分析安然的财务数据并将其与本福德分布进行比较，就会发现有明显不一致的地方，这可能让审计人员很快注意到了欺诈行为。[57]

一个由 4 名德国经济学家组成的小组仔细研究了所有欧盟成员国在 2010 年欧盟主权债务危机爆发前几年报告的会计统计数据。这场危机在很大程度上是由希腊国债危机促成的。分析发现，希腊的数据与本福德分布的差异最大，这表明它的数据有问题。[58]

本福德定律已被用于调查多种背景下的违规行为，包括伊朗总统选举结果[59]、科学研究中的欺诈性报告[60]以及日常账目审计中平淡无奇但最为常见的违规行为[61]。

韦恩·詹姆斯·纳尔逊是亚利桑那州财政部长办公室的一名低级管理人员。在 1992 年 10 月的 10 天时间里，他至少给第三方开了 23 张假支票，然后又把这些支票转回给自己。他行事谨慎，第一天只开了 2 张支票，金额相对不大，分别为 1 927.48 美元和 27 902.31 美元。在等了 5 天确保没有被发现的危险之后，他又开了 4 张。又过了 5 天，他把谨慎抛到九霄云外，又写了 17 张支票。他总共兑现了近 200 万美元。但是他犯了一个致命错误。虽然为了避免怀疑，他填写在每张支票上的数字看起来都是随机的，而且一直小心翼翼地不重复任何金额，也不使用会泄露秘密的整数，但他还是太贪婪了。金额超过 10 万美元就会触发内部会计保障措施，这意味着他的支票将受到更详细的审查。因此，他一直小心翼翼地保证他填的数字不超过这个限额，以避免不必要的审查（后面写的支票金额都接近但低于这个限额），但他不知道本福德定律。

在接受审查时，纳尔逊的支票金额因过于接近 10 万美元限额而东窗事发。他的支票中超过 90% 的金额超过了 7 万美元，而根据本福德定律，真实支票数据预计只有大约 15% 的金额会超过 7 万美元。这种情况随机发生的概率大约是 1 000 万亿（10^{15}）分之一。即使考虑到每年可能开出的支票数额庞大，这么低的概率也说明纳尔逊极有可能有欺诈行为。

纳尔逊别无选择，在审判过程中只能承认他伪造了支票，但他声称，他实施欺诈是为了暴露雇主新电脑系统缺乏安全保障。这个站不住脚的借口并没有帮助他逃脱罪名，他被判入州监狱服刑 5 年。

幂让我们知道……

本福德定律频频出现在日常环境中的一个可能原因是，现实世界的许多数据集都符合一个看似神秘但更普遍的定律——齐普夫定律（Zipf's law）。

齐普夫定律指出，对于足够大的文本，当单词按照频率递减的顺序排列时，它们会表现出一种特殊的模式。具体来说，频率第二高的单词出现的频率大约是频率最高的单词的一半。频率第三高的单词出现的频率大约是第一个的 1/3，频率第四高的是 1/4，以此类推。

我决定分析我上一本书《救命的数学》中的词频，亲自验证一下齐

普夫定律。啊呀，真是太神奇了！完成分析后，我发现它与齐普夫定律
惊人地吻合，如图 4–2 所示。英文版书中最常见的单词是定冠词 the，出
现了 6 691 次。其次是介词 of，出现了 3 330 次，几乎是 the 出现次数的
一半。排在第三的是介词 to，出现了 2 445 次，略高于 the 的 1/3，等等。
排在第 145 位的 life（生活）一词与排名 146 的 mathematics（数学）一样，
都出现了 64 次，远多于排名 230 的 death（死）一词的 42 次。

图 4–2 揭示了为什么符合齐普夫定律的数据也可能符合本福德定律。
在每个数量级（1~9，10~99，100~999 等）中，首位数字是 1 的排序比
以任何其他数字开头的排序（尤其是白色条表示的 9）更常见。如果数据
遵循齐普夫定律并跨越足够多的数量级，我们可以确信本福德定律也成
立。当我分析《救命的数学》中单词排序的首位数字时，我发现它们非
常符合本福德定律（图 4–3）。

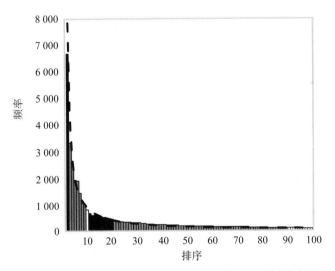

图 4-2 《救命的数学》英文版中最常见的 100 个单词的出现次数（按出现频率排序）。排
序首位数字是 1 的单词对应的条柱用黑色突出显示，排序首位数字是 9 的单词对应的条柱
用白色突出显示，而其余的条柱则以灰色显示。排序首位数字是 1 的单词出现的次数远多
于排序首位数字是 9 的单词。上方的黑色虚线是齐普夫定律预测的理论值，与词频数据高
度吻合

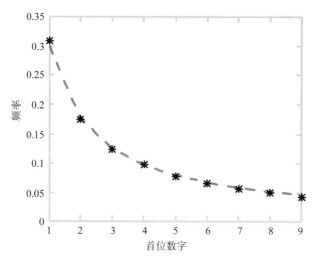

图 4-3　通过计算《救命的数学》中单词排序的首位数字频率（黑色星号），我发现它们几乎完全符合本福德定律（灰色虚线）。任何符合齐普夫定律的数据集都有这个特点

　　齐普夫定律对大文本的词频有普遍适用性，不仅适用于英语，似乎也适用于许多其他语言，甚至包括人造语言世界语。[62] 有趣的是，这种神奇的关系并不仅仅局限于文本中的文字，还见于各种各样的其他场景，比如科学家写的论文的数量 [63]，定居点的人口规模 [64]，与免疫相关的氨基酸序列长度 [65]，甚至月球上陨石坑的直径 [66]。

　　齐普夫定律是更普遍的幂定律的一个特例。幂定律表明，一个变量（例如地球引力的强度）与另一个变量（到地球中心的距离）的幂成反比。对于地心引力来说，离地心的距离越近，引力就越强，距离越远，引力就越弱。大文本词频所满足的齐普夫定律是幂定律中"幂"（即指数）为 1 的特殊情况。这意味着一个变量翻倍会使另一个变量减半，而第一个变量增至 3 倍会使第二个变量减少 1/3，以此类推。

　　然而，一般幂定律通常不是这样。例如，万有引力的"平方反比定律"遵循指数（即幂）为 2 的幂定律。如果你离地心的距离是你现在所处位置的 2 倍，那么你在新位置感受到的力就只有你现在所处位置上的地心引力的 1/4（$1/2^2$）。如果你移动到与地心的距离是之前 3 倍的位置，力就会是原来的 1/9（$1/3^2$）。以此类推。

人们发现，幂定律可以用来描述很多自然产生的数据集，例如，物种多样性随栖息地面积的变化[67]、美国每天龙卷风次数的频率[68]，甚至是艺术家数量随其作品平均价格的变化[69]。刘易斯·理查森分析了 1809 年至 1949 年的战争数据，发现有人员伤亡的冲突频率随着死亡人数的变化遵循指数为 1/2 的幂定律[70]。研究发现，死亡 100 万人的战争发生的可能性是死亡 1 万人的战争的 1/10，是死亡 100 人的冲突的 1/100。查尔斯·里克特和本诺·古登堡于 1956 年发表的幂定律[71]是迄今为止发现的最重要的幂定律之一，它甚至具有预测地震的能力。

并非高明的地震预测专家

曹显清是中国东北辽宁省营口县地震办公室主任，刚刚上任 4 个多月。他受教育较晚，当兵后才开始识字，并不是人们心目中的典型地震预测专家。不过，他擅长组织管理。1974 年 12 月，营口县发生 5.2 级地震后，他着手在营口县各公社组建通信网络、运输队、救援队和地震办公室。他开始囤积冬衣、被褥和食物，为更大的地震做准备。

在 12 月底和 1 月初的几次假警报之后，营口县在 1975 年 2 月的头几天遭受了一系列小地震的袭击。该地区的农民也报告说地下水颜色和水位发生了变化，动物有一些奇怪的行为，包括"路上有冻死的青蛙和蛇"，"老鼠就像喝醉了酒一样"，以及"马不停地嘶鸣，鹅不断地扑腾"。

2 月 4 日凌晨，辽宁省发生 5.1 级地震，对建筑物造成轻微破坏，但没有造成更严重的破坏。曹显清立即采取行动，要求营口县县委召开会议，并在会上坚称当天晚些时候会发生大地震。县委听了他的劝告，下令营口县所有公社立即疏散。类似的疏散命令也传到了辽宁省其他县。许多人注意到这一消息，来到户外，在远离建筑物的地方搭建地震棚。为了让不情愿的市民在寒冷的冬夜走出家门，他们还匆匆忙忙地组织放映露天电影。

19 点 36 分，最大的一次 7.3 级地震发生了，震中位于营口县和邻近的海城县交界处。桥梁坍塌，管道破裂，建筑物摇摇欲坠。据估计，如果没有采取行动，这样的地震可能会导致该地区100多万人口中的数万人死亡。但在接下来的几天里，当尘埃落定时，废墟中只发现了1 000多具尸体。迅速实施的疏散挽救了数万人的生命。

这个说法与地质学界普遍认可的"大地震无法预测"的共识大相径庭。例如，美国地质勘探局（USGS）甚至在他们的网站上说："无论是美国地质勘探局还是其他任何科学家都没有成功预测过大地震。"中国人破解了地震预测问题，并提出了一种可靠的方法来准确预测地震的位置、时间和震级吗？遗憾的是，答案似乎是否定的。

2月4日地震的一些所谓征兆很容易被解释为巧合。地下水水位和颜色的变化可直接归因于当地的灌溉。如果每次马叫或鹅扑腾都拉响警报，就会有很多假警报。事实上，12月和1月，相关部门发出了数次假警报（其中一些就是由曹显清本人发出的），这也表明了巨数法则的作用。如果你对地震可能发生的时间做出足够多的预测，其中一些可能会成真，但更多的不会。前震可能被认为是潜在地震的可靠指标，许多大地震之前都有前震，但同样有许多大地震之前没有前震。把低震级地震认为是前震，但后来根本没有发生大地震的例子甚至更多。

为什么曹显清如此确信威胁迫在眉睫，以至于冒着名誉扫地的危险，鼓动一个地区的百万居民疏散呢？他知道什么别人不知道的事吗？后来曹显清在采访中透露，他真的知道一些。在了解当地的地震教育材料时，他注意到了一条200年前的记录中的一条经验法则："秋多雨水，冬时未有不震者。"他注意到1974年秋天的雨比往年多，而且那年的2月4日是中国历法中冬天的最后一天，因此他确信地震会在这天之前发生。尽管地震真的发生了，但这纯属偶然。显然，这次幸运的预测背后缺乏科学依据。

1976年7月28日，紧挨辽宁的河北省唐山市发生了7.8级地震，但没有人预测到这次地震。地震发生在凌晨3点42分，大多数人都在睡觉。这座城市的大部分建筑都遭到了严重的破坏，有的即使还屹立不倒，也不适合居住了。城市的大部分基础设施很快被摧毁，最终死亡人数为惊人的 24.2 万多人。

　　似乎单个地震无法可靠地预测，但这是否意味着我们无法预测在特定时间段、特定地点发生大地震的可能性呢？根据曼彻斯特和旧金山这两个地区发生地震的频率，我现在就可以预测，在接下来的 12 个月里，我的家乡曼彻斯特发生 4 级或 4 级以上地震的次数少于旧金山，而且我敢肯定我是正确的。这种面向未来的预测就是地震学家所说的中长期预报，而不是短期预测。

　　当我们将地震释放的能量与地震发生的频率相对应时，一种独特的幂律关系出现了（见图 4-4）。这就是著名的古登堡-里克特定律。[72] 数据包含从 1970 年到 2020 年这 50 年间发生的震级从 4.5 级（超过 4 万次，每次释放约 3 500 亿焦耳的能量）到 9.1 级（只发生了 2 次，每次释放近 300 亿亿焦耳的能量）的地震。因为这两个量（能量和频率）差异如此之大，所以使用对数刻度绘图（如图 4-4 的右图所示）可以更容易地看出这种关系。使用对数刻度后，数据整齐地落在古登堡-里克特定律预测的直线上。这条线的斜率为 0.7，表现了潜在幂律特征。

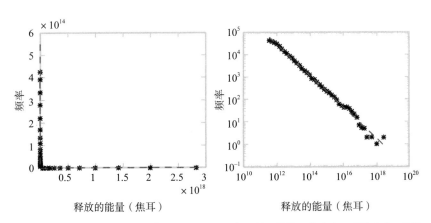

图 4-4　世界各地地震的频率（1970—2020 年）随其释放能量的多少呈幂律变化。因为小地震有很多，特别大的地震非常少，所以左图中的数据看上去几乎与两个坐标轴重合。当两个轴都使用对数刻度时，能更容易看出其中的关系。幂定律特有的线性关系可以很轻松地在右图中看到

古登堡–里克特关系似乎表明地震遵循一种非常可预测的模式。因此，知道特定地区发生小地震的频率，可以让我们预测没有那么频繁但更强、更致命的地震的频率。虽然这不能让我们确定未来地震的时间、地点和规模（这是美国地质勘探局对预测的定义），但它确实为我们提供了一些重要的信息，告诉我们某个地区发生地震的预期频率是否值得花费时间和金钱做地震防范工作。

在未来30年里，预计发生7级或7级以上地震的概率为51%，对于像旧金山这样位于相对富裕国家的城市来说，花大力气做好地震防范是有意义的。即使地震能够被精确地预测，并且人员伤亡被降到最低，地震后重建城市基础设施的经济成本也将是灾难性的。相比之下，对于像菲律宾这样相对贫穷的国家来说，马尼拉每450年发生一次7级地震的频率虽然高于世界上许多地方，但可能不足以证明为这座城市的防震工作投入巨额资金是合理的。

历史学家爱德华·吉本在他的回忆录中写道，概率定律"总体上是正确的，但在特定情况下却是错误的"。尽管古登堡–里克特定律似乎表明看似不可预测的地震事件可能有迹可循，但是距离正确预测还有很长的路要走。它无法预测下一次大地震的确切日期和时间，而仅限于提供在特定时间段内发生特定规模以上地震的可能性。同样，描述暴力冲突频率的理查森幂律可能会告诉你，未来20年内不发生重大战争的可能性是90%。这可能会让在这一时期不发生重大冲突的赌注看起来很有吸引力，只是你有必要记住，你平均赌十次就有一次会赔钱。但这并不意味着这些预测没有价值，事实远非如此。它们使我们能够为一系列情况做好准备，根据每种情况的风险和可能性适当分配资源。在做准备时究竟应该如何权衡低概率、高危险性的事件和其他高概率、低危险性的事件，这是一个预期效用或预期收益的问题，我们将在第5章详细研究。

如果我掌握的信息发生了变化……

将过去事件发生的频率解释为概率是我们管理不确定性的最佳手段之一。这种所谓的概率频率论观点使我们能够预测未来或推断未知的现状。但是，当新的证据出现时，我们需要一种方法将其纳入我们的世界观并更新我们的信念。幸运的是，这种能适应不断变化的证据的推理工具已经存在了近 250 年。尽管贝叶斯定理（亦称贝叶斯法则，有时甚至简称为贝叶斯）现在被认为是所有应用数学领域中最重要的工具之一，但它并不是从一开始就享有这种至高无上的地位的。

18 世纪中期，业余数学家兼长老会牧师托马斯·贝叶斯所处的社会对概率论还不是很了解。贝叶斯想知道如何从结果推断原因，以及如何将新的证据纳入他对某个问题的信念中。究其实质而言，贝叶斯定理是对条件概率的陈述。条件概率指在已知某些证据的情况下，某个假设为真的概率，例如，根据某条法医证据，判定嫌疑人无罪（假设）的概率，或者已知巴西进了一球（证据），判断贝利当时在场上（假设）的概率（不看出场名单）。在现实生活中，评估相反的命题往往更容易，即在假定某个基本假设成立的情况下，看到相关证据的概率。例如，如果嫌疑人是无辜的，看到特定法医证据的概率，或者如果贝利正在赛场上，评估巴西已经进球的可能性。作为连接条件概率方程两边的桥梁，贝叶斯发展了他的贝叶斯定理。他用一个思想实验来说明他认为自己的方法可以处理哪些问题。

首先，贝叶斯想象他的助手在打台球，而他自己则坐在大厅另一端的房间里。游戏开始后，助手击打一个球，让它击中球桌一侧的某个位置并反弹。然后，助手将球拿走，并在球桌侧边上标记球击中的位置，再让贝叶斯找出标记在哪个位置。显然，如果看不到标记，贝叶斯就不知道它在哪里。为了帮助他，助手会再次把球击打到球桌这一侧，让球最终落在球桌这一侧任何位置的可能性都相同。然后他大声告诉贝叶斯，球是落在了标记的左边还是右边。助手会重复这个过程多次，每次都告诉贝叶斯球是落在标记的左边还是右边。

已知标记的位置，找出球停在左边或右边的概率是很容易的。对于在桌子宽度 3/4 处的标记，球停在标记左侧的概率为 0.75，停在标记右侧的概率为 0.25。但这并不是贝叶斯的助手要求他做的。助手没有要求贝叶斯说出球落在特定标记位置左边或右边的概率，而是要求他解决方程中更困难的一边——已知球落在标记位置的左边或右边，计算标记位置的概率。这个问题的难度明显更高，但贝叶斯定理使他能够解决这个问题。

贝叶斯首先假设标记落在球桌整个宽度上任何地方的可能性都相等。他的想法是，如果球落在标记的左边，他对标记位置的预期就会向右偏移，反之亦然，球停在标记右边的次数越多，标记就越有可能在球桌的左侧。每掌握一点儿新的信息后，贝叶斯都能对标记位置的可能区域加以限定。图 4–5 显示随着信息增多，贝叶斯不断修正他的想法，他对标记所在的位置也越来越确定。

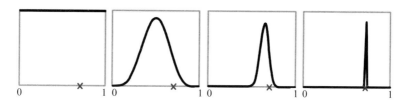

图 4-5 随着贝叶斯接收到的信息越来越多，他对标记位置的估计（其真实位置是 0.7，用 × 表示）变得越来越准确。左起第一幅图表示他的先验信念，即标记可能以相同的概率落在球桌宽度的任何位置。10 条信息（左起第二幅图）仍然给出了一个具有显著不确定性的分布；100 条信息（右起第二幅图）和 10 000 条信息（右起第一幅图）使得贝叶斯对标记位置的估计越来越准确。注意，每幅图中纵轴的刻度是不同的。我们没有标记 y 轴，因为我们主要感兴趣的是概率分布的形状，分布越窄，我们对标记的位置越有信心

简而言之，贝叶斯认为：他可以根据新的数据更新他最初的信念，从而得出一个新的信念。用现代的说法，结合先验概率（初始信念）与观察到新数据的可能性，就会得出后验概率（新信念）。贝叶斯定理既是一个数学命题，也是一个哲学观点：我们永远无法掌握完美的绝对真理，但积累的证据越多，我们的信念就越完善，最终向真理靠拢。

*

　　贝叶斯的部分哲学思想在严格的数学圈子里并不受欢迎，尤其是先验信念的概念（在进行实验或收集数据之前，应该尝试猜测问题的答案）。先验信念似乎与科学的客观性相去甚远，给有缺陷的人类判断留下了太多的空间。先验信念截然不同的人在看到相同的数据时会得出不同的结论，这似乎与数学界已经习惯的数学确定性不一致。

　　可能是由于这个原因，贝叶斯定理在他生前没有得到广泛的应用。似乎就连贝叶斯自己也没有真正意识到它的重要性，也没有想去发表它。他的朋友理查德·普莱斯在贝叶斯死后整理他的笔记时，在一份未发表的手稿上看到了这个定理。普莱斯对它的重要性的理解远超贝叶斯本人。他编辑好《机会学说中一个问题的解》，随后将这篇论文公之于世。[73] 至少他认为公开了。事实证明，少有人真正读过写有贝叶斯定理（首次用公式表示）的这篇手稿。

　　大约 10 年后，著名法国数学家皮埃尔·西蒙·拉普拉斯（我们将在第 9 章再次见到他）独立地重新发现了这一观点，并用它解决了一个由来已久的关于性别比例的争论。[74] 他首先假设每个新出生的孩子是男孩或女孩的可能性相等，然后利用贝叶斯定理，将来自法国、英国、意大利和俄国的性别比例的新信息纳入他的研究。在更新他最初的观点后，他证明了性别比例略微偏向男孩是"人类的普遍规律"。令人惊讶的是，即使是使用这个公式取得巨大成功的拉普拉斯，最终也放弃了贝叶斯的思想。在接下来的 200 年里，这个定理被一些最伟大的科学家或赞扬或嘲笑，对它的使用也断断续续。

　　尽管人们一直对贝叶斯定理持怀疑态度，而且它的内涵也不受欢迎，但是在贝叶斯定理尚在黑暗中摸索的那段时间里，人们取得了许多突出的成就。18 世纪末和 19 世纪初，法国和俄国军队的炮兵军官在不确定的环境条件下曾利用贝叶斯定理来帮助他们击中目标。[75] 艾伦·图灵用它破解了恩尼格玛密码系统[76]，大大缩短了第二次世界大战的时间。冷战期间，美国海军用它来寻找一艘消失的苏联潜艇[77]（这一事件启发了汤姆·克兰西的小说和后来的电影《猎杀"红十月"号》）。20世纪50年代，科学家使用贝叶斯定理来帮助证明吸烟和肺癌之间的联系。[78]

所有贝叶斯定理支持者都接受了一个重要的前提，那就是以猜测作为开始是可以的，他们承认不确定最初的假设是否正确。但实践者在看到随后出现的每一个新证据时，都要义无反顾地修正他们的观念。如果应用得当，贝叶斯定理可以帮助人们边估计边学习，并利用不完美、不完整甚至缺失的数据更新他们的信念。不过，贝叶斯的思考方法确实要求人们承认他们正在试图量化对一个观点的相信程度，抛弃绝对确定的非黑即白，接受不同灰度的答案。尽管需要做出范式的转变（从信念而不是绝对的角度思考），但贝叶斯推理并不符合批评者给它贴上的主观、反科学的标签。事实上，贝叶斯定理绝对代表了现代科学的精髓——面对新证据改变自己想法的能力。著名经济学家约翰·梅纳德·凯恩斯就曾经说过，"如果我掌握的信息发生了变化，我就会改变我的结论"。

今天，贝叶斯定理担起了过滤网络钓鱼、药品报价等垃圾邮件的幕后工作。[79]它是向我们在线推荐电影、歌曲和产品的算法的基础，也是深度学习算法的基础（深度学习算法有助于为我们的医疗服务提供更准确的诊断工具）。许多贝叶斯定理的狂热信徒认为，贝叶斯定理是一种生活哲学。虽然我个人不这样看，但我认为，学习贝叶斯的思考方式对我们有益，贝叶斯定理提供的工具可以帮助我们做出决定：在众多相互竞争的故事中，我们应该相信哪一个；我们的论断有多大的置信度；也许最重要的是，何时以及如何改变我们的想法。我将通过几个例子来说明我们可以从贝叶斯定理学习并带到日常生活中的三个经验法则。

第一个经验法则：新证据并不代表一切

搬到一个新地方后，一位你刚认识的邻居邀请你去他家参加聚会。在聚会上，邻居把你介绍给一个独自站在角落里的年轻人。"这是保罗，"

邻居说，"他是一名……"但就在这时，厨房里传来一声巨响，邻居赶紧去收拾残局，他的话的后半部分被喧闹声淹没了。你觉得他说的好像是机械师，但也可能是数学家。保罗很害羞，他几乎不看你，当你问他问题时，他说话含糊不清，所以你没办法得知他的回答。从他的行为来看，你认为保罗更有可能是数学家还是机械师？

当被问到这个问题时，大多数人，甚至是正在学习贝叶斯定理的数学本科生，都猜测保罗是一位数学家。数学家以害羞和不善社交著称，而机械师没有这样的名声。当然，这条规则也有很多例外，但刻板印象往往在一定程度上反映了事实。就像一个老笑话说的：在数学系的圣诞晚会上，你怎么知道和你说话的人性格外向？回答是，性格外向的人会看着你的鞋，而不是他们自己的鞋。

当然，我作为一名数学家的生活经验表明，与其他职业相比，数学家更容易出现不善社交和性格腼腆的情况，而我遇到的大多数机械师在社交方面都很自信，游刃有余。如果我们猜测大约一半的数学家和只有10%的机械师不善社交，那么这似乎表明保罗是数学家和机械师的概率的比例是5:1。

但是，还有另一条信息也会影响计算，人们在回答问题时往往会忘记这一点：英国数学家和机械师的相对数量，即一个人是数学家还是机械师的先验概率。在英国，大约有 5 000 名专业数学家在数学系工作（这些人可能会说自己的职业是专业数学家）。这与大约 25 万名机械师的数量相比显得微不足道。如果我们认为保罗更有可能是数学家，就犯了条件概率倒置的经典错误，因为我们使用了已知某人是数学家，他大概率性格腼腆这一先入之见，而不是计算某个性格腼腆的人是数学家的概率。

条件概率倒置经常发生在法庭上，因此它有一个专门的法律名称：检察官谬误。所谓检察官谬误，就是把嫌疑人无罪从而得到某个证据的概率，当作如果得到某个证据那么嫌疑人无罪的概率。犯这样的错误是可以理解的，因为这两个条件通过贝叶斯定理相互关联。它们的关系取决于嫌疑人无罪的先验概率。如果即使嫌疑人无罪，在很多情况下也会产生该证据，那么这两个条件概率的值可能差别很大，从而对嫌疑人有罪的概率给出截然不同的看法。

图 4-6 以比例缩小的方式表现了我们在理解保罗更有可能是一名机械师还是一名数学家时需要做出的贝叶斯计算。数学家有一半性格腼腆，但由于这个人是数学家的先验概率只有 2% 左右，所以这 2 500 名腼腆的数学家只占我们需要考虑的机械师和数学家总人数的 1% 左右。因为 25 万机械师几乎等于数学家和机械师的总人数（占比超过 98%），所以即使是他们中的 10%（即超过 2.5 万的腼腆的机械师），也大概占据了总人口的 10%。腼腆的机械师（2.5 万人）的人数是腼腆的数学家（2 500 人）的 10 倍。这表明保罗更有可能是一名机械师，而不是数学家。

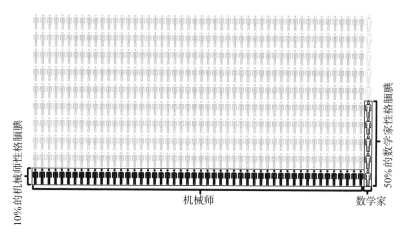

图 4-6　包含 500 名机械师（实心图标）和 10 名数学家（空心图标）的按比例缩小样本。要转换回实际数字，可以想象每个图标代表 500 个人。外向（不腼腆）的机械师和数学家用灰色显示，因为我们只关注与证据相符（性格腼腆）的亚群体。虽然图中 10 名数学家中有 5 人（50%）性格腼腆，但在包含 510 人的代表性样本中，数学家只有 10 人（不到 2%）。尽管机械师中性格腼腆的比例相对较低（500 人中有 50 人，即 10%），但机械师在总人口中占主要地位（图中 510 个图标中的 500 个），这意味着腼腆机械师的人数（50）远远超过腼腆数学家的人数（5）

即使我们降低机械师中性格腼腆者的估计人数，比如说，机械师中只有 2% 的人性格腼腆，而数学家性格腼腆的比例仍然是 50%，由于机械师在这个群体中的人数远多于数学家，因此腼腆机械师的人数仍然多于腼腆数学家。必须记住，新的证据不应该是信念的唯一促成因素。相反，新信息应该与我们先前的信念相结合，以帮助我们更正新的信念。

第二个经验法则：应考虑不同的观点

我们在本书前面已经讨论过证真偏倚有可能把我们引入歧途。不过，利用贝叶斯定理，或许可以清楚地解释这一现象的认知基础。从本质上讲，证真偏倚是未能考虑或足够重视我们对备择假设的先验信念，或者低估了这些备择假设的可能性（支持证据的强度），或者是两者兼有。

假设你正在试验一种新药，用它来治疗一直折磨你的腰背痛。服药一周后，你感觉有好转。显而易见的结论是这种药缓解了你的腰背问题。但必须记住，至少还有一个备择假设需要考虑。也许你的腰背痛在几周内经常有很大的起伏，在你服药的这段时间里，你的腰背痛可能本来就会减轻。或许还有一种可能性更低的情况：疼痛减轻完全是由其他因素引起的，例如，你采取了不同的睡姿，或者改变了运动形式。我们常常不能退后一步问问自己，如果我错了怎么办（这很重要）？还有哪些其他可能？如果它们是正确的，我会看到什么，和我现在看到的有什么不同？除非我们考虑了其他假设并赋予它们贴近现实的先验概率，否则我们总是不合理地认为新证据可以证明我们脑海中的假设。

就算我们很清楚备择假设，但如果没有找到与我们自己偏好的信念相矛盾的证据，或者没有给予这些证据适当的重视，也会出现证真偏倚。这会导致我们高估数据支持我们偏好的假设的可能性，低估数据支持备择假设的可能性。推特和其他社交媒体网站就是典型的例子，在这些平台上，许多用户都生活在一个"回音室"里。推特推送给众多用户的信息流只包含那些支持他们当前观点的帖子，因此用户接触不到其他观点。一开始，用户的看法可能只是略有分歧，但他们的观点会不断得到强化，直到变成确定无疑。这可能导致观点的两极分化和部落主义加剧，无论是在社交媒体平台上还是在现实世界中。

令我懊恼的是，2016 年英国脱欧公投就是一个明显的例子，因为我（还有很多人）完全没有用贝叶斯方法进行推理。与我交谈过的几乎所有人都投票支持留在欧盟。在推特上与我互动的人也大多计划投票支持这个意见。尽管投票前的民调在脱欧和留欧之间波动，给了我一个双方旗鼓相当的先验概率，但我过于看重我收集到的民间证据，没有去努力寻找支持另一种可能性的证据。2016 年 6 月 24 日，当我一觉醒来读到英国通过集体投票，以接近的 52% 对 48% 的结果退出欧盟的头条新闻时，我真的很惊讶，但我不应该感到惊讶的。

在上一章中我们看到，在面对一个困难的决定时，随机影响可以帮助我们坦诚地面对其他可能性造成的后果。为了避免证真偏倚，我们需要类似的影响力来帮助我们退后一步，积极寻找并公平评估支持所有不同观点（而不仅仅是我们喜欢的观点）的证据。如果我们过分沉迷于自己的观点，只寻找并吸收与自己观点一致的信息，忽视与自己的先入之见不一致的信息，那么我们最终会得出不正确的结论，做出错误的预测，即使我们看到的证据本来可以让我们走上正确的道路。

第三个经验法则：逐步改变自己的观点

贝叶斯定理从来就不是一个只能应用一次，利用一项新证据改变先入之见的工具。相反，正如我们在贝叶斯最初的台球思想实验中看到的那样，每一条新的信息都被用来更新关于标记位置的最新信念。更新后的后验信念又被用作下一轮游戏的先验信念，如此反复。

正是因为我们可以不停地使用贝叶斯定理来更新我们的信念，我们才能推翻最初的概率纯粹主义者的反对意见，他们认为对一个问题持有先验信念是不科学或不客观的。事实上，我们很少会对一种情况一无所知，而且我们也很少遇到没有初始假设供我们相互比较以评估其可能性的现象。科学方法要求我们根据新出现的证据不断完善和更新我们的想法。例如，现代研究可能会在两种假设之间做出决定（例如，人为改变气候是不是一种真实的现象），而不应认为这两种假设同样重要。到目前为止，有大量证据可以表明人为改变气候是真实的。这种偏倚应该反映在我们的先验概率中。

不过，我们也必须保持警惕，不把我们先前的信念看得太重。对自己信念的信心可能会让我们很容易忽略那些不会显著改变我们对世界看法的琐碎信息。贝叶斯的观点让我们拥有先验信念的另一面是，每当有新的相关信息出现时，我们就必须改变我们的观点，无论这些信息看起来多么微不足道。如果有大量的琐碎证据出现，每一个都会略微削弱人为气候变化假说，那么贝叶斯定理就会使我们（实际上，是要求我们必须）逐步更新我们的观点。

图 4-7 重复了贝叶斯的思想实验，但初始信念是，标记位于桌子的左侧，而且不太可能在其真正的位置（在 0.7 这个位置上的 ×）上。一条新的信息对贝叶斯的先验信念产生的影响几乎难以察觉，很容易被人忽视。然而，当有 1 000 条新信息被考虑在内时，贝叶斯就会对球的位置有一个相当好的判断。足够多的琐碎信息可以产生很大的影响。如果贝叶斯因为第一条信息没有显著改变他的观点就忽略了这条信息，那么他也会因为同样的理由忽略所有后续的信息，他的先验信念永远不会改变。

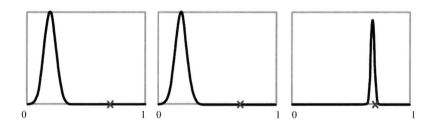

图 4-7　贝叶斯对标记所在位置（位于 0.7，用 "×" 表示）的估计（初始信念过于相信一个不正确的位置）发生的演变。贝叶斯的先验信念坚信球位于球桌的左侧（左图）。一条新信息几乎不会改变最初的看法（中间那幅图）。但是，证据对先验信念的影响会逐渐积累。当 1 000 条新信息被考虑在内后，贝叶斯对标记的位置有了一个很好的估计（右图）。同样要注意，三幅图中纵轴的刻度不同

我承认，当 2016 年足球运动员伊布拉希莫维奇（后文简称伊布）第一次到英格兰踢球时，我认为他的能力被高估了。尽管他已经是足球界获得荣誉最多的球员之一，也曾效力于一些欧洲最顶尖的俱乐部，但我只是断断续续地关注过他的成就，因此我能一口气说出他在英国新获得的每一个奖杯，却忘记了他之前赢得了多少荣誉。我的先验信念是，他并不像他表现出来的那样强大，即使他在 2012 年对阵英格兰队的比赛中踢出一记精彩的倒钩，也没有让我相信他的实力。我的表现不像是一名贝叶斯主义者。

然而，当伊布来到英格兰加盟曼联（我支持的曼城俱乐部的最大对手）后，我忍不住逐渐改变了我的观点。看着他在比赛日打进一个又一个进球，我对伊布的看法慢慢地越变越好。看到一个明显处于职业生涯晚期的球员在短短三个月内打进 18 球，成为英超联赛中年龄最大的单赛季进球超过 15 个的球员，我对伊布的评价比刚开始时要高得多（尽管仍然远不及他对自己的评价高）。

琐碎的证据累积起来，可以改变我们对一个问题的看法。单个证据似乎无关紧要，我们可能会忽略它们，但数据采集就像板块构造的缓慢过程一样，引发的微小变化可以累积起来，等到证据堆积如山时，我们终于拨云见日，豁然开朗。

根据新的证据改变观点并不总是一件容易的事。承认自己错了会让人感到不舒服，觉得违背之前的坚定信念是近乎懦弱的行为。事实上，支持一个与你之前所接受的观点相反的观点需要很大的勇气。如果政治圈对决策者根据新证据改变主意有更多的宽容，而不是对他们的"摇摆不定"和"180 度大转弯"横加指责、冷嘲热讽，也许就会有更多人愿意采用贝叶斯方法来基于证据制定政策，而不是在发现搬起石头砸自己的脚后仍然坚持己见。

对于贝叶斯定理提出的三条经验法则（新证据并不代表一切、应考虑不同的观点、逐步改变自己的观点），我们也许能出于本能运用最后一条，根据日常遭遇的情况更新自己的观点。

不幸的是，这种运用贝叶斯方法从经验中学习的自然能力有时会限制我们的远大抱负。经验可以加强我们对自我价值的看法（我们应该得到多少报酬、老板应该如何对待我们、我们如何认识自己在世界上所处的位置），最终让我们相信我们的看法是对的。就像贝叶斯在他的台球实验中对标记的位置越来越有信心一样，加强性的证据积累得越多，我们的现状就越不可能改变。这种情况几乎变成了一个自证预言（更多内容参见第 7 章）。

但是如果标记改变位置，会怎么样呢？在已有这么多加强性的经验信息的情况下，除非我们能重置先验信念，否则我们需要很长时间和大量证据才能调整我们的后验信念——我们如何看待自己在世界上所处的位置。

这个问题在我的研究领域尤其突出，在其他需要为女性和少数群体争取代表权的行业也是如此。假设你是一个有抱负的黑人数学学生，如果你从来没有遇到过黑人数学家，你对自己成为数学家的概率的先验信念是什么？可能非常接近于零。由于先验期望很低，即使是最有前途的学生也很难让他们相信自己属于某个特定的行业或职位。正因如此，如果我们希望增加传统上由社会特定阶层主导的行业的多样性，就必须加强代表性。

处理不确定性

如果不加限制，贝叶斯定理有可能成为一个强大的工具，它可以根据新数据不断更新我们的先入之见。但贝叶斯定理不会建议我们首先应该如何选择这些先验信念。总会有一些人百分之百地坚持自己的信念，想想宗教激进主义者、反疫苗者或否认气候变化的人。在这种情况下，贝叶斯定理告诉我们，任何证据，无论多么有力，都不可能改变这些强硬派的信念。让一个对疫苗有效的先验信念为 100% 的人与一个认为疫苗有效的概率为 0% 的人辩论是没有意义的，谁也不可能改变对方的想法。

同样，从几个世纪以来对众多宗派和宗教冲突的研究也可以清楚地看出，当不可阻挡的力量遇到坚定不移的阻碍时，结果很少是美好的。

在社会层面上，我们必须清楚，在许多情况下，随机并不意味着天生不可预测。现实世界中的许多现象，包括地震频率、收入分配或冲突规模，乍一看似乎是受纯粹的随机性支配的，但实际上在总体水平上遵循高度可再现的规律。我们可以利用这些关系做一些预报，从而计划未来，即使我们不能预测个别事件本身的确切时间和地点。要认识到，"随机"并不总是意味着完全没有可预测性，我们可以提取噪声的这些特征标记，一旦有人伪造它们，或者利用它们来制订未来的计划，我们就能及时发现。

在下一章，我们将看到利用随机性制定策略以便在竞争环境中与对手博弈的例子。通过博弈论的视角进行战略性思考，将使我们能够洞察对手的想法。明确我们自己在任何特定情况下的"交战规则"，将有助于我们决定最合适的前进方式，甚至可以决定我们是否可以改变游戏规则，以改善所有相关方的结果。我们将探索在所谓的"混合策略"中如何利用随机性使我们的行动变得不可预测，让对手不敢掉以轻心。

随机性是存在于生活中的事实，我们在不懈地尝试解读这个世界时会被动地体验它，在做决定时也可以积极地利用它。在做任何事情时，我们很少能做到一切尽在掌控之中。外部力量经常会进行一些捉摸不定的干预（无论是因为已知的还是未知的原因），使我们陷入无法合理预见的境地。掌握面对不确定性进行推理的艺术，同时接受我们并不总是能做出正确的选择、做出正确的预测或持有理由最充分的观点，是应对随机性的一个方法。最终，在学会接受（如果不是每次都能预料到）意外之后，我们就能保持更愉快的心情。

第 5 章

用博弈论改变游戏规则

自 1950 年以来，埃及控制的蒂朗海峡一直对以色列关闭。这条分隔西奈半岛和阿拉伯半岛的狭窄航道是以色列前往红海以及更远的阿拉伯海和印度洋的唯一通道。1956 年 10 月，为了迫使蒂朗海峡重新开放，以色列入侵埃及，引发了第二次阿以战争。以色列的秘密盟友英国和法国也紧随其后，试图从埃及手中夺回刚刚国有化的苏伊士运河的控制权。随后发生的短暂的"苏伊士运河危机"给这三个入侵盟国带来了极大的国际压力。英国和法国被迫尴尬地撤军。最后，在埃及做出关键让步后（蒂朗海峡将无限期地对以色列重新开放），以色列也撤军了。尽管联合国在埃及和以色列边境部署了一支"紧急部队"，但双方都没有采取措施缓和紧张局势。

　　时间快进到 11 年后的 1967 年。以色列与其周边阿拉伯邻国之间的一系列事件再次唤醒了该地区在过去 10 年中一直沉睡的紧张局势。以色列入侵其与叙利亚之间的非军事区，引发了一场军事冲突，导致以色列威胁要入侵叙利亚并推翻其政府（当时未经证实）。在这种紧张的背景下，叙利亚和埃及政府收到一份情报，称以色列军队正在叙利亚边境集结，随时准备入侵。事实上，情报中包含的信息并不可靠，但埃及总统纳赛尔不能冒险无所作为。由于未能对以色列最近对叙利亚和约旦的袭击做出反应，他的支持率已经大幅下降。1967 年 5 月，纳赛尔行使了他的权力，将与以色列接壤的西奈半岛重新军事化，并将联合国维和部队驱逐出该地区。

发现以色列的战略地位受到潜在威胁后（以色列 90% 的石油出口都要经过蒂朗海峡），以色列总理艾希科尔重申了以色列在苏伊士运河危机之后的立场——蒂朗海峡对其船只关闭等同于战争威胁。尽管纳赛尔知道继续封锁海峡将使冲突几乎不可避免，但他还是坚持这一做法，并谎称在水道上布设了水雷。

战争一触即发，双方都认为率先进攻的一方可能占据优势。纳赛尔倾向于迫使以色列成为入侵并发起冲突的一方，但与此相反，他的陆军元帅阿米尔在 5 月下旬对一位将军说："这次战争将由我们发动。"埃及空军计划在 1967 年 5 月 27 日上午轰炸以色列的港口、城市和机场。然而，在距离袭击行动仅剩几个小时的时候，纳赛尔收到了苏联总理柯西金的口信，称如果埃及发动战争，苏联将不会支持埃及。当飞行员在飞机上等待袭击的最后确认时，推迟行动的消息及时传到了他们耳中。

战争在 9 天之后，即 6 月 5 日才最终到来，点燃战争导火线的是以色列。以色列军队向埃及占领的加沙地带和西奈半岛发动了地面进攻，以摧枯拉朽之势让埃及军队措手不及。与此同时，一场全面的轰炸几乎彻底摧毁了埃及空军。尽管因为与埃及签订了防御条约，约旦和叙利亚军队在不同的战线上与以色列展开了交战，但以色列成功地防御了新的攻击，并在短短几天内攻克了整个西奈半岛。战争中，以色列的军队损失了不到 1 000 人，而阿拉伯国家的总伤亡是这个数字的 20 多倍。以色列的攻击使埃及、叙利亚和约旦的部队损失惨重，因此在以色列发起战争仅 6 天后就签署了停火协议。事实证明，以色列在"六日战争"中占据的"先发制人的优势"，起到了决定性的作用。

游戏规则

事后看来，从纳赛尔感到封锁蒂朗海峡势在必行的那一刻起，这场战争似乎就不可避免了。但果真如此吗？有可能通过谈判和平解决吗？如果各方都能预料到战争的代价，他们是否有可能达成一项对他们都有利的解决方案呢？为了找到答案，我们将进入一个非常受欢迎，但相对较新的面向未来的数学分支——博弈论。

通过分析微不足道的博弈来理解像国际冲突这样的重大事件，似乎有些荒谬，因为这些战争行动的后果都极其严重。但博弈论体现了数学建模的一个基本原则——简化原则。当我们尽可能多地去除一种情况的无关细节后，我们就能更好地专注于留下的东西——问题的主要特征。许多涉及冲突的情况可以简化为相对简单的规则，其根本推动力与我们在厨房餐桌上玩的游戏相同。博弈论一次又一次地证明了它作为一门预测科学的价值。这种方法的核心假设是，相互竞争的各方都是理性的，总是按照自己的利益行事。信不信由你，这两个相互交织的假设几乎总是成立的。

我们有理由质疑博弈论的用途，因为我们可以提出一些看似能驳斥博弈论基本假设的场景。在某些场合，主角似乎并没有按照自己的最佳利益行事。例如，自杀式炸弹袭击者的行为明显不理性，我们如何使用博弈论来预测和预防这种行为呢？哪个头脑正常的人会为了剥夺别人的生命而牺牲自己呢？人都已经死了，还能得到什么好处呢？

要回答这些问题，我们必须小心，不要过于沉迷于自己的世界观。因为我们大多数人憎恨谋杀，并高度重视自己的生命和生计，所以我们很容易错误地认为自杀式炸弹袭击者的行为是非理性的。但要让博弈论真正发挥作用，我们必须设身处地，从别人的角度看问题。理解特定博弈活动中参与者的动机是将博弈论应用于现实世界的基础。

例如，要用博弈论来理解自杀式炸弹袭击者的行为，关键是要将他们的恐怖主义行为视为一种选择，相互竞争的各个选择方案都有不同的成本和回报，统称为预期收益（pay-off）。如果第一种选择的预期收益高于第二种选择，那么理性的做法就是选择第一种做法。自杀的个人收益可以被认为是零，也就是说，自杀的人将不再有成本或回报。自杀者可能认为他们的日常经历就是一种痛苦，让他们承受了成本而没有给他们回报，这是一种负收益。从这个角度来看，死亡给个人带来的零收益似乎是唯一理性的选择。从历史上看，许多文化都认为自杀是对疾病、耻辱或其他痛苦的理性反应，尽管在现代西方社会，我们通常不再持有这种观点。[80]

我们还应该意识到，收益并不仅限于个人层面，还可以延伸到家庭成员甚至朋友身上。对于某些动物（一些生物学家认为是所有物种），自利甚至可以延伸到尚未出生的家庭成员身上。实行自杀式繁殖（伴侣牺牲自己生命的交配策略）的动物通过精密的计算认为，它们（或者更确切地说，它们的基因）通过繁殖多个后代获得的利益是值得为之牺牲生命的。例如，一些园蛛科的雄性蜘蛛在使雌性蜘蛛受精后就会死亡。它们的身体仍然附着在（实际上是挡住了）雌性蜘蛛的生殖器开口。这不仅使其他雄性蜘蛛随后很难与这只雌性蜘蛛交配，还会增加这只雌性蜘蛛的后代继承其遗传物质的机会。[81]牺牲自己的生命来增加后代的预期数量对雄性园蛛来说是值得的。[82]

对某些人类群体来说，他们的选择会对更广泛的意识形态组织或政治组织产生影响，从而给他们带来收益。例如，妖魔化敌人是教育军事人员的一种简单方法，还可以创造并维持一种共同的目标感，从而鼓励追求"更大利益"的行动。承诺给予荣誉、名声和地位（甚至是死后追授）的效果更好，可以说服士兵们做出"最后的牺牲"。政治活动家可能认为，为"事业"牺牲生命所获得的社会回报超过了他们继续活着所获得的个人利益。在每种情况下，人们对牺牲生命的预期收益都超过了继续活着的回报。

无论就其本身而言，还是与政治、意识形态和军事动机结合在一起，对于潜在的自杀式炸弹袭击者来说，他们都认为承诺在"烈士"死后给予的无限回报超过了和平生活所能提供的任何有限回报。

虽然在外人看来，做出这些终结生命的极端决定的人可能是不理性的，但事实并非如此。可能除了年龄非常小和患有少量几种精神疾病的人之外，很少有人真的可以被形容为不理性。事实上，研究人员在调查那些有行动意图但任务失败的自杀式炸弹袭击者的动机时发现，他们中的大多数人并没有心理障碍，在被恐怖组织灌输思想之前，都是适应能力良好的人。[83]

博弈论认为，我们可能会做出使预期收益最大化的决定。不出意料，这个观点并不新鲜。在 17 世纪，法国数学家布莱士·帕斯卡甚至用这个观点来论证信仰上帝的合理性。在被称为"帕斯卡的策略"的思想实验中，他把是否相信上帝的决定比作掷硬币的结果。如果上帝不存在，而且你猜对了，那么收益是享受到的世俗快乐可能比虔诚、敬畏上帝的生活稍微多一点儿，仅此而已。相反，帕斯卡认为，如果上帝真的存在，而你把钱押在这上面，那么你在天堂得到的无限回报将远远超过你在凡人世界中为坚持这种信仰所做的牺牲。他说，无论上帝存在的概率有多小，在乘以这个结果为真带来的无限收益后，相信上帝的预期回报都一定超过不相信上帝的有限预期收益。因此，帕斯卡断言，理性的做法是相信上帝。

卡尔·马克思认为，很多社会利用了这种预期收益观点。他认为，宗教是大众的鸦片，对来世回报的承诺分散了人们的注意力，抑制了大众反对社会不平等、改善自己今生命运而不是接受现状的愿望。

先发制人优势

我们已经从愤世嫉俗的游戏玩家的预期收益这个角度阐述了理性的概念，现在可以回过头来分析中东冲突的例子了。假设只有两个对立的国家（考虑六日战争爆发之前的以色列和埃及）。为简单起见，我们在简化的"战争游戏"中称他们为玩家 A 和玩家 B，这两个玩家不是为了争夺土地、资源或战略位置而战，而是瓜分总共 100 英镑的奖金。为了便于讨论，我们做一个假设：如果他们最终为争夺这笔钱而引发战争，玩家 A 有 60% 的机会获胜，玩家 B 有 40% 的机会获胜。

两名玩家可以选择是进行战斗（战争），还是通过谈判解决。如果双方都选择谈判，那么他们会努力达成一个友好的协议，而不是战斗，但如果任何一方选择战斗，那么他们都会被拖入随后的冲突。用战斗解决这个争端有一个问题：双方都要付出代价。

为了便于讨论，我们假设：如果开战，他们每个人都要付出 10 英镑的代价，而相比之下，谈判不需要付出任何代价。考虑到他们的获胜概率（分别为 60% 和 40%），如果玩家决定开战，那么玩家 A 的期望是 60 英镑，减去 10 英镑的冲突代价后，总回报为 50 英镑。玩家 B 的期望是 40 英镑，但要在战斗中花费 10 英镑，最终会得到 30 英镑。

如果双方决定谈判而不是战斗，会怎么样呢？谈判不需要付出代价（与战争相比），这意味着与最终兵戎相见相比，玩家可以找到一个理想情况，让双方都可以带着更多的钱回家。战斗总成本是 20 英镑，这笔钱可以在双方之间分配，而不是在战争中白白损失掉。事实上，这笔额外的资金意味着协商对双方都有利的协议最终可以取得多种可能的结果。如果 A 在全部 100 英镑中拿走了 50~70 英镑，那么他的收益高于他通过战斗获得的 50 英镑。同样，B 在这种解决方案中的收益（在 30 到 50 英镑之间）也高于他在另一种解决方案中收获的 30 英镑。也许对双方来说最公平的解决方案是按 60∶40 分配奖金，这反映了他们获得未参与的冲突的胜利的可能性。表 5–1 表示两个玩家在分别选择谈判还是战斗的情况下可能取得的结果。

表 5–1　在博弈论中，我们经常用收益矩阵表示两个玩家之间博弈的可能结果。列标题表示玩家 A 的行为，行标题表示玩家 B 的行为。在每个"收益"方格（对应于两个玩家可以做出的 4 对可能选择）中，第一个数字表示玩家 A 在这些战略选择下博弈的预期结果，即收益，第二个数字表示玩家 B 的结果。例如，当玩家 A 和玩家 B 都决定进行谈判时，左上方的方格表示 A 获得 60 英镑，B 获得 40 英镑的和解结果。因为双方在谈判策略下的预期收益至少与在战斗策略（不管另一个玩家如何选择）下的预期收益一样好，所以这应该是理性行为人应该采取的策略

玩家A ＼ 玩家B	谈判	战斗
谈判	60，40	50，30
战斗	50，30	50，30

　　对于许多潜在的争端，抢在冲突爆发之前通过谈判瓜分好处并避免冲突代价的解决方案有可能对双方都有利。简单博弈论是这么认为的。这就是为什么对于想要离婚的夫妇来说，调解几乎总是首选方案，而不是陷入混乱、昂贵、旷日持久的诉讼案中，导致双方都丢面子（还要破财）。如果参与者是顽固的人类行为人，那么能否通过谈判实现这种和平解决就是另一回事了。

　　如果纳赛尔封锁了蒂朗海峡，而且一直坚持这道命令，对以色列和埃及双方来说，寻求和平是否仍然是更好的选择呢？很可能不是。我们上面提到的简化版游戏没有考虑到的一个重要因素是，谁先出牌会产生很大的影响。

　　在上面那个过度简化的游戏中，在对手想要战斗时仍然决定谈判并不会使自己处于劣势。如果你选择战斗，不管对手有什么计划，都不会比你从一开始就选择谈判更有利。在上文定义的游戏中，即使在对手选择冲突的情况下，协商策略也比战斗策略好。只要至少有一方选择战斗，另一方就会被拖入其中，无论他们最初是否试图谈判，结果都是一样的。

　　但是在现实中，如果一个国家决定发动战争，而另一个国家没有准备好，或者天真地希望还能坐到谈判桌前，决定发动战争的一方就可能有显著的先发制人优势。选择先发制人的一方通常有出其不意的效果，还能决定何时以及如何进行早期战斗。如果潜在的先发制人优势远远超过战斗带来的代价，就有可能改变游戏规则，以至于在第一次打击发生之前，战争就已经不可避免了，因为相互协商已绝无可能。

　　为了模拟这种场景，假设在我们上面考虑的100英镑奖金的游戏中，通过先发制人让你的对手措手不及，你可以获得30英镑的优势，而你的对手则要付出5英镑的代价，除此之外，双方都还需要付出10英镑的战争成本。表5-2表示了这种双人博弈的4种可能结果。

表5-2　一方选择进攻而另一方犹豫不决的博弈收益矩阵。没有任何谈判解决方案可以让双方得到比先发制人更好的结果

玩家A ＼ 玩家B	谈判	战斗
谈判	？，？	45，60
战斗	80，25	50，30

如果A选择先发制人，而B提出谈判，那么A的预期结果是100英镑的60%，加上先发制人的30英镑，减去10英镑的战争成本，得到80英镑的净收益。B的预期收益是100英镑的40%，减去10英镑的冲突成本和后发制于人的5英镑惩罚，最后只剩下25英镑。谈判者和入侵者的角色互换后，B收获60英镑，而A只能收获45英镑。如果双方都火力全开，为战斗做好了充分准备，那么他们将获得与第一款游戏中冲突场景相同的50∶30英镑分成。没有任何谈判策略能让A和B都得到比先发制人更有利的结果。即使是瓜分全部的100英镑奖金，也不可能同时使A的收获超过80英镑、B的收获超过60英镑（分别是双方先发制人的收益）。当先发制人的净优势（在这种情况下为35英镑，包括30英镑的奖励和对手的5英镑惩罚）超过战争的总成本（在这种情况下为20英镑，双方各10英镑）时，就彻底不存在用谈判解决的可能性了。如果任何一方意识到这一点，那么首先采取行动对他们来说就具有战略意义，冲突将不可避免。

另一种可能是，对双方来说，先发制人的优势和在毫无准备的情况下被拖入冲突的代价并不相等。一方面，在埃及准备首先发动袭击的最后一刻，基于苏联可能撤回支持，埃及认为先发制人不再像他们之前想的那样有利。另一方面，以色列没有受到外界的强烈谴责，也明白早期攻击可能具有决定性意义，因此没有类似的疑虑。他们认为先下手为强的好处太大了，他们无法承受不下手的后果。计划执行后，他们的想法被证明是正确的。他们在短短6天内就送给了对手一场耻辱性的失败，这一事实证明让对手猝不及防的行动使他们占据了巨大的优势。

虽然在六日战争中先发制人的优势给了以色列巨大的好处，但通常而言，先发制人优势带来的好处不会有那么大。长期大规模冲突的预期成本通常会超过任何先发制人优势。在第二次世界大战中，纳粹德国的闪电战战略产生了显著的先发制人优势，使他们几乎没有遇到抵抗，就以闪电般的速度入侵并征服了波兰。但是，这场持续了近 6 年的战争的最终代价，远远超过了德国率先进攻所获得的显著优势。

无关道德的困境

鉴于对双方而言相互协商都可能是比相互战斗更好的解决方案，发生大规模冲突似乎有悖常理。即使存在先发制人优势，双方坐下来谈判也会避免战争成本。与双方最终都被拖入战争相比，谈判有可能为双方提供更大的利益。事实上，这种反常的结果在博弈论中是众所周知的。我们在描述六日战争准备过程时假设的先发优势场景在数学上相当于博弈论中最著名的游戏——囚徒困境。

这个游戏涉及两名单独被关押在警察局的某个著名犯罪团伙成员（我们称他们为艾米和本）所面临的选择。警方知道他们可以对两名嫌疑人都提出轻微指控，这将使他们各自入狱 1 年。不过，他们认为这两个人犯了更严重的罪行，因此他们自然更倾向于以这个罪名将其绳之以法，但他们没有足够定罪的证据。为了诱使犯人招供，警方向两个犯人提出了一项交易。如果艾米承认罪行并供出本，而本保持沉默，那么警方将放弃对艾米的轻微指控，以换取她的合作。这会让本承担全部罪行，并被判 10 年徒刑。本也得到了同样的交易条件，让他供出艾米。交易的关键是，如果两个囚犯都出卖对方，那么他们都将因更严重的罪行而入狱，每人服刑 5 年。

表 5-3 是艾米和本在囚徒困境中采用不同策略的收益表。我们把保持沉默的策略称为合作（一个囚犯试图与另一个囚犯合作），把出卖另一个囚犯称为背叛。虽然相互合作的策略比相互背叛的策略对双方都更有

利，但仅从服刑时间来考虑，我们会发现这种策略对任何一方都是不明智的。

表5-3 囚徒困境博弈收益表。在我们设想的场景中，尽管两名囚犯相互合作，保持沉默，取得的结果会好于两个人都背叛，但出卖同谋者的诱惑太大了，让人难以抗拒

艾米 　　　　　　　　本	合作	背叛
合作	1，1	10，0
背叛	0，10	5，5

让我们从艾米的角度来看这个情况。如果本选择合作，那么通过选择背叛，艾米就可以逍遥法外而不是服刑1年，因此背叛是理性的选择。反之，如果本选择背叛，那么艾米选择背叛也可以将她的刑期从10年减少到5年。无论本的选择是什么，艾米的最佳对应措施都是背叛并成为告密者。理性的本也会有同样的想法，他知道自己最好的选择也是背叛。尽管两方合作对双方都有利，但囚徒困境博弈的唯一合理解决方案是相互背叛。

传奇博弈论学家约翰·纳什（传记片《美丽心灵》记录了他的人生）将其命名为均衡。所谓均衡，是指每个玩家都被激励采取一些策略，如果理性行事，就不会偏离这些策略。在纳什均衡处，任何玩家改变策略都不会获得任何好处，用这位认为人皆自私的博弈论学家的话说，如果提议的行为不符合玩家的最佳利益，他们就不会这么做。囚徒困境的唯一合理解决办法是背后互相捅刀子。

这并不是说不存在解决方案对所有参与者都有利（纳什均衡）的游戏。如果不同策略的收益发生变化，就可能从根本上改变游戏类型。在上述囚犯场景中，可能会有其他的利益或损失，使相互合作策略更加稳固。如果被人知道举报犯罪，无论是在监狱内外，往往都会处境不佳，这会提高背叛的代价。保持沉默得到的奖励可能会激励合作，这会使收益发生有利于相互合作的变化。事实上，地球上复杂生命的进化就取决

于能否找到这个问题的解决办法（改变收益矩阵的方法，或更彻底地改变游戏的方法），使合作对个体来说比背叛更有利。

未走的路

为了在任何特定情况下都能确定最佳策略，我们急需知道我们面对的人会如何行动。直接询问我们的对手在特定情况下打算怎么做是不够的，因为在现实世界中，人们会撒谎。他们可能会说他们会这样做，但实际选择那样做。博弈论者的工作是看穿诡计，真正了解对手对成本收益的权衡。然后，我们可以利用这种理解来预测他们未来会做什么，从而预测我们自己的最佳行动方案。

这就是真正的难点所在。顶级扑克玩家通过观察对手的行为来了解他们的策略，因此他们可能更清楚如何与对手对抗。当一位高手玩家扔下一套同花大顺并赢走所有钱时，作为一个未经训练的观察者，我们可能只会对他最后的精彩表现印象深刻。这是赢家为了拿到钱而不得不透露的一个必然事实。我们可以从中学到一些东西。但扑克玩家很少说真话，除非迫不得已。大多数时候，他们都在撒谎——要么是故意遗漏某些信息，要么是毫不掩饰的虚张声势。正面朝上扔在桌子上的牌值得注意，但我们没有看到的牌中可学的东西要多得多：诈唬可迫使手牌更好的人出局，弃牌表明高手知道何时止损。

在根据过去的信息推断支配未来的规则时，仅仅基于我们观察到的事件来构建因果关系是一个常见的错误。扑克玩家利用自己的好牌赢得大额赌注会给我们留下深刻印象，因此我们会认为，要在扑克中获胜，就必须拿到好牌。虽然这在一定程度上是正确的，但我们忘记了一个事实：扑克高手之所以能够留在游戏中，拿到好牌，是因为他们知道在前几轮中什么时候该放弃，而不是把所有的钱都赌在不利的牌上。在扑克游戏中，你什么时候选择不玩与你什么时候选择玩下去同样重要。通常，证据的缺失可以告诉我们一些有用的东西。

历史学家的工作是提出一个事件为什么导致了另一个事件，并从历史记录中的事件中吸取教训。我们对过去事件的大部分看法都来自对实际发生的事件的因果推理。与之相反，理性博弈论者的工作是填补空白，思考没有被走过的道路、没实现的假设、反事实和没有发生的事件，更重要的是，回答这些事件没有发生的原因。例如，对战争的回顾很多都受到了这种透露–未透露的偏见的影响。教科书很少关注被避免的危机，而是关注那些没有被避免的危机。尽管学校的历史课似乎总是从一场战争跳到另一场战争，但事实上，重大冲突是罕见的事件。我们在本章前面已经看到，与战争相关的代价意味着在博弈中爆发战争的可能性很小。有时候，戏剧性地改变历史进程的恰恰是那些根本就没有发生过的事。

斯坦尼斯拉夫·彼得罗夫这个名字听起来耳熟吗？对大多数人来说并非如此，但他本应该家喻户晓。因为他的作为，或者更确切地说，他的不作为，起到了足以改变世界的重要作用。

1983 年秋，美苏关系日趋紧张。20 世纪 70 年代末，在一段相对平静的时期后，两国重新开始了冷战时期的敌对行动。1980 年，卡特总统领导下的美国抵制了莫斯科奥运会，以抗议苏联 1979 年入侵阿富汗。罗纳德·里根在 1980 年末上台时，决定不与苏联进行核裁军谈判，他希望以"我们赢，他们输"结束冷战。

1981 年，《原子科学家公报》的"世界末日时钟"（它的指针象征性地靠近午夜，代表人类离核灾难有多近）被设定为 23:56。这是 1960 年以来它距离午夜最近的一次，甚至比古巴导弹危机期间还要近。1984 年，它又被向前拨了一分钟，离午夜又近了一分钟。在 1982 年至 1983 年，美国发动了一轮心理战（在国际范围内进行的有效而高风险的虚张声势）：美国的轰炸机径直飞向苏联领空，直到最后一刻才偏离航线。

1983 年 9 月 1 日，一架从纽约市飞往首尔的民用飞机——大韩航空 007 号航班，误入苏联领空。它被苏联的一架截击机迅速击落。美国佐治亚州众议员拉里·麦克唐纳与其他 268 名乘客及机组人员全部在事故中丧生。尽管苏联最初否认知情，但美国利用这一事件刺激北约盟国，使他们支持在西德部署"潘兴Ⅱ"导弹和狮鹫巡航导弹系统的决定。作为回应，苏联提高了导弹监视能力。他们做好了美国发动核攻击的准备，准备在导弹落地前实施报复行动。

正是在这种背景下，苏联防空部队的斯坦尼斯拉夫·彼得罗夫中校坐进位于谢尔普霍夫 15 号的秘密地堡里，这里是苏联奥科核预警系统指挥中心所在地。苏联制定了明确的政策：如果预警系统探测到来袭导弹，就立即对美国发动报复性核打击。双方都清楚，此举会使这两个超级大国同时毁灭。彼得罗夫的工作就是，在发生这样的袭击之后，将信息传递给上级指挥系统以触发报复性打击。

1983 年 9 月 26 日午夜刚过，彼得罗夫坐在办公桌前，懒洋洋地看着他面前各种电脑屏幕上的读数。突然，警报响了，猛地让他从懒散状态惊醒过来，同时也引起了他的注意。看到面前的一个背光屏幕上闪现出红色的大字"发射"，他血管里的肾上腺素开始奔涌。接着，警报突然停止了，就像它突然开始一样，但屏幕上继续闪烁着警告，表明美国已经发射了导弹。毫不夸张地说，彼得罗夫面临着世界历史上最重要的决定之一。他是应该将警告上报给上级指挥系统，还是静观其变，希望这只是一场虚惊？如果他把这个消息上报给最高领导，他确信他的指挥官会接受他的判断，并发动报复性打击。

正当他思考自己肩上的重任时，警笛又响了。系统监测到第二枚导弹被发射，紧接着是第三枚、第四枚和第五枚导弹发射的警告。彼得罗夫的压力越来越大，他必须尽快采取行动。他每浪费一秒钟，都会耽误上级发动打击的时间。如果他等得太久，这件事就会超出他们的控制范围。在他眼前，电脑屏幕上显示的信息突然从"发射"变成了"导弹袭击"。

彼得罗夫仍然不为所动。有些地方不太对劲。他的理由是，美国如果真的先发制人，实施核打击，就不会只发射一两枚导弹，甚至也不会连续发射几枚导弹，而是会同时发射数百枚导弹。几枚导弹依次出现是没有道理的。在第一次警告发出几分钟后，地面雷达仍然未能接收到确凿的信号，这使彼得罗夫对苏联最近部署的新型导弹发射探测系统的可靠性更加不信任。他仍然举棋不定，不知道是否应该相信他面前电脑屏幕上闪烁的催促他采取行动的信息。又犹豫了一会儿，他决定不能再等了。他拿起电话，拨通了陆军总部值班军官的号码。"上校，"他对他的上司说，"我必须报告……系统发生了故障。"

即使挂了电话，他也不确定自己打的这个电话是否正确。他知道，如果他错了，也没有人来得及纠正他的错误了，所以他只能等待着。25分钟后，他仍然安然无恙地坐在书桌前，他开始相信自己是对的。警告是虚惊一场。

实际上，这颗探测洲际弹道导弹尾焰的苏联卫星捕捉到的是北达科他州上方高空云层反射的阳光。彼得罗夫那天晚上的冷静行动几乎避免了一场前所未有的核战争。

"疯狂"的世界

有趣的是，了解彼得罗夫的不作为有助于我们了解美国和苏联当时正在进行的博弈。历史学家经常说，双方大量储备武器会增加战争爆发的可能性。这个观点有它的事实基础：一些引人注目的战争，特别是第一次世界大战，在爆发前都发生过这样的军备竞赛。不过，这个理由忽视了军备的积累并未引发敌对行动的情况。当然，最著名的例子就是冷战，尽管有很多机会，但冷战从未升温。而它保持低温的原因正是在于双方都拥有核武器储备。紧张局势一旦被引爆，代价将非常大。

MAD（Mutual Assured Destruction）是确保相互毁灭的缩写，指双方军备积累的震慑力使任何一方都不敢使用这些武器的情况。第二次世界大战结束后不久，两个超级大国都储备了极具破坏性的核武器，如果任何一方发动攻击，就几乎必然导致彻底毁灭。具有讽刺意味的是，这种威胁足以确保双方至今没有使用他们的武器。

我们可以把这两个超级大国的选择想象成一个双人博弈。在任何时候，苏联和美国都需要决定是发动核打击还是坚守下去。博弈的收益矩阵如表 5-4 所示。如果双方继续坚守下去，那么每一方得到的收益都是–100（这代表建立和维持核武器库的费用），以及与 MAD 伴随而来的令人不安的紧张局势。但是，与发动攻击的收益相比，这一成本显得微不足道。选择攻击就等于确保双方都从地球上消失，收益用–∞表示，对任何一方来说，没有什么比这更糟糕的了。

表 5-4　MAD 的收益表。如果双方同时选择不进攻，就会得到一个小的负收益。但是，选择攻击肯定会带来非常糟糕的后果

美国 苏联	坚守	攻击
坚守	–100，–100	–∞，–∞
攻击	–∞，–∞	–∞，–∞

为了理解博弈会如何进行，我们需要思考在对方采取行动后两个超级大国各自最好的回应是什么。如果在某个时刻，苏联选择坚守，那么美国的最佳策略也将是坚守。然而，如果苏联决定发射核导弹，那么无论美国在同一时刻是决定坚守还是决定发射核导弹，都不重要。如果他们选择坚守，那么一旦他们的预警系统通知他们苏联发射了核导弹，他们就会发射自己的核导弹，结果将是 MAD。

在囚徒困境博弈中，无论对方做什么，个人的最佳可能行动都一定是背叛。而在这里，最佳行动选择取决于对手的选择。如果你的对手选择坚守，那么你也应该坚守，但如果你的对手要发动核打击，你也应该发动。一方发动核打击而另一方坚守，并不是一个有效的解决方案（或者说纳什均衡），因为如果一方坚守，那么最好的结果就是另一方也坚守。

考虑到坚守–坚守和攻击–攻击都可能是博弈中可行的纳什均衡，我们似乎可以合理地认为最终达成的策略将是坚守–坚守（与之对应的是世

界和平），而不是攻击–攻击（这会导致世界末日）。但前提是攻击–攻击是一个可信的解决方案。如果任何一方都相信对方在受到攻击时不会进行报复，那么他们就没有不下手的动机。具有讽刺意味的是，彻底毁灭的威胁对维持和平至关重要。

冷战期间，双方都了解确保相互毁灭的威胁，并据此进行了博弈。这种威慑战略非常有效，以至于自 1945 年第二次世界大战结束以来，两大巨头之间从未发生过战争。对于理性行为人来说，两个超级大国之间的和平是明智的解决方案。但是，如果一方能够让另一方相信他们的行为是不理性的，会怎么样呢？

狂人理论

在第 3 章中，我们知道了纳斯卡皮人会利用随机性来避免陷入狩猎的固定程序。猎人很容易认为，既然以前在领地的某个区域取得了成功，那么未来在同一区域同样将取得成功。但总是在同一个地方狩猎会带来可预测性，博弈中的其他玩家（在这种情况下，指他们正在狩猎的动物）可以利用这一点来避免被抓住。博弈论学者把从一系列策略中利用概率做出选择以避免可预测性的做法称为混合策略。

我们在第 3 章中看到，石头剪刀布的玩家知道，如果你每次都出相同的形状，就很容易被对手针对。有规律的交替模式也会很快被发现，因此很容易被打败。如果你猜不到对手的招数，最好的策略就是在三种形状中完全随机选择。不过，我们已经知道，对于我们经过模式训练的大脑来说，真正的随机说起来容易做起来难。

在足球比赛中，点球主罚者可能会使用混合策略，瞄准球门的不同部分，以免守门员猜出他们的射门方向。事实上，2002 年的一项研究发现，欧洲两大顶级联赛的点球主罚者并不会偏爱球门的某一侧，而是随机选择踢向左边、右边或中路。[84] 但请记住，这并不等同于简单的左右两边交替，因为左右交替根本谈不上随机，而是一种很容易预测的策略。

在最近关于情绪不可预测性影响的实验中，一些管理专业学生被要求根据预先的规则相互协商一项假想的投资。[85] 在一种场景下，谈判者被要求表现得非常消极和愤怒，而在另一种场景下，他们需要在积极情绪和消极情绪之间频繁转换。表现出情绪不可预测的学生会让谈判对手自认为对谈判缺乏控制，导致他们做出更大的让步，在提要求时也犹豫不决。[86]

在国际外交场合，坚持单一策略（对任何特定情况都会做出预定的反应）可能会降低谈判者虚张声势、威吓或操纵对手的能力。相反，当与一个采用混合策略的专制者（例如，某些人可能前一分钟还把手指放在核按钮上，下一分钟却主张全面裁军）谈判时，对手可能会发现自己做出的让步比与一个他们认为很容易预测其理性行为的人谈判时做出的让步多。在 20 世纪 60 年代末和 70 年代初，理查德·尼克松的大部分外交政策都是基于一种特殊的混合策略，这种边缘政策在政治学上被称为"狂人政策"（Madman Theory）。顾名思义，其目的是让与他谈判的对手相信，他有点儿精神错乱。他认为，如果他的对手认为他是一个非理性行为人，那么他们将无法预测他的下一步动作，因此只能做出更多的让步，以避免意外引发他的报复。

1969 年 10 月，结束越南战争的谈判陷入僵局，于是尼克松开始实施他的狂人政策。为了让苏联人相信他的鲁莽，并迫使他们对河内施加影响，尼克松让美军进入全面的全球战备状态。10 月 27 日，尼克松秘密发动了"巨人长矛"行动。18 架载有世界上最强大热核武器的 B–52 轰炸机以每小时 500 英里的速度越过阿拉斯加，飞往白令海峡。尼克松知道，苏联的雷达会早早发现轰炸机的飞行轨迹，并看到面临的威胁。他希望这会给苏联一定的威慑，使其接受他关于越南的要求。

当轰炸机接近苏联东部边境时，它们放慢了速度，同时改变了航线，以免误入苏联领空。苏联总书记列昂尼德·勃列日涅夫对尼克松的疯狂举动感到非常担忧，要求苏联大使召开紧急会议。B–52 轰炸机在边境上空盘旋了三天后，接到了返航命令。尼克松希望这是另一个不可预测的举动，表明他既能迅速加剧紧张局势，也能使局势迅速缓和。尽管该行动最初可能吓到了苏联，但尼克松的那次博弈最终是一个失误，不仅不必要地增加了核战争的风险，未能将河内带回谈判桌，还因为在懦夫博弈中投降而导致处于弱势地位。

三方决斗的世界

为了说明博弈论预测甚至控制未来的力量，我们在考虑所有情况时都将其简化为只有两个人的游戏。但在现实中，游戏可能不只在两方之间进行。事实上，博弈论中研究最多的场景之一是"三方决斗"。与双方决斗不同的是（在双方决斗中，我们认为枪法最准、拔枪最快的人获胜的可能性最大），增加第三方有时会导致令人惊讶的结果，但结果在很大程度上取决于游戏规则。

三方决斗这个比喻在电影中很流行，仅昆汀·塔伦蒂诺就有三部电影用这个方法处理情节问题。但最著名的例子可能出现在有史以来最著名的一个电影场景中。在《黄金三镖客》的高潮部分，三个同名角色站在一个圆形广场的外围，组成一个三角形，每个人的手都放在腰间，随时准备拔枪。我们将使用这种设定来讲述我所说的三人决斗。

假设三个决斗者（好人、坏人和丑人[①]）彼此之间的距离大致相等。我们做一个非常合理的假设：他们每个人都想活下去。在第一个场景中，我们考虑玩家按丑人、坏人、好人的顺序依次开枪，他们的枪法都非常好，但每个人只有一颗子弹。丑人应该怎么做才能最大限度地提高他的生存机会？

如果丑人开枪打死了坏人，那么接下来轮到好人开枪，好人就会杀了丑人。如果丑人瞄准并杀死好人，而不是杀死坏人，他也会得到同样

[①] 电影《黄金三镖客》的英文名为 *The Good, the Bad and the Ugly*，字面意思为"好人、坏人和丑人"。——编者注

的结果。先动手对丑人来说并不是优势，似乎一定会以他的死亡告终，除非他能换个角度，想出解决办法。丑人的这个先动手问题有一个违反直觉的解决办法：他既不瞄准坏人，也不瞄准好人，而是放空枪。这样他就不再成为潜在威胁。接下来坏人会杀死好人，坏人和丑人都会活下来。

我们再假设一个更贴近现实的场景，枪手的枪法有好有差，每个人都有无限颗子弹，三名决斗者轮流射击，直到只剩一个幸存者。假设好人枪法最准，开 10 枪会有 9 枪命中目标；坏人次之，10 次有 7 次射中目标；丑人枪法最差，命中率只有一半。为了公平决斗，枪手们同意按照枪法从差到好依次开枪，直到只剩下一个人。在这个更改了规则的场景中，枪战会如何进行呢？

正如博弈论经常要求的那样，我们必须设身处地为枪手着想。可以理解，每名枪手最关心的都应该是枪法最准的竞争对手。好人应该瞄准坏人，坏人应该瞄准好人。丑人也可以瞄准好人，让枪法最准的枪手出局。如果他们采用这些策略，那么具有讽刺意味的是，三人中枪法最准的好人从一开始就成了两个人的目标，获胜的概率只有 6.5%。枪法第二好的坏人的胜率为 56.4%，而枪法最差的丑人的胜率则令人吃惊，高达 37.1%。神枪手的身份在三人决斗中可能是一个明显的劣势，因为它可能会导致其他人联合起来对付你。

事实上，从我们之前的创造性解决方案中，我们发现如果丑人在早期阶段持续放空枪，他甚至能取得更好的结果。因为好人和坏人更关心的是把对方干掉，所以丑人"浪费"他的开枪机会，等于是把三方决斗变成了枪法更准的两方之间的决斗。一旦他们中的一个干掉了另一个，丑人在和那名幸存者之间的决斗中就会获得开第一枪的机会。后续决斗中先开枪的优势会使局面对丑人有利，胜过两名对手活到最后的概率是 57.1%（相比之下，如果从一开始就主动开火，存活概率仅为 37.1%）。现在好人的胜率略有提高，为 13.1%（高于之前的 6.5%），仍然是胜率最低，但至少不再是丑人的目标。坏人的胜率降至 29.7%（之前是 56.4%），因为丑人不再帮助他干掉好人。事实上，即使他们抽签决定谁先开枪，而不是让枪法最差的先开枪，只要丑人一直放空枪，直到好人或坏人中的一个把另一个干掉，那么他仍然最有可能成为赢家。枪法最好的最有可能输，枪法最差的最有可能赢，这似乎很疯狂，但这绝不仅仅是这个假想中的枪战留给我们的一个假象。

在 2009 年 6 月弗吉尼亚州州长民主党初选的筹备阶段，州参议员克雷·迪兹遇到了麻烦。在 1 月份的一次民意调查中，他的支持率仅为 11%。在接下来的 4 个月里，他的支持率只有一次超过 22%，而其他两位候选人特里·麦考利夫和布莱恩·莫兰在民意调查中交替领先。迪兹的筹款活动也举步维艰。在 2009 年第一季度（大选前的关键时期），他只筹集了 60 万美元，而莫兰和麦考利夫分别筹集了 80 万美元和 420 万美元。但在 5 月中旬，情况突然发生了变化。

几名候选人开始把大部分剩余资源投入广告宣传中。莫兰猛烈抨击他的主要竞争对手麦考利夫，批评他的经商经历。麦考利夫在自己的广告宣传中回应了他最大的对手莫兰，为自己的这段经历辩护，并指责莫兰"试图分裂民主党"。莫兰再次出招，对麦考利夫在 2008 年大选前的民主党初选时与现任总统贝拉克·奥巴马之间的对垒提出了批评。莫兰希望这会削弱麦考利夫在该州关键的非裔选民心目中的地位。然而，当两名领先的候选人互相削弱对方的声誉时，谦逊低调、处于落后位置的克雷·迪兹正在通过自我推销的广告宣传活动播下积极的种子。当《华盛顿邮报》在 5 月底发表声明支持迪兹时，许多犹豫不决的选民认为他才是两位前领跑者的合理替代人选。迪兹在民意调查中的受欢迎程度迅速上升，到 6 月初，他的支持率超过了 40%。此前实力更强的两位竞争对手似乎都成功地说服了弗吉尼亚州的选民，让他们相信另一位候选人没有候选资格。在 6 月 8 日的选举中，迪兹赢得了接近 50% 的选票，麦考利夫和莫兰分别获得了 26% 和 24% 的选票，这对最弱势的候选人来说是压倒性的胜利。

任由三方竞争发展下去可能会对民主党造成伤害。在两个候选人的竞争中，一个候选人的支持率下降等同于另一个候选人的支持率上升。如果提升自己的形象比诋毁另一位候选人更难，那么候选人就会更愿意用负面广告互相攻击，让选民在矮子里面拔将军。但是在三方竞争时，如果负面广告削弱了实力较强的两位候选人的声誉，那么实力较弱的候选人就有可能获胜。迪兹在随后的州长选举中败给了共和党候选人鲍勃·麦克唐奈，而理论上三位民主党候选人中实力最强的麦考利夫最终在 4 年后的选举中成了弗吉尼亚州州长。如果民主党只允许两位候选人参加初选，或许能更好地达到他们的目的。

撇开政治不谈，在多方竞技游戏中，对实力较弱的参与者有利的策略（也就是说，在最强的参与者决斗时，躲在后面坐山观虎斗）在动物王国里一次又一次地上演。对许多动物来说，生命只有两个简单的目标：尽可能长时间地生存和尽可能多地繁殖。事实上，从进化成功的角度来看，第一个目标其实就是为了增加第二个目标的可能性——活得更长的动物有更多的繁殖机会。对大多数动物来说，真正重要的事情是确保它们的遗传物质传递给下一代。在许多物种中，雌性动物在每个后代身上的投入比雄性动物多，这意味着谨慎选择交配对象会让雌性动物受益。相反，雄性动物在每个后代上的投入相对较少，与尽可能多的雌性动物交配繁殖会让雄性动物获益。因此，雄性动物通常需要通过竞争才能获得与雌性动物交配的机会，以达到保护或赢得配偶的目标，或给雌性动物的卵受精的目标，取决于具体的物种。在许多物种中，这意味着雄性需要与竞争对手战斗，有时甚至是付出死亡的代价。据估计，每年有多达 6% 的发情马鹿受到永久性损伤，其中许多会死于这些损伤。[87]

当两个体形壮硕的家伙自相残杀或互相伤害时，一些瘦小的雄性动物有可能借机跑去与雌性交配。这种做法在动物王国中由来已久，甚至有一个专门的名字。表示"偷配"的英文词 kleptogamy 由希腊语单词 klepto 和 gamos 结合而来，前者的意思是"偷窃"，后者的意思是"婚姻"，或者更确切地说，是"受精"。自然选择表明，如果只有最具雄性气概的雄性个体繁衍后代，那么后代中雄性适应度的变异范围就会受限。进化博弈论学家约翰·梅纳德·史密斯提出了"偷配"的理论，以解释各种多样化的雄性适应度是如何长期持续下去的，尽管他和他的同事更喜欢称之为"猥琐交配"策略。[88] 在一些物种中能找到证据支持他的假设。一项关于加拿大塞布尔岛上灰海豹交配习惯的研究发现，雄性首领守护的雌性海豹被非首领雄性海豹授精的比例高达 36%。[89]

在真正的决斗中，枪手不会冒着自己被击中的危险，站在那里等着对手搏杀。相反，这三名决斗者事先都要想好要打死谁。实际上，他们是同时动手的。这会显著改变游戏的动态，但也会导致意想不到的结果，这取决于游戏的特定规则。

在游戏节目《智者为王》中，选手们要分别尝试回答一些常识问题。连续几轮回答正确就可以获得金钱奖励，存入团队的累积奖金中。在每一轮结束时，参赛者都要写下谁是"最弱一环"（即在下一轮开始前他们希望投票淘汰的人），并公开他们的选择。每轮得票最多的人被淘汰。

在倒数第二轮比赛结束时，场上还有三名选手，我们在投票阶段将面对着一场三方决斗。为了理解倒数第二轮投票的动态，我们必须像优秀的博弈论专家一样，考虑接下来会发生什么。剩下两名玩家后，他们应先合作赢取更多的累积奖金，然后再正面交锋。此时，两位参赛者都要努力回答比对方更多的问题，从而赢得总奖金。在这些条件下，在倒数第二轮中的投票环节，三名参与者应该采用的最优策略分别是什么？

如果玩家只对赢取奖金感兴趣，而不计较奖金最终有多少，那么每个人都应该努力把最弱的对手留到最后一轮再决一死战。与主持人的"你认为谁是最弱一环"投票说明相反，每个玩家都应该努力投票淘汰最强的竞争者。我们之前已经看到，这可能意味着顶着"最强竞争者"这个名声的选手可能处于劣势。两个较弱的玩家都应该投票给他，以便与较弱的玩家进行最终决斗。

举个例子。在 2001 年的某一期《智者为王》节目中，选手克里斯·休斯（他之前赢得了益智类电视节目《智谋大师》和《英国大脑》的冠军）一路走到倒数第二轮，没有答错一个问题。到目前为止，他是这场比赛中最有力的竞争者，在之前的 6 轮比赛中，他表现得极为强势——答对的问题最多，他的对手也知道这一点。

事实证明，被认为是最强选手确实是他的失败之处。两个较弱的对手通过投票淘汰了他。主持人安妮·罗宾逊在节目中向他告别时，至少没有用她惯常的轻蔑（"你是最弱的，再见"）来羞辱他，而是这样总结克里斯的困境："克里斯，你没有答错任何一个问题。你是《智者为王》中最优秀的选手。但是你对西莫和玛丽来说过于优秀了，因此他们把你淘汰了。再见，克里斯。"在最后一轮比赛中，这三个人当中在前几轮回答正确问题次数最少的西莫赢走了全部奖金。他可能没有最丰富的常识，但他显然对博弈论理解得很透彻。

但是在大多数游戏中，谁是剩下的最强者并不明显，或者玩家不知道应该如何策略性地投票。一项研究分析了英国、美国和法国的近 400集《智者为王》节目，发现预测选手投票模式的最佳方法不是基于战术考虑（也就是能最大限度地提高获胜概率的投票策略），而是报复——选手倾向于对前几轮投票针对自己的选手实施报复。[90]

共同的悲剧

如果只有 3 名玩家的简单竞争就会产生一些违反直觉的结果，那么你可以想象，当游戏中有更多玩家时，情况会变得多么复杂。不难想到，我们可以在全世界、全国和各个地方看到有多名参与者为了获得共享资源而相互竞争的例子。

捕鱼就是这类多人竞争博弈的一个经典例子。1497 年，意大利探险家乔瓦尼·卡博托来到了现在被称为纽芬兰大浅滩的海域。他惊奇地发现，这片海域鱼类资源如此丰富，只要把篮子扔进水里，然后迅速提起来，就能抓到鱼。16 世纪的巴斯克渔民在热情赞美海洋里密集的鱼群时说，人可以"踩着鳕鱼背走过大海"。当英国人在 17 世纪初来到这里时，他们看到海岸附近有大量的鳕鱼，于是夸张地说："我们的船都快划不过去了。"

在他们发出这些惊呼之后的几百年里，鳕鱼的供应连绵不绝。在北美东海岸那些激动人心的日子里，成为一名渔民是一条通往财富的可靠途径，而如果你能成为一名渔业巨头，那么收益将更高。400 多年时间里，海洋的馈赠从未停止。20 世纪 60 年代末，随着声呐鱼群探测技术的发展和来自世界各地的大型冷冻拖网渔船的出现，从该海域捕捞鱼类的效率比以往任何时候都要高，捕鱼量也逐年上升。在 1960 年至 1975 年的 15 年间，大浅滩的鳕鱼捕捞量约为 800 万吨，相当于 1600 年至 1800 年 200 年间的总捕鱼量。1968 年，人们从这片富饶的水域中捕捞出来创纪录的 80 万吨鳕鱼[91]，但这样的产量能无限期保持下去吗？

渔业的切身教训表明，答案是响亮的"不能"。不到 5 年后，同样的捕捞强度带来的产量不到原来的一半。加拿大政府觉得自己的自然资源受到了不公平的剥削，于是采取行动，限制人们在该国海岸 200 英里以内的水域捕鱼。工业规模的各国渔船被赶走了，但现在当地的加拿大渔民想要分一杯羹。科学家竭力主张政府应谨慎行事，设定较低的配额，使鱼类资源得以恢复。由于担心配额会在短期内破坏渔业的就业机会，他们的请求被忽视了。相反，加拿大渔民被允许建造自己的拖网渔船，到枯竭的海域捕鱼。在整个 20 世纪 80 年代，尽管渔业投入了更多的努力，但捕鱼量仍大致保持稳定，这意味着鱼类数量在悄悄下降。

果然，到了 1994 年，捕鱼量急转直下。在前一年，当科学家建议严格实施配额制度给鱼群恢复的机会时，加拿大渔业和海洋部长还用"疯狂"来形容他们的建议。而在捕鱼量暴跌之后，育种鱼群估计只有 30 年前的 1%。之前不情愿的加拿大政府被迫在该国东海岸实施了全面的商业禁捕令，4.5 万人失去了与渔业直接或间接相关的工作。几十年过去了，该地区的鳕鱼数量仍然没有恢复。

*

在多人游戏中，各方都想利用有限的公共资源（在本例中是指海洋中的鱼）以谋取私利，导致的结果通常被称为公地悲剧。尽可能多地利用公共资源似乎最符合玩家个人的短期利益。但如果每个人都这样做，就会导致资源枯竭，最终每个人都是输家。这就是大规模的囚徒困境。每一方都在为自己的最佳短期利益行事，但导致的结果对每个人都不利。

在这方面，我们都不敢说问心无愧。在购买商品之前，大家都会花时间在网上阅读产品评论，但在购买之后又有多少人会留下自己的评论，为面临同样选择的人指引方向呢？有多少家长敢说他们从来没有冒着可能会感染其他孩子及其家人的风险，让感冒的孩子上学，而不是请假照顾他们呢？

公地悲剧让我们再次质疑理性究竟意味着什么：短期内的理性行为从长期来看可能是非理性的，而个人层面的理性行为可能导致集体层面的次优结果。这种表面上的矛盾有一个巧妙的名称，叫作有限理性，意思是我们的选择是根据一定的信息范围决定的，超出这个范围我们就无法推理。留给我们做决定的时间限制、面前问题的固有复杂性，以及人类大脑的局限性，都会导致看似理性的人无法总是做出最佳选择。

在任何地方，只要有多方可以利用的共享资源，我们就会看到公地悲剧。例如，学生宿舍公共厨房里的碗勺。我们经常把碗勺放到水槽里，却不去洗它。这样做可以让你节省时间，还可以避免做不愉快的洗碗工作。但如果每个人都这样做，那么干净的碗勺很快就会用完，每个人都是输家。

在医疗卫生领域，公地悲剧会造成关乎生死的后果。对农产品广泛使用抗生素可以避免感染，保护农民的牲畜免受疾病侵害并促进动物的生长，为他们带来短期个人利益。但无处不在的抗生素对致病的病原菌施加了选择性压力。通过随机突变，能够更好地适应抗生素的细菌可以在这种环境中更快地生长和繁殖，迅速主导菌群。然后，它们可能会从最初出现的环境向外扩散，在人类和动物中引起广泛的抗生素耐药性疾病。

接种疫苗同样如此。在是否接受这种卫生干预措施的问题上，如果个人按照自己的利益行事，就有可能严重破坏共同的目标。给人群中足够高比例的人接种疫苗，就能使足够多的人获得免疫力，从而使某种疾病无法在人群中站稳脚跟。实现这种所谓的群体免疫并不需要每个人都接种疫苗。群体免疫可以消灭一种疾病，也可以使那些不能接种疫苗的人（也许是因为他们会有不良反应）保持安全。此时，群体免疫就是人们可以利用的公共资源。有些人可能担心潜在的副作用或者担心失去身体自主权而选择不接种疫苗，同时指望别人都去接种疫苗。因此，他们无须支付他们认为的那些成本，就可以从群体免疫中受益。当然，如果每个人都这样想，我们就永远不能指望实现群体免疫了，这意味着疾病可以在人群中自由传播，每个人都是输家。例如，在英国，2022年麻疹疫苗接种率仅为85%，是10年来的最低水平，比群体免疫所需的95%这个目标低了10个百分点。这增加了英国人感染这种难受的致命疾病的风险。

还有比疾病传播更严重的生存威胁。输水管道的污染、化石燃料的开采利用、不受管制的伐木，以及砍伐森林对自然栖息地的破坏，这些常见悲剧都是教科书上的典型案例。但最重要的环境"公地"可能还是全球大气。世界上每个国家都在按自己的短期利益行事，不限制温室气体的排放，从而加剧了全球变暖。可悲的是，如果不加以控制，气候的变化最终将导致以前无法想象的死亡和痛苦。尽管全球科学界一致认为，我们正在走向环境灾难，但迄今为止，世界各国领导人还未能超越短期主义的个体利益，也未能找到应对人为气候变化所需的长期全球解决方案。

改变游戏规则

现实中的某些场合似乎会助长谋取个人短期利益、损害集体长期利益的行为，但这种情况并不一定会无限期地持续下去。仔细思考如何调整游戏及其收益，就可以避免这些常见的悲剧。关键是要改变规则，使合作互惠互利，让符合集体最佳长期利益的东西，也符合个人的最佳短期利益。

或许与直觉相反，实现这一目标的一种可能方法是将公共资源私有化。在公共用地（"公地悲剧"一词由此而来）问题上，这可能意味着将一块块公共用地变成园地。人们通常会花更多的时间来维护自己的花园，从中获得一些独家使用的好处，而不是照顾当地的公共用地。私有化尽管似乎有损于公共资源的意义，但可能会保护一些全局利益。例如，尽管公众不能进入私人花园，但是由个人维护管理这些户外空间可能有助于改善栖息地和物种多样性，并获得碳捕捉和其他环境回报，从而对集体有利。

这个办法对于像土地这样有明确边界的资源可能有效，但并不是所有的公共资源都可以像这样被分成小份，然后私有化。无论如何，这种私有化并不总是可取。限制每个用户可用的公共资源数量也可以解决这个问题。例如，对于超过采矿限制、伐木许可或狩猎配额的惩罚力度必须足够大，并且必须严格执行，否则过度开采公共资源的行为将导致各方得不偿失。如果成本足够高，那么对公共资源的开发利用就不再符合个人的最佳利益。

此外，我们也可以奖励良好行为，激励对全局有利的解决方案。骑自行车就是一个典型的例子。哥本哈根为方便人们骑自行车改善了基础设施，包括设立专用自行车道、安全的停车设施和优先交通信号，鼓励人们骑自行车而不是开车。把骑自行车变成最快捷、最便宜和最安全的城市出行方式后，公共健康受到了保护，减少了污染，也提高了生产力等。2009 年，哥本哈根 55% 的交通出行都是骑自行车。哥本哈根在 20 世纪 60 年代曾面临汽车泛滥的威胁，这座城市能够成功地重新引入自行车，部分原因在于社会对良好做法的强化。城市各处设立的明亮的指示牌显示出当天骑车的人数，增强了哥本哈根市民的集体使命感。汽车并没有被禁止使用，只是变成了一种代价更高的个人选择。

不过，这种集中监管的解决方案并不总是可行，因为它们需要全局监管。效果更好的仍然是自我监管、就地执行的方法。这些方法特别适用于已经形成有效的社会规范的小社区。例如，如果你住在一个所有人彼此都认识的村子里，你就不太可能会乱扔垃圾，因为你会担心打破社会禁忌的行为被抓到后会遭到报复。

博弈论观点可以从很多创造性的角度改变我们的集体观，以便我们解决人口层面的公地悲剧问题。也许不足为奇的是，博弈论还有很多方法可以帮助我们重新理解日常生活中个人层面的一些问题，使之对我们有利。

这次的主角是汽车

布鲁斯·布尔诺·德·梅斯奎塔在他的博弈论著作《预言家》中描述了他购买汽车的策略。他认为直接去找经销商就释放了一个代价高昂的信号，让经销商知道你很想从他们那里买车，从而让他们在谈判中占上风。整个谈价过程，梅斯奎塔都是通过电话进行的。

他首先决定他想购买的汽车的规格，包括品牌、型号、颜色、车内装饰等，然后搜索当地销售这些汽车的所有经销商。在查看了每个经销商提供的指导价之后，他才拿起电话。

他给这些经销商逐个打电话，开诚布公地告诉他们他要干什么。他告诉他们他要买什么样的车，他已经知道这个地区有多个经销商销售这种车。他还告诉销售代理，他将打电话给每个经销商，询问他们的最低价格。谁给他最便宜的报价，谁就能在当天下午拿下这笔交易。最后，他问："那么你们的最低价是多少？"

这是一个高明的策略，既能让经销商知道你要买车这件事是认真的，因为你做了调查，又能让他们诚实地对待你，给你真正的最低报价，否则就有可能失去这笔交易。

梅斯奎塔称，有时经销商也会抱怨，如果他把他们的"最优惠价格"报给下一个经销商，对方就会把价格压得更低，而梅斯奎塔也会接受这个更低的价格。"没错。"梅斯奎塔告诉他们，"因此，如果你能再降50

美元，这就是你的机会。"有时经销商会拒绝在电话里报价，坚称他必须前往展厅，他们才会报价。这是一种代价高昂的姿态，会限制梅斯奎塔的购买选择，使他在谈判中处于不利地位。梅斯奎塔认为，拒绝报价意味着经销商承认他们无法与其他人的报价竞争。在这种情况下，他会直接离开，因为他知道他还有其他几个代理商可供选择。

梅斯奎塔通过这种方式买了至少 10 辆车，价格都比网上的报价低几千美元。他的学生甚至采访他的记者都学会了他的这套做法，在现实世界中以非专业人士的身份尝试了他的方法。

改变典型的谈判规则是双赢的。经销商得到的好处是节省了时间和精力，并且价格也是他们可以承受的，而买家得到的好处是拿到了最优惠的价格。大家都得到了更好的结果。在整个过程中，每个经销商都有同样的机会把车卖给你，如果你只找他们中的一个去谈价格，其他人可能就得不到这个机会。改变游戏规则的一个关键是认识到有可能出现互惠互利的解决方案，使所有相关方都得到更好的结果。

零变成主角

零和游戏是指一方的损失就是另一方的收益。许多运动和游戏，包括国际象棋、拳击、网球和扑克，都是零和游戏。在一场私人扑克游戏（在赌场游戏中赌场可能抽成）中，赢家赢到的钱就等于运气或技术欠佳的玩家全押上后输掉的钱。

赢得零和游戏当然令人兴奋，但有时失败真的很痛苦。在玩扑克等多人游戏中，只有一个赢家，大多数人会以输家的身份离开。我和孩子们玩的零和游戏几乎总是以争吵或有人生气告终（通常是我！）。我们一家人玩的最有趣的游戏是合作游戏，每个人都可以通过合作赢得胜利。在现实生活中，我们经常天真地以为我们正在玩的"游戏"是零和游戏，而事实上并非如此。在许多游戏中，一个人的收益不一定都会成为另一个人的损失，每个人都可以高高兴兴地离开。

1957 年，飞盘玩具首次在美国公开销售。到 20 世纪 60 年代初，这个新时尚还没有在英国流行起来，所以很少有英国人听说过，更不用说看到有人玩这种游戏了。罗杰·费希尔和威廉·尤里合著的《谈判力》讲述了一个迷人（但可能是杜撰）的故事。一位美国父亲带着儿子在伦敦度假期间去海德公园玩飞盘。他们的技术吸引了一小群着迷的英国观众。这种从未见过的游戏给他们留下了深刻的印象，所以每个人都全神贯注地观看。最后，一名英国观众鼓起勇气走向这位父亲，问道："我们已经看了 15 分钟的比赛了，还是不知道，到底谁赢了？"

这则逸事完美地概括了零和思维模式：人们倾向于认为，在每场比赛中，有人赢了，就会有人输。但如果情况并非总是如此呢？如果我们能改变游戏规则，确保每个人都能赢，例如改变局面，集中更多资源供所有人利用呢？这是解决过度捕捞等常见悲剧的关键。

在 20 世纪 80 年代纽芬兰大浅滩鳕鱼数量锐减期间，如果加拿大政府能够退后一步，客观看待形势，他们就会意识到，要保证捕鱼业的就业机会，就必须让鱼类资源恢复。如果他们认识到暂时限制捕鱼符合每个人未来的利益，鱼群数量下降的势头可能就会被遏制住。从长远来看，从海洋捕捞尽可能多的鱼并不能赢得捕鱼游戏。使鱼群数量保持在尽可能高的水平，同时捕鱼量不高于最大持续产量，你才会获胜。由于鳕鱼资源始终不会枯竭，产量将永远保持高位。但是，在这场游戏中，输家付出的代价必须足够大，并且必须严格执行，这样一来按照允许的标准捕捞才会既符合个人的最大利益，也符合集体的最大利益。

*

与之相反，在许多情况下，即使是对规则的轻微调整也能彻底改变游戏。从理论上讲，我们大多数人应该都热衷于减少塑料的使用，特别是一次性塑料，以限制对环境的影响。但我们的意图并不总是会体现在我们的行动上。当英国超市免费赠送塑料购物袋时，忘记带旧的购物袋不会有不利后果。我每次都是在收银台领取新的购物袋，回家后就把它们丢进橱柜里，和那堆像山一样高的袋子一起。在使用塑料袋这个方面，养成了懒惰习惯的绝不止我一个人。2014 年，一项研究表明，英国家庭平均有 40 只闲置的塑料袋。尽管我们的初衷是好的，但许多塑料袋最终还是会被扔掉，可能会被扔进垃圾填埋场，或者更糟的是，被扔进海洋。尽管每个人都已经有用不完的塑料袋了，但在 2010—2014 年，超市赠送的塑料袋数量仍在逐年增加。对这个游戏的一个简单改变几乎在一夜之间戏剧性地改变了数百万英国购物者的态度和习惯。

2015 年 10 月 5 日，英国政府出台了一项法律，规定英国的大型零售商每向顾客提供一个塑料袋，就必须收取 5 便士的费用。对大多数人来说，5 便士并不是一大笔钱。即使购买 10 个塑料袋也只会使采购成本增加 50 便士，但这种鼓励重复使用塑料袋的小额激励（或者说是对没有重复使用塑料袋的惩罚）立即对我们的消费产生了巨大的影响。[92] 2014 年，也就是开始收费的前一年，英国超市给顾客提供了超过 76 亿个塑料袋，大约相当于每个英国成年人获赠 140 个。而到 2019 年，一次性塑料袋的总销量已降至 5.64 亿，每人每年不到 10 个。此外，这项收费还为英国各地的慈善机构筹集了 1.8 亿英镑。所有人都是赢家。

塑料袋问题还没有完全解决，因此许多人转而使用更耐用的"可回收环保袋"。这种袋子（但仍然是塑料的）可以多次重复使用，坏了还可以免费更换。免费更换计划意味着你实际上是从超市租用购物袋，这让人想起了许多国家为减少海洋垃圾而采用的押金模式：顾客在购买饮料时支付一小笔押金，归还瓶子后可以取回押金。只要顾客归还瓶子，他们就没有损失；制造商重复使用返回的瓶子，既省钱又省力。此举既减少了污染，又节约了自然资源，所有人都因此受益。

如果你组织过活动，尤其是如果你遇到了场地容量管理和到场率低的问题，你就有可能从瓶子押金计划中学到一些东西。报名参加活动，然后根本不出现，这是门票免费的活动中经常会出现的一个问题。知道自己在经济上没有投入，意味着人们可以更随意地改变主意，不再花费时间和精力去参加活动，而是在当天晚上根本不露面。

我在伦敦萨瑟克大教堂举办新书发布会时，就遇到了这样一个问题。幸运的是，帮助我举办活动的团队知道可能会出现这个问题，所以他们故意超额接受预约，以确保当晚座无虚席。尽管到场人数几乎完美，但不确定性（不知道是否会有人来，会不会把感兴趣的热心书友拒之门外）让我在发布会首演之夜十分紧张，直到发布会正式开始。

事后看来，一个简单而实用的办法已经被证明对这类活动有效，那就是对门票收取少量费用，并在参加活动时提供退票，以示奖励。有趣的是，即使不退票，低票价也被证明能提高出席率。这个改进背后的理论表明，如果没有经济上的承诺，潜在的出席者只会看到参加活动的附带成本（他们的时间和精力），而且，如果没有花钱买票，他们倾向于通过不参加活动来节省这些成本。尽管可能会增加登记人数，但零票价可能会带来意想不到的后果——降低总出席率。[93] 这是回旋镖效应（我将在第 8 章更详细地讨论这种现象）的一个经典例子。花钱买票的人不太愿意牺牲自己的初始投资，他们更有可能深思熟虑，提前制订参加活动的计划，而不是推测自己当天能否到场。对于许多活动来说，少量的入场费也能确保到场的观众都是真正感兴趣的人，而不是那些一时兴起、对内容不是那么感兴趣的人。

如果我们创造性地思考，就会使所有相关方都获利，即很少有我们无法改变的游戏。说到最大的潜在公地悲剧——气候变化，想不到解决办法的后果是我们无法承受的。失败的代价对所有相关方来说都太大了。我们这个世界的超级大国有能力扭转全球气温上升的势头。他们是否能建立一个系统，使符合地球长期最佳利益的行动与符合他们自己短期利益的行动保持一致，还有待观察。但是，我们如果使用博弈论的框架来重新分析世界目前面临的问题，就有望想出改变游戏规则的新方法，让我们这个世界经得起未来的考验。

第6章

从字里行间发掘真相

91 岁的英国人玛格丽特·基南是世界上第一个接种新冠病毒疫苗的人。鉴于当时疫情对英国经济的影响，所有人的目光都集中在疫苗接种计划上，也是可以理解的。这似乎是病毒和疫苗之间的一场竞赛。玛格丽特接种疫苗 3 周后，也就是 2021 年 1 月的第一周，英国平均每周有 30 万人接种疫苗。每个人都想知道，什么时候才能给足够多的人接种疫苗，让生活恢复正常。

　　英国的第 4 频道新闻播出了一个片段，预测了按照目前的速度英国需要多长时间才能让所有成年人接种两剂新冠病毒疫苗："如果我们继续保持这个速度（每周 30 万剂），到 2027 年 10 月才能完成，也就是说，需要 6 年多的时间。"但结果是，英国在 2021 年 7 月底之前就向所有成年人口提供了两剂疫苗（当然不是每个人都接受了），比新闻节目的悲观预测提前了 6 年。

　　英国媒体并不是唯一做出这种悲观预测的媒体。2020 年 12 月下旬，明显可以看出美国将无法实现特朗普政府在年底前接种 2 000 万剂疫苗的目标。事实上，到 12 月 30 日，只有 500 多万美国人接种了第一剂疫苗，这使人们对"曲速行动"提出的在 2021 年 6 月前为所有美国人接种疫苗这个目标是否能达成产生了怀疑。新当选总统而尚未就职的乔·拜登表示，"按照目前疫苗接种计划的进展速度……给美国人全面接种疫苗需要几年而不是几个月的时间"。事实上，根据 NBC（美国全国广播公司）新闻的分析，需要差不多 10 年。结果，在 10 个月而不是 10 年之内，所有成年美国人都被提供了疫苗。

那么，对疫苗推出速度的看法为什么有如此大的偏倚呢？

答案很简单，这些预测都是基于一个简单的数学假设。但是，如果你不小心，你就会忽略预测中使用了数学模型这个事实，因为前面没有先给出方程，只有像"保持这个速度"这样的表述。这些表述背后隐藏着一种偏见，它会严重影响我们对未来的推理，而且我们大多数人甚至不会意识到我们受到了影响。尽管你一直在走这种捷径，但你以前可能从未听说过它。它的名字叫线性偏倚。

线性思维

"线性"这个词表示两个变量（输入和输出）之间的一种特殊关系。线性关系表示，一个量按照固定的大小发生变化时，另一个量也一定发生固定大小的变化。这是一个很有用的模型，适用于现实世界中很多种关系。在固定汇率下，1 英镑可以兑换 2 新西兰元，10 英镑可以兑换 20 新西兰元，100 英镑可以兑换 200 新西兰元。兑换的英镑增加时，得到的新西兰元也会成比例地增加。以固定的速度行驶，我要花 2 倍的时间才能到达 2 倍远的目的地。所需时间与以固定速度行驶的距离成正比。如果我可以用 1 英镑买 3 块巧克力棒，那么我肯定可以用 2 英镑买 6 块巧克力棒。我可以购买的巧克力棒与我准备花的钱呈线性关系。线性关系假定不需要考虑买二送一的情况。如果两个量从它们都是零的时候就开始有这种关系（也就是说，如果没有英镑，你就兑换不到新西兰元，或者，如果我没有花任何时间，那我就没有走完任何距离），那么当你把一个量翻倍时，另一个量也会翻倍。这就是所谓的正比例关系。

但是线性关系并不一定是正比例关系。以华氏度和摄氏度这两种广泛使用的温标之间的关系为例。要将摄氏温度转换为华氏温度，需要将摄氏温度乘以 1.8，再加上 32。人的正常体温是 37 摄氏度左右，相当于 98.6 华氏度（37 × 1.8 + 32）。但是水的冰点在两种温标上的值是不同的（0 摄氏度，32 华氏度），所以两种温度间并不存在正比关系。这意味着将摄氏温度从 5 度提高到 10 度并不会使华氏温度提高一倍。以华氏度计算，温度会从 41 华氏度上升到 50 华氏度。但是，两者之间的关系具有线性性质，说明在一种规则下测量到的温度固定变化一定对应于在另一种规则下测量到的固定变化。升高 5 摄氏度，一定等于升高 9 华氏度，不管起始温度是多少。知道这种线性关系中的输入值，就可以很容易地直观表示出输出，如图 6-1 所示。这些关系可以用直线表示，这也是我们称之为线性关系的原因。

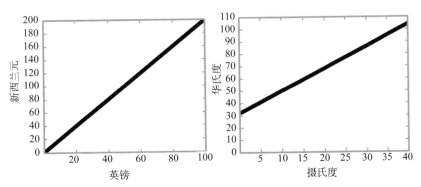

图 6-1　你得到的新西兰元与你兑换的英镑成正比（左图）。以华氏度表示的温度与以摄氏度表示的温度呈线性变化，但不是成正比——0 摄氏度对应的是 32 华氏度，而不是 0 华氏度

　　我可能用了太多的篇幅来解释这些线性关系，特别是考虑到线性对我们来说是一个非常熟悉的概念。但问题就在这里。我们对线性的概念太熟悉了，以至于会把我们的线性参考框架强加到我们在现实世界中观察到的数据上。我们认为，因为事物的增长方式现在看起来是线性的，所以它在未来也会是线性的。这是最简单形式的线性偏倚。在某些情况下，这个假设可能是正确的。在一定时间内行驶的距离确实与你驾驶的恒定速度成线性关系，但许多系统不遵循这些简单的线性关系。更糟糕的是，现实世界中的很多关系最初看起来似乎是线性的，但后来悄无声息地大幅偏离了预期的轨道。

　　我经常把这类现象称作曲线球现象。就像棒球中的曲线球一样，它们最初看起来像是朝着某一个方向，这会促使我们对它们未来的轨迹做出预测。然而，这些曲线球有偏离方向的倾向，这意味着它们最终不会出现在我们预期的轨迹上，导致我们的预测出现偏倚。这就是我们在对未来进行简单推断时遇到问题的地方——在理由不充分的情况下假定两个变量之间的关系是线性关系。

马特·弗兰克尔是南卡罗来纳州的一名注册理财规划师。他以投资股票为生，也在博客上向全世界发表他的金融见解。2011 年，他发现了一家汽车公司有可能让他赚大钱。2010 年 6 月，该公司进行了激动人心的首次公开募股，发行价为每股 19 美元。在第一天的交易中，股价飙升至 23.89 美元，前景一片光明，但接下来的 9 个月里，股价在 23 美元的关口附近停滞不前。这时马特抓住了机会。他向这家令人印象深刻但未经市场检验的公司投入了大量资金，然后静观其变。果然，股价开始稳步上涨。尽管所有股票都经历了轻微的起伏（图 6–2 中的黑色实线），但这只股票大约以平均每年 4.50 美元的速度逐渐上升（图 6–2 中的灰色虚

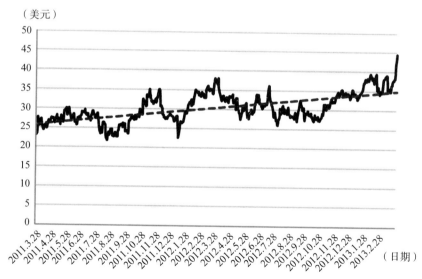

图 6-2　特斯拉的股价（黑色实线）在马特持有股票的两年内大致呈线性变化。灰色虚线是股价的最佳拟合线。斜率表示股价平均每年上涨约 4.5 美元

线）。还不错，但对于理财规划师来说，这个增长不算太好。

两年多的时间过去了，马特的股票增值了，但表现不如他投资组合中的其他股票。他断定应该把资金从这家表现平平的汽车公司中撤出（截至当时，它还没有一个季度赢利），投入回报率更高的投资中去。2013 年 3 月，马特出售了他在特斯拉的所有股份。

马特不知道的是，这可能是最糟糕的出售时机，因为特斯拉的股价呈现一个经典的曲线球。它经历了一段相对稳定、缓慢但持续的增长期，股价几乎随时间呈线性增长，在两年内从每股 23 美元涨到了 40 美元。到 2013 年 10 月 1 日，马特卖掉他的股票还不到 6 个月时，这只股票的价值几乎达到了每股 200 美元（如图 6–3 所示）。到我写这本书的时候，马特以 23 美元出售的那些股票价格已经涨到超过 3 000 美元。

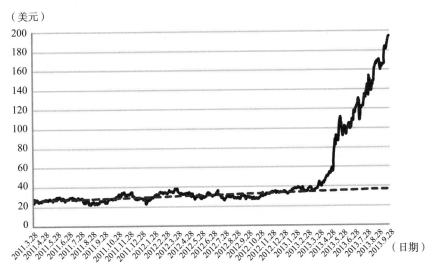

图 6–3　在马特卖掉他的股票后不久，特斯拉的股价迅速飙升。基于两年来缓慢稳定增长的线性预测（灰色虚线）预计到 2013 年 10 月股价将达到 40 美元左右。实际上，股价（黑色实线）到那个时候涨到了 200 美元

图 6–2 显示了特斯拉在 2013 年 3 月之前的股价，灰色虚线（描述了剔除数据波动后的平均趋势）表明股价随着时间呈线性增长。但是，我们当然没有理由相信股价会以同样的方式继续上涨，甚至不能确定它会

继续上涨。股票市场是一个复杂的非线性系统，股价受成百上千个变量的影响。想当然地认为态势会保持不变，或者最近的趋势会一直保持线性，是一种危险的博弈，但我们在心理上总是倾向于这样。

我们倾向于根据短期趋势进行长期预测。20 世纪 60 年代，研究人员进行了一系列旨在理解人类预测行为的实验。[94] 在一个典型的实验中，研究人员要求参与者预测接下来左右灯中的哪一个会亮起来。在实验过程中，左灯亮的概率被设定为 70%，右灯亮的概率为 30%。但亮起来的顺序是随机决定的，因此不可预测。在几轮游戏后，大多数参与者都能以左右灯的正确频率进行预测（分别为 70% 和 30%），这就是频率匹配策略。但他们不一定能正确地预测左右灯分别亮起来的时间。在顺序没有可识别规律的情况下，这个策略意味着当左灯亮时，参与者猜对的概率是 70%，当右灯亮时，猜对的概率是 30%。由于左灯亮占 70%，右灯亮占 30%，这意味着用频率匹配策略猜测平均只有 58%（$0.7 \times 70\%$ + $0.3 \times 30\%$）的正确率。

在类似的实验中，鸽子采用了一种非常不同的方法。[95] 在注意到一种信号出现的频率远远高于另一种信号后，这些实验动物迅速优化了它们的策略，每次都坚定不移地选择频率更高的信号，因此在 70% 的时间里都获得了食物奖励，从而远远超过了人类的成功率。即使人类参与者被告知顺序是随机确定的，因此无法预测，他们也仍然继续使用次优的频率匹配策略，希望能摸索出一个不存在的规律。

这个实验的意外转折是，在最后一轮中，灯光并不是按照预先确定的顺序点亮的，而是在人类参与者完成预测后按照他们预测的结果亮灯，无论他们指向哪个灯。在最后一轮中，人类参与者继续使用频率匹配策略和他们之前了解到的频率，但这一次，由于有意设计，他们获得了100% 的成功。当被问及他们为什么能在最后一轮中获得满分时，参与者通常会回答说，他们终于找到了规律。接着，他们就会描述那个精心设计、让人简直不敢相信但最终让他们做出正确选择的亮灯规律。

投资股票市场

就像第 1 章中的随机计分实验（它导致了迷信行为的出现）一样，亮灯实验也表明我们喜欢去寻找数据中的规律。我们希望找到趋势，使我们能够预测接下来会发生什么，即使根本不存在这样的趋势。就像马特·弗兰克尔从特斯拉撤资并付出代价后所发现的那样，在投资股市时，我们有探测并推断短期走势的倾向，但这些短期走势背后可能并没有持久的原因，因此这可能会导致糟糕的决策。

关于成功投资股市，最著名的真理或许是"低买高卖"。当然，如果有那么简单，每个人都会这么做。下面这条带有开玩笑性质的建议或许不太为人所知，但却更能解释预测股市的困难："买入一只股票，等到它上涨后再卖出。如果不涨，当初就不买。"虽然事后能明显看出股票或指数即将止跌回稳或到达高点，但关键是要提前知道。无论他们多么相信自己的"策略"，那些似乎表现出了这种超人远见的投资者通常只是在碰运气，他们还会发现自己奇迹般的壮举很难复制。对我们这些凡人来说，一个诱人的替代方法是利用短期趋势，在股价正在上涨时买入，在股价明显下跌后卖出。这种择时交易策略虽然听起来很吸引人，但可能会导致人们得到完全相反的结果。我们最终会因为高买低卖而赔钱。

股票的价格自然会随时间波动。即使是长期上涨的股价，也会经历短期下跌。切实可行的择时交易策略应该是等到股价下跌 5% 时再卖出，然后等到股价上涨 5% 后再买入。但与保持初始投资、安然度过涨跌的策略相比，孰优孰劣呢？你可以通过观察一只正在波动，但从长期看预计会涨（如图 6–4 中的黑色实线所示）的股票来比较这两种策略的影响。一旦股价下跌就卖出，会锁定你的损失，而一旦发现股价开始上涨就回购，则意味着你错过了上涨趋势的早期阶段。一般来说，采用短期择时交易策略时，如果股票整体上涨，那么你躲过的下跌要小于你所错过的上涨。与那些保持镇定、记住了最初为什么买这只股票的投资者相比，股价发生短期波动后就做出反应，在股价开始下跌时卖出，在价格开始上涨时买入，往往会导致长期损失。事实上，对主动型基金经理（他们用你的钱主动投资以收取高额费用，并通常声称心中有数）的业绩研究经常显示，他们中绝大多数人的表现跟不上股市整体的指数变动。做好研究，投资那些明显被低估的公司，然后长期坚持下去，通常是最好的策略。

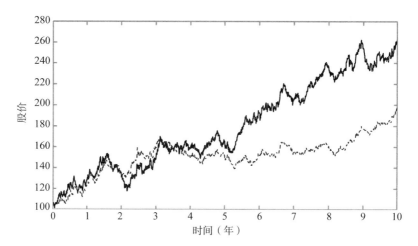

图 6-4　图中表示的是一只价格（黑色实线）在 10 年期间上涨的假想股票。虽然择时交易策略（黑色虚线）可能优于长期投资策略，特别是当股票价格下跌时（例如第 3 年），但对于长期上涨的股票，择时交易策略通常会让投资者在长期投资中赔钱

　　股民经常说很难跑赢有效市场。有效市场假说认为，股价反映了股票市场上每一家公司过去、现在和未来可能业绩的所有可用信息。因此，发现"定价错误"的股票并借机获利的机会并不会很多。在某种意义上，有效市场的理念依赖于大众的智慧——对于理性的人来说，众人的智慧比一个人强。然而，我们在第 5 章中已经发现，个人为了自己的利益理性行事，并不总能实现对群体最有利的结果，而且我们也将在第 7 章看到，群体的行为可能非常难以捉摸。

　　群体经常因集体智慧而备受赞誉，但同时也背着集体疯狂（从众心理）的恶名。如果有人认为大众参与股票交易可以形成一个有效的市场，每家公司的价格都能反映它的真实价值，就说明他们忽视了群体成员的心理。这些群体成员往往信息并不灵通，还经常被担忧和与之相反的情绪状态（贪婪）所驱使。人们普遍认为，这两种情绪是对市场行为的反应，而不是对公司自身信息的反应。此外，它们也是股市波动的两个主要驱动因素。贪婪行为会导致投资泡沫，比如 20 世纪 90 年代末的互联网泡沫，而担忧则会导致泡沫破裂。

*

在全球互联网使用量大幅增长的时代，潜在投资者看到了线上公司股价飙升的现象。从 1995 年年中到 2000 年春季，纳斯达克指数（以科技股为主的美国股市）上涨逾 400%。投资者（其中很多都是首次投资）蜂拥而至，购买那些没有赢利历史的公司的股票，有的甚至买入了没有销售记录的公司的股票。价格涨得越高，就有越多的人想要分一杯羹，从而形成一个正反馈回路（我们将在第 7 章再次看到这种回路），导致公司价值被异常高估。

雪莉·亚涅斯就是这样一位投资者。作为一家招聘公司的负责人，雪莉已经过上了奢华的生活。她决定自掏腰包 9 万英镑，投资互联网市场的股票。尽管她入市比较晚，但在接下来的 8 个月里，她的股票价值上升到了 250 多万英镑。1999 年，雪莉卖掉了她的房子和公司，把全部身家都投入了互联网市场。在泡沫的顶峰，她的纸面身价超过 650 万英镑。

2000 年春天，一系列事件（包括美国利率上升、日本进入衰退期、两家最大的科技公司雅虎和易趣取消合并，以及媒体报道互联网公司资金告罄）导致人们对过度膨胀的科技公司产生了信心危机，于是股价开始暴跌。随着一家又一家公司破产，许多努力尝试安然度过低迷期的投资者损失了巨额资金。从 2000 年 3 月到 2001 年秋，纳斯达克指数从历史高点下跌逾 70%，使 20 世纪 90 年代末的大部分收益化为乌有。

几个月后，雪莉的投资彻底宣告失败。她的婚姻破裂了，她不得不变卖家产来支付房租。在最绝望的时候，为摆脱抑郁，雪莉服用了过量止痛药。幸运的是，她自杀未遂，最终又重新开始生活。

雪莉并不是唯一一个因金融危机而陷入绝望的人。至少从引发大萧条的1929年股市崩盘以来，就一直有金融衰退后自杀率上升的说法。2018年，研究人员发现，在市场大幅下滑期间和次年，发达国家普通人群的自杀率明显上升。研究发现，在股市崩盘和银行业出现危机之后，男性和女性的自杀率都显著上升。在互联网泡沫破灭后的一年里，与假设泡沫没有破灭的预期自杀率相比，男性自杀率上升了20%，女性自杀率上升了8%。[96]

如果说股市泡沫接二连三地破裂教会了我们什么的话，那就是仅仅根据股票价格的变化来决定何时卖出通常不是一个好主意。当然，一些变现投资是有正当理由的：也许你购买股票的动机已经不适用了，或者你需要释放资金。然而，股价短期波动引发的担忧不是一个充分的理由。

违反直觉的倒数关系

在处理涨跌的投资方面，我们可能意想不到的一个因素是，弥补损失所需的收益不对称。即使股价下跌了很小的百分比，也总是需要上涨更大的百分比才能抵消，这也许会让很多人吃惊。同样，就算看似上涨了一个很大的百分比，下跌一个较小的百分比就能将其抵消。纳斯达克指数在互联网泡沫期间上涨了400%以上，但只要下跌70%，就足以抹去之前5年的几乎所有涨幅。乍一看，这似乎有悖直觉。我们的线性预期让我们以为百分比上涨和下跌是相加的，实则不然。

如果我们向一家公司投资100英镑，而该公司股价下跌10%至90英镑，那么从该位置上涨10%只会让我们回到99英镑。回到100英镑所需的涨幅略高于11%。对于更大比例的损失，持平所需的相应涨幅甚至更大。股价下跌1/4，需要上涨1/3才能弥补损失。如果下跌50%，股价必须翻倍，即上涨100%，才能持平。当纳斯达克指数上涨400%时，80%

的跌幅足以让它回到起点。

这种关系（图 6-5 显示了不同百分比的损益关系）显然是非线性的。在这种情况下，它被称为倒数关系。数 z 的倒数就是 1 除以原数，即 $1/z$，在数学中我们称倒数为乘法逆元。例如，2 的倒数是 $1/2$。当两个互为倒数的数相乘时，就会得到 1——一个整体。为了弥补股价下跌一半（$1/2$）的损失（下跌 50%），股价必须翻倍（上涨 100%）。这是一种非线性的倒数关系。

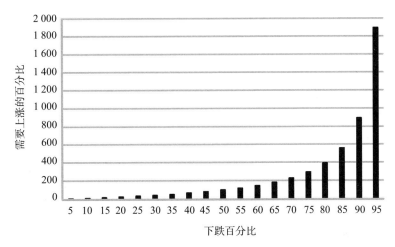

图 6-5 损失百分比与补偿损失所需的收益百分比之间呈非线性倒数关系

出售金融产品的公司做假账的一种方法，就是利用我们在这种情况下的线性思维倾向。它们会展示几年的平均回报率百分比，使它们的表现看起来比实际要好。例如，一只基金在第一年收益 50%，第二年亏损 50%，但在第二年年底并不会实现盈亏平衡。50% 的收益和 50% 的损失并不能简单地加在一起互相抵消。相反，相对损益必须相乘：150% 的 50% 不是 100%，而是 75%，相当于两年损失了 25%。

当事实不支持自己的观点时，希望推动某项议程的组织或个人也会利用这些手段。沃尔夫冈·明肖在《旁观者》上的一篇题为"英国脱欧后开始反弹"（指作者所说的脱欧对英国经济的积极影响）的文章中称："……英国出口已近乎完全复苏。在 1 月份下跌 42% 之后，2 月份上涨了 46.6%。"

首先，恢复原先水平并不等于大多数人认为的"反弹"，此外，明肖在论证中还利用了预期上涨与下跌之间的非线性关系。46.6%的出口增幅听起来比42%的跌幅要大。事实上，根据英国国家统计局的数据，出口额从2020年12月的136亿英镑下降到2021年1月的79亿英镑，下降了42%。然后从这个比较低的基线上升46%，到2021年2月达到115亿英镑，与2020年12月的数字相比，总体下降了15%。从经济角度看，贸易下降15%绝对是一个巨大的跌幅。但是，与1月份的空前跌幅相比，看起来跌幅变小了。当然，没有多少经济学家会把整体下降15%称为"近乎完全复苏"。

许多日常场合都会出现非线性倒数关系，它们可能会让习惯了线性思维的我们困惑不已。例如，假设你刚刚到一家大公司担任IT部门（信息技术）经理，负责管理公司办公区域的多个站点。每个站点通常每天下载1 000 GB（千兆字节）的数据。你的目标是尽量减少同事的下载等待时间。就在你上任之前，前任IT经理将一半站点的下载容量升级到200 GBph（千兆字节/时），而其余站点则保持原来的下载速度，即100 GBph。你的老板给了你足够的资金来升级一半站点，并指定了以下两个可选方案：

A. 将所有200 GBph的连接升级到500 GBph；

B. 将所有100 GBph的连接升级到200 GBph。

哪种策略能更好地减少同事的下载等待时间呢？

如果你像我一样，那么你可能会根据直觉选择A。把一半站点的带宽增加300 GBph（根据A方案，从200 GBph升级到500 GBph）似乎比把另一半站点的下载速度提高100 GBph（根据B方案，从100 GBph提高到200 GBph）更好。除此之外，方案A可提高2.5倍（500/200）的下载速度，而方案B是2倍（200/100），相比之下，选择方案A似乎是显而易见的。然而，事实上，B是更好的投资，而且优势很大。

这让大多数人感到惊讶，因为在不仔细思考的情况下，我们会认为下载时间是下载速度的简单线性函数。如果我们把下载速度提高一个常量，那么我们期望下载时间会减少一个常量（如图6-6中的左图所示），但事实远非如此。实际上，下载时间是下载速度的非线性倒数函数。对于下载速度的一定增幅，下载时间相应减少的幅度在很大程度上取决于开始时的下载速度（如图6-6中的右图所示）。

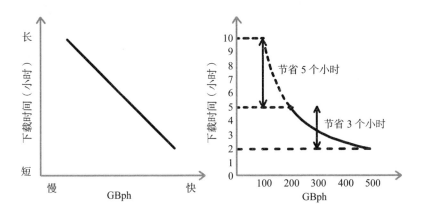

图6-6 我们以为下载时间应该与下载速度呈线性变化（左图），但下载时间其实是按下载速度的倒数变化的（右图）。下载速度发生的固定幅度的变化会导致下载时间发生不一样的变化，具体取决于最初的下载速度

当你的前任将一半站点的带宽从 100 GBph 升级到 200 GBph 时，新的更快的连接使下载时间减少了一半：从每天 10 小时减少到 5 小时，每天节省 5 小时。从表 6-1 的第二行可以看出，选择方案 B，你将使当前带宽为 100 GBph 的站点完成同样的升级。由于带宽为 200 GBph 的站点的总下载时间一开始只有 5 个小时，要通过升级这些站点来节省同样的时间，下载就不能耗费任何时间，这相当于拥有无限的下载速度。从表 6–1 的最上面一行可以看出，用 500 GBph 的连接取代 200 GBph 的连接仅节省了 3 小时。无论 200 GBph 站点升级后的连接速度有多快，即使是 1 000 GBph，甚至 100 万 GBph，用 200 GBph 的连接取代 100 GBph 的连接都是更明智的选择。

表6-1 一个站点根据两个方案升级后的下载时间（下载 1 000 GB 的小时数）。用 200 GBph 的连接取代 100 GBph 的连接（方案 B）比用 500 GBph 的连接取代 200 GBph 的连接（方案 A）节省的时间要更多

方案	当前	升级后	节省
A	5 小时	2 小时	3 小时
B	10 小时	5 小时	5 小时

我的妻子和女儿都是红头发。我们全家都特别清楚无保护地暴露在阳光下造成晒伤和皮肤癌的风险。有两种紫外线能照射到地球表面——UVA 和 UVB，其中 UVB 是导致晒伤和皮肤癌的主要原因。多年来，我父亲在度假或者在园子里干活时都会毫无保护地待在阳光下（即使是在我的家乡曼彻斯特一年中为数不多的晴天里），因此现在他必须定期清除皮肤基底细胞癌，以免它们肆意蔓延。当我和家人一起外出时，我们肯定会带上防晒系数（SPF）为 50 的防晒霜，即使是在英国度假。

防晒霜上的防晒系数可能会令人困惑。数字越高，越能阻挡有害的 UVB 辐射，但瓶子上的数字与屏蔽掉的辐射量并不成正比关系。例如，防晒系数 50 并不表示阻挡 UVB 辐射的效果是系数 25 的 2 倍；系数 30 也不表示防 UVB 辐射的能力是系数 10 的 3 倍。如果使用得当，防晒系数 10 可以阻挡 90% 的 UVB 辐射，系数 30 可以阻挡略高于 97% 的辐射，而系数 50 可以阻挡 98% 的辐射。数字越大，防护效果的差异就越小，这是倒数关系导致收益递减的又一个例子。因此，将防晒指数从 10 提高到 30，可以为你增加 7% 的保护，但是从 30 增加到 50，虽然数值增幅相同，却只会给你增加不到 1% 的防晒效果。系数 30 通常是皮肤科医生推荐的基线 SPF 值。低于这个值，防护程度就会迅速下降。

人们通常通过不同系数的防晒霜允许增加的阳光下暴露时间来解释 SPF。如果你的皮肤在没有任何保护的情况下可以承受 10 分钟的暴露，那么 SPF 10 的防晒霜可以将暴露时间延长 10 倍到 100 分钟，而 SPF 50 可以将暴露时间延长到 500 分钟。其依据的数学原理是，暴露时间乘以

辐射强度，就是UVB辐射总暴露量。如果使用SPF 50 的防晒霜，理论上你在阳光下不被晒伤的时间会增加 50 倍（因此被称为防晒系数）。如果要使总暴露量相同，为了补偿这些增加的时间，辐射强度必须降低到 1/50。这种关系不是线性的。系数为 10 的防晒霜只让 1/10 的辐射通过，阻挡了 9/10 即 90% 的辐射。同样，系数为 50 的防晒霜只让 1/50（即 2%）的 UVB 辐射通过，因此具有屏蔽 98% 的辐射的效果。就像时间和速度之间的关系一样，辐射强度和防晒系数之间也是倒数关系。

撇开数学不谈，在防晒方面谨慎行事是明智的。SPF 仅指防晒霜阻挡会导致大多数皮肤癌和晒伤的 UVB 射线的能力，不能代表阻挡具有深层穿透性的 UVA 射线的能力。UVA 射线是导致皮肤过早老化的主要原因，但也会导致一些皮肤癌，并导致晒伤。大多数皮肤科医生会建议每 2 小时重新涂抹一次防晒霜，因为随着时间的推移，防晒霜会分解、变干或被擦掉，导致保护作用减弱。用 SPF 与增加的暴露时间的线性关系（系数 10 可以让你在户外停留 10 倍的时间）来解释屏蔽效率会有误导性（原因就在于涂抹的防晒霜逐渐消失导致防晒效果会随着时间的推移而降低）。这会让我们产生一种错误的安全感，以为长时间待在阳光下是安全的。

在对提升互联网连接速度的收益、汽车燃油效率甚至防晒霜的防晒系数等问题做出分析时，我们大多数人都没有意识到这些倒数差异。因此，我们很容易为了追求越来越少的非线性收益而接受价格的线性上涨。

知识就是力量

我们之所以假设某些量是线性变化的，部分原因在于我们更熟悉线性关系。我们很小的时候就学会了关于直线的一些法则。两点之间的最短路径是连接它们的直线。我们很容易通过观察来判断一条线是不是直线，也很容易向其他人准确描述它的形状。对于弯曲的物体，情况就不一样了。我们在小学数学课上解决的问题是线性的。如果简买 10 个葡萄柚花了 5 英镑，那么她花 50 英镑可以买多少个葡萄柚？在这个理想化的线性数学世界里，没有折扣，即使你要买 100 个葡萄柚，也没有人会眨一下眼睛。

事实上，我们对线性思维框架的倾向性远远超出了我们早年接触的这些线性关系。它远比这更加根深蒂固。信不信由你，当考虑两个量（输入和输出）之间的关系时，我们对给定输入的输出值就有了先入为主的概念。我们可以利用迭代函数学习实验来揭示这些期望。

一个数学函数可以看成一个简单的绘图机，它为每个输入 x 绘制一个输出 y。这个绘图机家族中最简单的成员是常数函数，不管输入是多少，它只给你相同的输出。常数函数会在纸上画出一条水平线（如图 6-7 中的第一幅图所示）。常数函数可以用来描述一英镑商店中商品的大小和价格之间的关系。不管输入是多少（不管你想买的东西有多大），输出（价格）都是一样的——1 英镑。

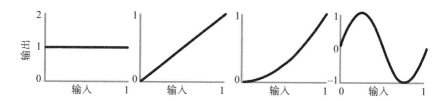

图 6-7　对于给定的输入，不同的函数指定不同的输出，在图中画出不同的曲线。从左到右依次为：常数函数、线性函数（表示正比例关系）、二次函数和正弦函数

下一个最简单的函数可能是输出与输入的线性函数。这个函数会在图上画一条笔直的斜线。如果线性关系成正比，则直线经过点（0，0），从图的左下方向右上方延伸（如图 6-7 中的第二幅图所示）。这种函数可以用来计算长途旅行需要多少燃料。如果你知道你的汽车每加仑汽油预期行驶的英里数，就可以把已知的行程长度作为输入，然后利用一个线性函数计算输出，即需要多少燃料。

二次函数的输出是输入的平方（它会画出一条越来越陡的曲线，如图 6-7 中的第三幅图所示），这种关系对司机也很有用，因为它可以描述制动距离（向制动踏板施加恒定的力，直至车辆完全停止时行驶的距离）随速度增加的特点。对于新手来说，尤其重要的是必须知道，速度提高 1 倍，制动距离不是增加 1 倍，而是增加 4 倍。

另一个更复杂的函数是正弦函数，它的输出随着输入的增加而忽大忽小，在纸上画出一条振荡曲线（如图 6–7 中的第四幅图所示）。正弦函数可以粗略地描述一年中每天日照时长的变化，从春分开始增加到夏至时的最大值，然后回落并经过秋分，到冬至时进一步下降到最小值，然后在下一个春分时平稳地上升到开始的水平。

理解人们对数学函数的固有偏见不是一件容易的事。迭代函数学习实验就像在实验室受控条件下玩的汉语耳语游戏。通过一个给定的刺激函数随机选择一些输入点，然后在屏幕上依次闪现输出，让一位参与者看到这些输出。当序列完成后，参与者尝试为一组规则的输入点给出输出。然后，利用这位参与者努力的成果，为第二个参与者生成一个序列，并由第二个参与者根据他看到的序列模拟输出，供第三个参与者使用，如此反复。该过程将不断迭代，直到参与者之间传递的信息保持大致相同。

理论上可以证明，从这些迭代实验中收敛得到的最终答案能反映参与者对刺激的先验信念或偏见。如果最初的刺激是一个数学函数，那么实验应该收敛于参与者在接收到任何信息之前就已经先入为主地产生的函数概念（无论是否明确承认）。

不管初始刺激函数的形状如何，在这个汉语耳语数学实验进行了 9 次（通常少于 9 次）迭代之后，得到的函数几乎普遍是表示正比例的直线。[97] 图 6–8 分 4 行表现了 4 个初始刺激函数的可能形状的发展过程。对于每个初始刺激函数，最终结果都趋近于一种近似于直线的关系。在实验条件下，几乎总是得到线性函数的结果，这一事实反映了人们对两个变量是线性关系的固有偏好或先验期望。

我们使用这种天生的数学捷径来帮助我们推断未来（正如我们看到的对未来疫苗接种速度的估计）或填补数据缺失的空白。有时这个线性模型是正确的，有时我们也会看到它是错误的。

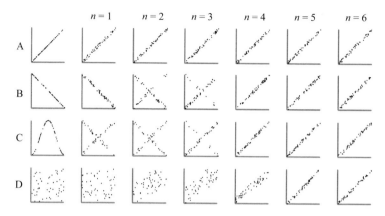

图 6-8　迭代函数学习实验输出的形状。不论初始函数是什么，正斜率的线性函数（A）、负斜率的线性函数（B）、正弦波（C），还是随机点集（D），最终结果都趋近于一种正比线性关系。第一列之后的各列显示的是每一代学习者基于左边一列展示的输入可能产生的输出。最左边的 4 幅图是可能展示给第一个参与者的初始输入函数的示例

*

　　显然，接受这项函数学习研究的成年人有根深蒂固的线性思维。对这种源于偏见的调查表明，我们对线性的倾向早在我们走出校门之前就存在了。[98]

　　这些研究向学生们提出了一些不适合用线性解决的问题，以观察他们的反应。其中一类问题是所谓的伪线性问题，例如："劳拉是短跑运动员。她跑 100 米的最好成绩是 13 秒，她跑 1 000 米要花多长时间？"

　　从给出的信息来看，我们是不可能得出正确答案的。然而，大多数学生仍然追求线性解，而不关心他们潜在的假设从本质上讲是不切实际的。他们把跑 100 米的时间乘以 10 倍，因为距离是原来的 10 倍，最后得出跑 1 000 米需要 130 秒。这显然低估了真实答案，因为它忽略了一个事实：任何运动员在跑 1 000 米时都不可能始终保持跑 100 米的速度。事实上，如果劳拉的线性答案是正确的，那么她将打破 1 000 米的 2 分 11 秒世界纪录。

另一类问题是一些可以得出正确答案的问题。[99] 然而，只有退后一步，认真思考之后才能清楚地看出假定线性比例关系的直觉是不正确的，例如："把 3 条毛巾放到晾衣绳上晾干需要 3 个小时，晾干 9 条毛巾需要多长时间？"

许多学生求助于熟悉的比例关系，把晾干时间增加到了 3 倍，因为毛巾的数量增加到了 3 倍，而实际上，晾干 9 条毛巾需要的时间和晾干 3 条毛巾的时间是一样长的。

导致线性偏倚的部分原因是线性关系简单直观。尽管学生们接受的正规学习告诉他们，线性关系不适用于某些情况，但对大多数学生来说，他们抑制不住会拥有这些直观的想法，导致他们对这种关系有盲目的信心。一些研究发现，线性偏倚的诱惑力太大了，即使在研究人员给出了正确的答案后，许多学生也不愿意放弃他们原来的答案。[100]

我们对线性关系过度依赖的最重要原因似乎来自数学课堂本身。学校里的数学教育有很大一部分是在为我们灌输线性关系，所以我们期望它无处不在。虽然线性是一个重要的概念，但这种"一切都是线性"的教育理念助长了线性错觉，让学生们认为线性模型适用于所有问题。[101] 老师教导我们，如果走 1 英里需要 20 分钟，那么我们就应该确信走 2 英里需要 40 分钟。如果不是这样，就说明一定有什么地方不对。

然而，这种加强的线性思维会让我们不假思索地应用我们最喜欢的法则，即使它并不合适。这里有一个混淆因素：在数学课上，我们没有认识到现实世界通常不像数学问题那么简单。例如，要回答 "如果从曼彻斯特寄一封信到 80 英里外的考文垂要花 1 英镑，那么从曼彻斯特寄一封信到 160 英里外的伦敦要花多少钱？"，我们不能依靠线性原理去推断，而是要考虑现实世界的特点：从一个国家的任何地方寄一封信到同一个国家的任何地方，费用通常是一样的。

*

还有另一类体现我们对线性过度依赖的问题，例如："农民琼斯给一块边长为 100 米的方形田地割草，需要 1 个小时。如果给一块边长 300 米的方形田地割草，需要多长时间？"

最诱人的答案是 3 个小时。只要把时间按田地边长的比例放大就行了。事实上，超过 90% 的 13~14 岁的青少年和超过 80% 的 15~16 岁的青少年都掉进了这种欺骗性线性逻辑的陷阱。[102] 事实上，割草所花的时间应该与田地的面积成正比，也就是说，不是与田地长度成比例，而是与边长长度的平方成比例。正确的答案应该是 9 小时，因为边长变成 3 倍，面积就会变成 9（3^2）倍。

这绝不是一个抽象的数学问题，这种错误理解面积缩放的现象在现实生活中随处可见，我们可以利用它来争取一些利益。假设你想和三个朋友一起点一份外卖比萨饼。也许你会决定买 4 个直径 8 英寸的比萨饼，每个 10 英镑。不过，如果不介意和朋友吃同样的配料，那么你最好花 20 英镑买一个 16 英寸的比萨饼。16 英寸的比萨饼直径是 8 英寸比萨饼的两倍，价格也是两倍。虽然价格与比萨饼的直径成线性关系，但面积却与直径的平方成正比（圆的面积公式是 $\pi \cdot r^2$，其中 r 表示比萨饼的半径，是直径的一半）。这意味着你只需要花 2 倍的钱就能买到 4 倍量的比萨饼。比萨饼面积按直径倍数的平方（也就是 4 倍）增加，而直径翻倍后，价格只增加了 1 倍。对于不喜欢比萨饼皮的人来说，还有一个好消息：由于外围饼皮的长度与直径成线性关系（周长公式是 $2 \cdot \pi \cdot r$），假设比萨饼的厚度不变，那么比萨饼越大，配料与皮的比例也会越高。这是双赢。

2014 年，当时在美国国家公共广播电台担任图表编辑的裴国忠（Quoctrung Bui，音译）决定在比萨饼性价比问题上做文章。他收集了美国各地 3 678 家比萨饼店的 74 476 种比萨饼的价格。他发现比萨饼的价格似乎与直径呈线性变化，如图 6–9 所示，对于直径在 8 英寸以上的比萨饼来说，直径每增加 1 英寸，价格就增加 1 美元多一点儿。

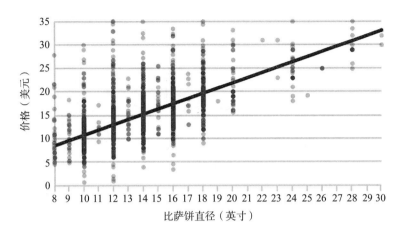

图 6-9　比萨饼的价格与直径呈近似线性关系（或许只是因为我预设了这种关系！）。灰点表示特定直径的比萨饼的价格，黑线是通过这些点的最佳拟合线。平均而言，直径每增加 1 英寸，价格就会增加 1 美元多一点儿

　　当然，这意味着每平方英寸的价格会下降，因为随着比萨饼变大（如图 6-10 所示），面积的增长速度要快于价格的增长速度。就性价比而言，买比萨饼肯定买大的更划算。

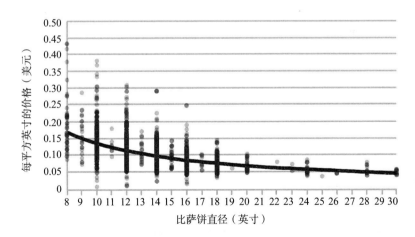

图 6-10　每平方英寸的价格随着直径的增加而下降，因为面积与直径的平方成正比，而价格与直径大致成线性关系

　　我早应该知道比萨饼背后有一些有趣的数学原理。毕竟，根据圆柱

体积公式 $\pi \cdot r^2 \cdot h$，其中 r 是半径，h 是高度，就可以知道半径为 z、厚度为 a 的比萨饼体积公式是 $pi \cdot z \cdot z \cdot a$（比萨饼）。

出现有时违反直觉的比例关系并不是什么新鲜事。事实上，传说中以数学能力著称的古希腊人也曾因为误解了一个类似的属性而犯了错误。在这个故事的某个版本中，提洛岛上的居民正在与阿波罗送来的瘟疫做斗争。提洛人派了一个代表团去德尔斐神庙请神谕。而我们在第 1 章中已经看到，神谕总是高深莫测，给出的答案模棱两可，让人难以确定。在这个故事中，神谕建议提洛人将他们的立方体阿波罗祭坛扩大一倍，以平息阿波罗的怒火。于是提洛人赶紧回到提洛岛，建造了一个更大的祭坛，高、宽和深都是原来的 2 倍。不幸的是，这个祭坛的体积是最初那个祭坛的 8 倍，而不是 2 倍——体积与边长的立方成正比（2^3 倍）。阿波罗显然不满意，尽管现在有一个更大的祭坛献给他，但提洛人没有准确地解决他的问题。于是，瘟疫继续肆虐。

在普鲁塔克[①]讲述的这个故事中，提洛岛面临的不是瘟疫，而是紧张的政治局面。在这个版本中，立方体体积翻倍的问题（有时也被称为提洛问题）在柏拉图推荐的三位数学家（欧多克索斯、阿尔塞塔斯和梅内克缪斯）的帮助下得到了正确的解决。据说，神谕的初衷是训诫提洛人集中精力研究几何学，让他们忘掉政治阴谋，但这样的内容无法变成一则好故事。

平方立方定律

也许平方立方定律是我们经常遇到的最重要的非线性关系之一。当一个物体在每个维度上都增加到一定的倍数时，新的表面积将按照这个

[①]　普鲁塔克（约公元 46—120 年），罗马帝国时代的希腊作家，哲学家，历史学家。——译者注

倍数的平方增大，而体积将按照它的立方增加。像提洛祭坛一样，把一个盒子的各条边长度加倍，它的表面积就会增加到 4（2^2）倍，体积增加到 8（2^3）倍。

　　这个简单的非线性缩放法则（如图 6–11 中的右图所示）对地球上进化出来的生物施加了一些有趣的限制。也许最重要的生物学平方立方定律是，体重在很大程度上取决于生物的体积，而力量在很大程度上取决于骨骼和肌肉的横截面积。当动物按比例变大时，其体积增长速度要快于骨骼和肌肉的横截面积，因此大型动物支撑自己体重的难度更大。有史以来最大的动物都是海洋生物，这绝非巧合。水提供的浮力减少了骨骼需要承受的重量。由于不会遇到同样大小的陆地动物所面临的困难，所以它们可以长得更大。事实上，骨骼对许多海洋生物来说是多余的。即使是海洋中一些最大的动物也没有骨头来支撑身体。例如，鲨鱼放弃使用骨头，而选择更灵活但更脆弱的软骨，以便利用它们生活环境中的水的浮力效应。软骨使鲨鱼的体重比同样大小的鱼类轻，因此鲨鱼不需要许多鱼类用来控制浮力的臃肿鱼鳔。重量减轻，再加上软骨的灵活性，使鲨鱼的动作非常敏捷，这在狩猎时是一个显著的优势。

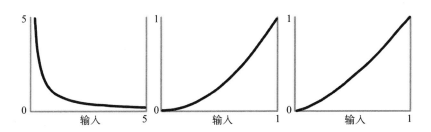

图 6–11　一些在日常生活中让我们感到困惑的非线性关系，由左至右依次为：防 UVB 辐射效果随防晒系数变化的倒数关系；比萨饼数量随半径增加的二次关系；限制我们在不破坏事物的情况下将它们按比例放大的平方立方定律

　　平方立方定律的一个知名度和危害程度都非常高的误用是体重指数（BMI）这一衡量标准。体重指数是人的体重（与体积成正比）与身高平方的比值。把 BMI 作为诊断工具使用，说明该比值存在一个健康范围。

如果你的体重指数过低或过高，就有可能被认为不健康。但是与你的体积（长度的立方）大致成正比的体重为什么会与你的身高的平方（长度的平方）成正比呢？如果一个人体形的各项值都是另一个人的 2 倍，那么我们可以预料他的体积是另一个人的 8 倍。因此，在其他条件相同的情况下，他的体重也可能是另一个人的 8 倍。但是他身高的平方只会是那个小个子的 4 倍，所以我们可知，高个子的人的 BMI 应该是小个子的两倍，尽管相对于他们的身高来说，他既不比小个子胖，也不比他瘦。这表明我们应该用体重除以身高的立方，而不是平方。

不过，这个说法也不完全正确。高个子并不仅仅是矮个子的放大版，相对于他们的身高而言，他们的骨架更窄。事实上，牛津大学应用数学家尼克·特雷费森提出，我们不应该用体重除以身高的 2 次幂（身高的平方）或身高的 3 次幂（身高的立方），而应该除以两者之间的某个量——身高的 2.5 次幂。他认为，这是解决 BMI 造成的问题的一个办法，BMI 让"数百万矮个子的人认为自己比实际瘦，让数百万高个子的人认为自己比实际胖"。

毫不奇怪，考虑到 BMI 值会随着身高而变化，即使对于体脂百分比相同的人来说，BMI 也不是心脏代谢健康的合适指标，它会将许多健康的人错误地归类为体重过轻或超重，反之亦然。罗伯特·瓦德罗身高 2.72 米，体重近 200 千克，是有记录以来最高的人。尽管他很苗条，但他最高时的体重指数为 27 kg/m^2，按照今天的标准，他绝对属于"超重"的范畴。作为背景知识，在瓦德罗于 20 世纪 40 年代去世时，全球平均 BMI 约为 20 kg/m^2。

虽然这个近似于平方立方定律的指标不能作为人类健康的标准来计算体重指数，但它确实很好地反映了质量和力量之间的平衡关系。正是因为这个原因，人如果远高于平均身高，就会遭遇一连串与健康相关的问题。罗伯特·瓦德罗遭受了许多与体形有关的健康问题，包括腿脚失去了大部分感觉。他还需要腿部支架和拐杖才能行动。事实上，不合适的腿部支架最终导致了瓦德罗的死亡。支架摩擦导致他的脚踝上形成了一个水泡，由于他没有感觉，也就没注意到。水泡发生感染，最终导致了败血症。他去世时年仅 22 岁。

在世界上最高的 20 人中，只有两人活过了 50 岁，没有一个活到 60 岁。据报道，其他拥有世界最高男子头衔的人都有脊柱侧凸（脊柱弯曲）、多种腰背痛或关节疼痛的问题，而且特别容易受到事故的影响。莫特萨·梅赫萨德塞拉克贾尼是现在活着的世界第二高的人。在他 15 岁的时候，他在一次自行车事故中骨盆严重受伤。结果，他的一条腿停止了生长，他的左腿现在比右腿长 6 英寸（约 15 厘米）。

一个人的体形越大，遇到事故造成的伤害就越大，即使是危险性比较小的事故。尽管蹒跚学步的孩子经常摔倒和遭到重击，但他们很少受到严重的伤害。相对于体重而言，他们的骨骼比较厚实，因此即使以最高速度运动，也很难积累足以给自己造成很大伤害的能量。成年人的体重更大（再加上他们是从更高的高度摔倒的，而且由于神经冲动传送的距离更远，他们的反应可能更慢），所以摔倒时撞击地面的力量要更大。体重和骨骼强度之间的非线性关系意味着，尽管他们的骨骼在绝对意义上比蹒跚学步的孩子更厚实，但其相对厚实程度可能不足以弥补体重增加带来的更大冲击。研究发现，出于同样的原因，高个子的人比矮个子的人更容易受到与摔跤有关的伤害，比如髋部骨折。

为什么昆虫不会摔伤

1962 年 1 月一个风雨交加的夜晚，32 岁的弗兰·塞拉克登上了一列从萨拉热窝开往杜布罗夫尼克的火车。在穿过峡谷时，火车因为铁路上的一个故障脱轨了。塞拉克所在的车厢被抛进了沿着铁路一侧流淌的结冰的河流中。随着车厢坠入冰冷的河水中，塞拉克失去了知觉。清醒过来后，他发现自己的手臂骨折，体温过低。一个陌生人把塞拉克拉到了安全的地方，救了他的命，但有 17 名乘客溺亡。如果塞拉克没有说谎，这将是他在未来几十年里 7 次与死亡擦肩而过的第一次。他屡次从车祸、汽车着火和爆炸中幸存下来，所以被称为"世界上最不幸的人"。但是他每次都能活着讲述事故的过程，说明这个绰号的反面也同样适合他。不过，与他最令人吃惊的死里逃生过程相比，后来的那些侥幸就显得微不足道了。

1963年，也就是塞拉克奇迹般从河中逃脱一年多后，他得知母亲病重。尽管他从未坐过飞机，但是为了能陪伴在母亲身边，他立即决定从萨格勒布的家中出发，乘坐最早一班飞机前往里耶卡。他到达机场时，第一班航班已经订满了。想到母亲生命垂危，他可不想在机场休息室里干坐着，于是他设法说服了航空公司的工作人员，让他进入飞机后部，和机组人员挤在一起。在旅程的大部分时间里，飞行都很平稳，直到两个引擎突然同时失灵。当飞机开始下坠时，机舱减压导致一扇后门发生故障，塞拉克和旁边的一名空姐被吸进了大气层。塞拉克在2003年接受《每日电讯报》采访时说："前一分钟我们还在喝茶，下一分钟门就被扯开了，她被吸到了半空中，我也紧随其后。"这架发生故障的飞机被迫紧急迫降，造成17名乘客和2名飞行员死亡。第一个被吸出的空姐也在事故中丧生，但塞拉克再次创造了奇迹。他回忆说，他先是自由落体，然后掉到一个干草堆上，没有继续下落。由于是从干草堆中坠落的，他从最高速度降至零的减速所花费的时间比直接撞击地面所花费的时间要长，这意味着他受到的力远远不及地面撞击所带来的力，他也因此死里逃生。

从那以后，人们对塞拉克的说法的真实性就产生了怀疑，尤其是人们发现1963年克罗地亚没有任何飞机坠毁的记录。不过，如果说第2章和巨数法则教会了我们什么，那就是只要有足够多的机会，一系列难以置信的不可能事件（比如在多次事故中幸存下来）真的会发生。

先不管他那异乎寻常的自由落体生还故事是真是假，没有降落伞从高空坠落并幸存下来的故事虽然很少，但也不是完全没有。例如，在1971年的圣诞前夜，朱莉安·科普克和母亲乘坐的从利马飞往普卡尔帕的航班被闪电击中。飞机在半空中解体，乘客、机组人员和行李都被抛到秘鲁丛林上空。十几岁的朱莉安被固定在座位上，从3 000米的高空掉到了下面的树冠层上。令人惊讶的是，她只受到了一定程度的割伤和擦伤，锁骨骨折。受伤后，她在丛林中坚持了 11 天，沿着小溪和河流逃生，最终被一群渔民发现，回到了文明社会并与父亲团聚。她当时并不知道的是，她的母亲坠落后也没有立即死去，几天后才因伤势过重而死亡。事实上，据推测，还有多达 14 名乘客在最初的坠落中幸存下来，只是没有坚持到救援人员到达的那一刻。尽管这些戏剧性地死里逃生的故事确实发生过，但在没有降落伞的情况下从飞机上坠落后还能活着讲述这个故事的情况，还是非常罕见的。

当然，跳伞者，也就是那些自愿从飞机上跳下的冒险者，为自由落体提供了有价值的案例研究。在真空中，由于重力的作用，所有物体都以同样的加速度下落。给定相同的起始位置和时间，在真空中掉落的保龄球将与掉落的羽毛同时落地。但跳伞者并不是在真空中坠落，而是严重依赖于空气阻力的影响。他们下落得越快，空气对他们运动的阻力就越大，直到空气阻力产生的向上的力与重力产生的向下的力相平衡。此时，跳伞者达到了最终速度。空气阻力产生的向上的力取决于跳伞者的横截面。采用屈体抱膝姿势时，身体表面积更小，最终速度会更快。相反，如果采用展翼姿势，由于空气阻力提供了更强的平衡力，最终速度会慢一些。

向下的力会随着跳伞者的体重增大，而抵消重力作用的向上的力会随着跳伞者身体的表面积增大。平方立方定律指出，体形较大的人增加的身体表面积，不足以抵消多出来的体重（体重与身体体积成正比）的重力作用，所以他们的最终速度更快。简而言之，体形越大，掉落得越快。对于那些打开降落伞失败的跳伞运动员来说，一个开玩笑式的、完全不切实际的建议是"体形要小"。通常，体形越小，表面积与体积比就越大，最终速度就越慢。另一个当不得真的建议是"降落在柔软的东西上"。

经验告诉我们，昆虫即使是从相当于其身高几百倍的高处坠落，落地时也根本不会受伤。昆虫的表面积与体积比很大，意味着它们的最终速度相对较低。即使对许多小型哺乳动物来说也是如此。例如，小鼠从任何高度摔下来，通常都能安然无恙地离开，但我们在第 3 章讨论猫从高处摔下来后的存活率时了解到，对大型哺乳动物来说，这是有限度的。正如 1928 年 J. B. S. 霍尔丹在他的专题论文《合适的体形》中所写的那样："你把一只小鼠扔进一个一千码①深的矿井中，当它到达底部时，如果地面相当柔软，它只会感受到轻微的震动，毫发无损。如果扔下去的是大鼠、人或者马，那么大鼠会死亡，人会支离破碎，马会摔成肉酱。"

平方立方定律在过去也被证明是工程师的绊脚石，尤其对于"二战"期间的纳粹建筑师和设计师。尽管德国在 1941 年 6 月入侵苏联后取得了迅速的进展，但在接下来的几个月里，他们的军队未能彻底结束东线的敌对行动。随着冲突持续到 1942 年，苏联坦克到达了前线，并在与德国人的战斗中发挥了决定性作用。很明显，要扭转局势，德国陆军需要制造一种比以往任何坦克都更大、装甲更强的坦克，才能提高自己的战斗力。

正是为了应对这一挑战，德军滋生了制造"鼠式"坦克这个大胆的想法。这种名称具有讽刺意味的巨型坦克长 10.2 米，高 3.63 米，宽 3.71 米。完工后，它将重达 188 吨。要知道，当时最重的德国坦克是虎式 I 坦克，也只有长 6.3 米，宽 3.56 米，高 3 米，重量大约是鼠式坦克的 1/3，重 57 吨。鼠式坦克某些部位的装甲预定厚度达到 200 毫米，而虎式坦克的装甲最大厚度为 120 毫米。总之，鼠式坦克是其他所有坦克都远不能比拟的。

然而，这一坦克从最初的设计原型阶段就出现了问题。外装甲的重量大大增加，意味着传统的发动机将不足以为鼠式坦克提供动力。最后，发动机占据了这个庞然大物超过一半的内部体积，这进一步增加了整体的重量。因为牺牲了大量内部空间带来了极大的不便，鼠式坦克的最高速度只有每小时 12 英里，不到虎式坦克每小时 28 英里的一半。虽然鼠

---

① 1 码 ≈ 0.9 米。——编者注

式坦克的重量是虎式坦克 3 倍多，但其底座横截面积只增加了大约一半。为了确保坦克不会陷入地下，履带宽度被设定为 1.1 米，两条履带的宽度超过了坦克宽度的一半。即便如此，鼠式坦克还是会偶尔陷进不太坚固的地面，或者压坏它行驶的道路。设计师费迪南德·波尔舍绞尽脑汁想要打造足够坚固的悬架，以支撑其自身的重量。由于太重无法过桥，鼠式坦克必须进行便于渡河的特殊改装，配备水下通气管，以便在坦克被完全淹没时为操作人员提供空气。

这些设计难点导致研发工作迟迟没有进展。当这款超级坦克的两辆原型车经过微调后终于可以执行任务时，已经是 1944 年年中了。此时，轴心国的部队已是强弩之末，正全面退守。完工后不久，由于苏联最终在东线击败德国的前景已经很明朗，为了保护纳粹的军事机密，这两辆鼠式原型车被炸毁。从头至尾这两辆坦克都没有参加过实际战斗。具有讽刺意味的是，这两辆坦克实在太坚固了，苏联人成功修复了它们，其中一辆至今仍在位于莫斯科附近库宾卡的一家博物馆展出。

希特勒痴迷于超大建筑的不明智之举，也许在他让首席建筑师阿尔伯特·施佩尔起草柏林重建计划时表现得最为明显。这座超大规模的城市被更名为日耳曼尼亚，将成为第三帝国——大德意志帝国的首都和中心。重新设计的城市将以从北向南贯穿全市的 3 英里长的"辉煌大道"为中心。在大道的最北端，"大广场"的北侧，是一座由希特勒亲自设计的建筑——"人民大厅"。希特勒特别欣赏罗马皇帝哈德良的万神殿，大致是受此启发，这个巨大的圆顶礼堂计划可举办容纳超过 18 万人的集会。虽然实际上根本没有动工，但是在罗伯特·哈里斯的《祖国》所描述的虚构世界中，这座建筑形成了自己的天气，超过 18 万人的汗水和呼吸在圆形屋顶上冷凝，形成了云。

辉煌大道的南端是一座巨大的凯旋门，它将成为这座城市的第二个焦点。这座凯旋门的内部足以装下整个巴黎凯旋门。当时，由于人民大厅和凯旋门规模巨大，再加上平方立方定律的限制，这些建筑是否能在柏林有些松软而且不稳定的土地上建成是有争议的。为了测试其可行性，

1941 年，施佩尔建造了一个直径 21 米、高 14 米、重 12 650 吨的混凝土圆柱体。它被安装在一个埋入地下的高 18 米、直径 11 米的混凝土地基上。然后，施佩尔对整个建筑进行了下沉测试。如果它下沉不到 6 厘米，就会被认为足够坚固，无须进一步加固就可以建造凯旋门。结果，这个圆柱体在短短两年半的时间里下沉了近 20 厘米。非线性平方立方定律表明，拟建的凯旋门的大小是法国凯旋门的 3 倍，因此它的重量将是法国凯旋门的 27（3^3）倍，但基座表面积只有 9（3^2）倍，因此对支撑它的地面施加的压力是法国凯旋门的 3 倍。

建造这个混凝土圆柱体的突发奇想倒是有某种诗意的正义，它象征着希特勒被自己渴望但最终未能实现的胜利所吞噬。

非线性世界

我有时会和我的孩子们玩纸牌游戏。他们需要掌握这副牌的构成——4 套花色，每套花色都有 10 张数字牌和 3 张花牌。我们经常玩一些简单的游戏，比如以邻为壑、21 点、惠斯特和拉米。对于 21 点，他们正处于制定游戏策略的阶段。他们知道，如果前两张牌加起来是 11，形势就很好。在 21 点这个游戏中，一副牌中点数是 10（10、J、Q 和 K）的牌的数量是其他任何点数的牌的 4 倍。粗略地说（当然，这取决于已经发过的牌），从 11 点开始，你下一张牌凑够 21 点的可能性是从 12 到 20 的任何一个点数开始的 4 倍。说得更简单一点儿，你从整副牌中抽到点数为 10 点的牌（一共有 16 张）的概率是抽到其他任何点数的牌（分别只有 4 张）的概率的 4 倍。如果规则不同，例如，只有 10、J 和 Q 是 10 点，而 K 是 11 点，那么你抽到一张 10 点的牌的可能性就只有 3 倍。

这正是线性正比例的本质。概率与我们希望抽到的不同牌值的牌的数量直接相关。我们在任何地方都能遇到正比例。如果我和孩子们一起烘焙，而不是打牌，我们想要做 2 倍于食谱建议的纸杯蛋糕，那么每种材料都需要使用 2 倍的量。将这些材料按线性比例关系混合在一起，就可以制成 2 倍的混合物。这似乎是唯一的正解。如果我们必须用 3 倍的原料才能制成 2 倍的蛋糕，那就说不通了。对于正比例关系，整体等于各部分的总和。部分翻倍，整体也会翻倍。

但是，如果认为这一观点适用于世界上的每一种现象，那就等于否认了涌现[①]现象的存在和神奇：没有任何一个水分子具有水的湿润性；单只椋鸟不可能呈现椋鸟群飞的美景；雪花的独特分形不是一个个晶体加在一起构成的，而是作为一个复杂的上层建筑形成的。眼花缭乱的复杂性是地球上所有生命都具有的本质，而生命远不仅仅是构成它们的原子和分子的简单总和。

我们每天接触的许多重要关系都是非线性的，只是大多数时候我们都没有意识到这一点。但是我们很早就被灌输线性的概念，以至于我们有时甚至忘记了还有其他关系。我们在迭代函数学习实验中看到，频繁的灌输导致我们看到两个变量就下意识地期望它们成正比。我们对线性关系的过度熟悉意味着非线性的事情一旦发生，就有可能让我们措手不及，扰乱我们的预期。我们默认输入与输出成线性关系，因此经常发现我们的预测可能偏离了目标，我们的计划可能让我们栽跟头。我们生活在一个非线性的世界，但我们习惯线性思考的大脑常常没有注意到这一点。我们将线性观点强加于每一种情况，认为随着时间的推移，事情将继续以与现在大致相同的速度变化，或者付出两倍的努力总是会获得两倍的回报。

也有人持有更乐观的心态：当我们对线性期望的过度依赖在一些低风险的场合被证明是错误的时候，我们也可以享受到结果带来的惊喜。当线性比例关系从我们眼前消失，我们的想法被推倒重来时，我们常常会取得惊人的新发现。从积极的角度来看，我们先入为主地认为两个变量之间的关系可以用直线来描述，给了我们获得惊喜的机会，而如果我

---

① 涌现（emerge），又译突现、呈展或衍生，指系统内各组分相互作用而产生单个组分所没有的性质与特点的现象。——编者注

们提前完美地感知到每个非线性场景的走向，这种机会就会不复存在。

　　我和孩子们打完纸牌，该收拾烘焙后的残局了。我偶尔会搞个恶作剧，利用孩子们的线性期望骗他们。我让他们从 A 到 K 任意说两个牌值。假设他们选了 Q 和 5，我告诉他们我会洗牌，然后查看整副牌中是否有这两个牌值的牌彼此相邻，只要有 Q 和 5 彼此相邻，那么收拾洗碗机的工作就交给他们。反之，就由我来完成。只选 2 个牌值，算上不同花色总共 8 张牌，我觉得他们会认为在洗好的牌中找到两张牌彼此相邻的概率非常低。这样的期望似乎很合理，但事实上，这个概率非常高，大约为 50%。尽管他们最初抱着很高的期望，但有一半的结果都是以他们收拾洗碗机告终。就像我们在第 2 章遇到的生日问题一样，数学关心的是成对出现的牌，而不是一张张单独的牌。这种非线性关系意味着 2 种牌值、每种牌值有 4 张牌，4 张 Q 和 4 张 5，可以组成 16 种可能的配对，而且每一对都可以以 2 种不同的顺序出现。因此，找到它们彼此相邻的可能性比你一开始想象的要大。当我们从牌堆中找到这样一对牌时，我的孩子们总是很惊讶，甚至很不高兴。

　　我们在本章讨论了日常生活中的一些非线性关系，包括比萨饼的性价比、防晒系数以及股票市场的损益关系。这些关系会混淆我们的预期，导致我们得出错误的结论或做出错误的预测。我们还将在最后 3 章看到，我们赖以理解周围世界的线性言语论证可能会导致我们忽视非线性的可能性，从而带来事与愿违、反馈回路、混乱和一系列其他非线性意外。

第 7 章

躲避滚雪球效应

在 2020 年的头几个月，新型冠状病毒在世界各国传播。1 月 29 日，意大利隔离了首例新冠病毒感染病例。截至 3 月 11 日，意大利是除中国以外报告感染人数最多的国家。欧洲和西方大部分国家惊恐地注视着意大利的局势，希望同样的命运不会降临到他们身上。但几乎所有国家都接二连三地开始发现自己的病例，而且模式通常相同。病例数一开始很少，第一份报告只涉及一两个人，然后是一小批人（这些人通常直接或间接与第一份报告中的人有关，其中间接相关更令人担忧），然后人数就像滚雪球一样迅速增长。

　　到 3 月 9 日，意大利的形势已经非常严峻，朱塞佩·孔特总理被迫实施全国封锁。3 月中旬，意大利的很多医院人满为患，无法接诊大量需要治疗的新冠感染患者。许多英国人悲伤而难以置信地看着这一切，但他们并不能预料到同样的场景会在短短几周后在本国上演。毕竟，英国报告的病例数远低于意大利。英国公众希望，或许他们可以相对安全地逃过这场灾难。根据英国的新冠病毒感染统计数据，英国政府认为没有理由在 3 月中旬实施全国封锁来遏制病毒的传播。

　　3 月 15 日，意大利 7 天内平均每日新冠病毒感染死亡人数上升至 206 人。同一天，英国新冠感染死亡人数的 7 天平均值上升至 15 人，比前一天增加了 5 人。鉴于数字很小，仍然很难想象英国会很快陷入意大利所面临的境地。即使英国每天的死亡人数继续以同样的数量（5 人）增加，其 7 天平均每日死亡人数也需要 5 周多的时间才能达到意大利的水平。

在许多人看来，英国似乎并不迫切需要实施对经济有害的封锁。事实上，一些人认为，数字这么小，可能很难说服公众相信采取这种极端措施的必要性。也许我们可以等一等，看情况会如何发展吧？然而，来自澳大利亚和新西兰等其他国家的证据表明，等到灾难发生在自己家门口后才实施严格的封锁措施，不一定是正确的。

上一章指出，我们已经习惯于做线性假设，但死亡人数其实并不是呈线性增长（即每天增长同样的数量），而是呈指数增长，是之前病例呈指数增长的一个反映。仅仅12天后，英国的平均每日死亡人数就超过了意大利3月15日的值，3月27日的7天平均死亡人数为240人。

指数增长是另一种我们很多人无法凭直觉理解的非线性现象。数学上它的定义是，如果一个量的增长速度与它当前的大小成正比，该增长就叫作指数增长。这意味着随着数量增加，增长速度也会增加。例如，在疾病暴发的早期阶段，受感染的人越多，被他们感染的人就越多，新增病例数也就越多。指数增长发挥关键作用的其他场景包括传销（新的投资者人数与已参与计划的投资者人数成正比）和核武器（裂变铀原子以正在裂变的原子为基础成倍增加）。

低估指数增长过程的增长速度（以为增长速度比实际速度慢）被称为指数增长偏倚。在许多人看来，这是我们在前一章中遇到的线性偏倚的一种；人们认为增长是线性的，而实际上是指数增长。对这一现象的研究表明，收入或教育水平高，对我们能否避开低估指数增长这个陷阱几乎没有影响。[103] 事实上，即使有的人曾经在复利计算等情况下接触过指数增长，在其他情况下他们也很难认识到这种现象的存在。[104]

在2016年的一项研究中，经济学家马修·利维和乔舒亚·塔索夫向受试者提出了这样一些问题："资产A的初始价值为100美元，每期以10%的利率增长，资产B的初始价值为X美元，不增长。如果两种资产在20期后价值相等，X的值是多少？"并要求他们对自己的答案的自信程度进行打分。[105]

能否准确地回答这些问题，对我们今天的财务决策是否明智、未来

会产生什么样的结果有着重大的影响。拿出计算器，自己试一试，看看
完成计算后你有多自信。

　　要找到正确的答案，就需要计算按每期增长 10% 的速度增长 20 期后
资产 A 的总额。这需要将最初的 100 美元乘以 110/100（简化后就是 100
美元乘以 1.1），连乘 20 次（相当于计算 100×1.1^{20}）。输入计算器中就会
得到 X 的值是 672.75。即使手边有计算器，实验中的大多数受试者也没
有得出正确的答案。1/3 的人给出的答案是 300 美元。如果增长是纯线性
的，每期固定增长 10 美元（原始投资的 10%），就会得出这个答案，但
这些受试者的思维过于线性了。也许这项研究最令人吃惊的地方是，恰
恰是那些在测试中表现最差的人对自己的答案最有信心。[106] 许多人甚至
不知道我们对指数增长偏倚的忽视。

　　低估复利的长期影响可能会带来严重的财务后果。如果消费者低估
定额资金按复利增长的速度，就会低估它的未来价值。这会使储蓄看起
来不那么有吸引力。个人低估投资未来的效用，就会导致他们对自己的晚
年准备不足。[107] 对指数增长的错误计算会让人低估还款金额，导致举债更
有吸引力。对这一现象的现实研究表明，指数增长偏倚可能导致个人的债
务收入比 [108]（他们承担的债务与收入的比例）比没有这种偏倚的人高一倍。

　　不能正确认识和解释指数增长，也是阻碍实施传染病控制有效战略
的重大因素。[109] 2020 年的一项重点关注疫情早期阶段的研究发现，受试
者表现出的指数增长偏倚越高，对抗疫措施（如使用口罩和保持社交距
离）的依从性就越低。不能准确估计疾病传播速度的人无法看到疾病控
制措施的重要性，因此不太可能实施或遵从这些措施。[110]

　　美国总统特朗普可能是未能理解指数增长的一个引人注目的例子。
他屡屡强调美国在疫情早期阶段的绝对病例数很低，似乎没有认识到这
些数字可能会快速上升。因此，特朗普政府持续低估了形势的严重性，
这导致他们不愿实施控制病毒所需的措施。

　　2020 年 3 月 9 日，特朗普发了一条推文："去年有 3.7 万名美国人死
于普通流感。每年流感导致的平均死亡人数在 2.7 万到 7 万人之间。我们

没有关闭任何场所，生活和经济还在继续。目前有 546 例新型冠状病毒感染确诊病例，22 人死亡。看看这些数字！"特朗普引用的流感数据有些夸张。根据美国疾病控制与预防中心（CDC）的数据，在 2018—2019 年的流感季，大约有 3.4 万人死于流感。但美国疾病控制与预防中心还表示，自 2010 年以来，每年平均死于流感的人数在 1.2 万至 1.6 万人之间，远低于特朗普所说的数字。尽管他的新冠病毒感染人数大致正确（在他宣布这一消息的当天，美国共有 594 例确诊病例，22 例死亡），但他没有意识到形势演变的速度会有多快。

到 2021 年 1 月 20 日他的总统任期结束时，尽管已经采取了一些缓解措施，但美国总共记录了 2 450 万例新冠病毒感染病例，40 多万人死亡，这甚至使他夸大的流感死亡人数数据相形见绌。事实上，这项研究不仅突出表明理解指数增长对抗疫措施依从性具有重要意义，还表明美国的保守派比自由派更容易低估疫情的绝对增长率。[111]

不过，这项研究也传递了一个积极的消息：用不同的方法表示数据，例如使用原始数字，而不是图表，可以让人们看到增长的规模，从而大大提高他们对抗疫措施的依从性。当人们更好地了解疫情的真实发展速度后，他们对风险的感知就会增强，也更有可能接受关于防护行为的建议。[112]

即使发现了某个过程遵循指数增长，人们也容易低估发生快速变化的可能性。事实上，2020 年 3 月，在我们注视着意大利的疫情发展时，这一幕就在英国上演了。尽管一些科学家已通知政府病例将呈指数增长，但他们还是严重低估了增长的速度。

3 月 12 日，英国政府通过直播告诉英国人民："从曲线看，就疫情的规模而言，我们可能（比意大利）滞后 4 周左右。"当时，英国共报告了 590 例病例，而意大利有超过 1.5 万例。3 月 12 日，英国仅报告了 2 例新冠肺炎死亡病例，而意大利有 189 例。由于病例数差异巨大，而且每日死亡人数很低，因此许多人确信我们有 4 周的优势。

人们普遍误以为指数增长意味着快速增长，其实未必如此。在疫情早期阶段，指数增长可能慢得让人毫无戒心。当病例数较低时，它们的增长也很慢，但情况可能在转眼间失去控制。如果自认为远远落后于曲线，就尤其危险。

要理解指数过程的增长速度有多快，最关键的数字可能是所谓的"倍增时间"。在疫情早期阶段，这是病例、住院或死亡人数增加一倍所需的时间。这些统计数字在一定时间内持续翻倍是指数增长的标志。3 月 16 日，鲍里斯·约翰逊告诉媒体："……如果不采取严厉措施，病例数可能每五六天就会长一倍。"这个数字反映在英国紧急情况科学咨询小组（SAGE，该小组是向政府提供疫情相关建议的科学机构）的会议纪要中。在 3 月 18 日的会议记录中，他们引用了"5~7 天"这个倍增时间。

这个倍增时间解释了"4 周"这个数字的来源。按照 6 天（取 SAGE 估计时间的中间值）的倍增速度，从英国的 590 例报告病例到意大利的 1.5 万例（同为 3 月 12 日报告的数字）将需要 28 天，正好是 4 周。

但是这个 5~7 天的倍增时间是错误的，而且大错特错。

据计算，在英国疫情的早期阶段，更准确的倍增时间约为 3 天。尽管 SAGE 估计的倍增时间只不过是它的 2 倍，看起来并不太糟糕，但不可否认的是，这种疾病的指数传播意味着这个错误是一种"复利"，它每隔几天就会加倍。根据 3 天的倍增时间，可以预测英国将在大约 2 周后达到意大利 3 月 12 日的 1.5 万例病例数。这一估计在现实中得到了证实，英国在 3 月 28 日达到了 1.7 万例，仅仅用了 16 天。

英国政府认为他们有更多的时间，因此低估了疫情的增长速度，潜在的后果是巨大的。这种虚假的安全感可能导致英国不能及时采取措施抑制新冠病毒，其结果是英国在第一波疫情防控期间有数万人丧生，而这个结果本来是可以避免的。

正反馈回路

疾病暴发之初出现的指数增长是一种更为普遍的现象（正反馈回路）

的一个极端例子。正反馈回路的特征是信号触发一个或一系列响应，而这些响应最终放大了原始信号，形成闭合环路。例如，在疫情中，受感染的个体接触并感染易感人群，从而产生更多具有传染性的个体，他们有可能继续感染更多的人，以此类推。

正反馈回路可以将最初很小的量放大到一个巨大的量级。由于这个原因，正反馈的影响有时被称为滚雪球效应。在这个比喻中，先是少量的雪从山坡上滚下来，在滚动过程中它会沾上更多的雪，导致体积增大。雪球越大，沾上的雪就越多，直到最初的小雪球变成庞然大物，再也无法控制。不过，雪球本身只是一个比喻。当正反馈作用于从山上滚下来的真雪球时，导致的结果将不是一个巨大的雪球，而是致命的雪崩，带着数万立方米的雪从山坡上滑下。可悲的是，印度北部喜马偕尔邦金瑙尔山区的居民对正反馈的影响再熟悉不过了。

*

7月标志着喜马偕尔邦雨季的开始。2021年7月17日，印度气象部门发布了该地区降雨橙色预警。尽管政府对游客广泛宣传了在雨季前往喜马偕尔邦的危险性并发出了警告，但在印度的疫情管控有所放松后，还是有许多人在7月份涌向了该地区。迪帕·夏尔马博士是这些热情高涨的游客之一，这位备受尊敬的女权主义者从斋浦尔来到了这个地区。7月25日12点59分，她在印度村庄吉德古尔与成千上万的推特粉丝分享了一张自拍照。不到半小时后，一个正反馈回路引发的结果夺去了她的生命。

山腰上一处很小、看似无害的地面振动，一阵风，或者一滴水，都可能使表土松动，然后让一块鹅卵石移动，撞击一块石头，这块石头推动了一块更大的石头，于是一块比一块大的岩石从山腰上翻滚下来。这些滚动的岩石可能会进一步松动周围的地面，导致更多的岩屑倾泻而下，直到致命的岩石滑坡像流星雨一样砸到下面的山谷中。最初的信号（从山坡上滚下来的一小块石头）有可能被正反馈回路显著放大。大雨会产生润滑作用，并增加最上层土壤的重量，这会大大增加岩石和山体滑坡的风险。

尽管迪帕去喜马偕尔邦的那天没有下雨，但前几天下了大雨，导致金瑙尔桑格拉山谷上方的山坡可能会发生岩石滑坡。手机拍摄到的滑坡画面显示，巨大的石块从山坡上滚落下来，偶尔会有一块岩石被山坡上的一个小斜坡弹射到半空中，然后就好像悬浮在空中一样，过了好长时间，才坠入下面的巴斯帕河中。可以看到，一块下落的巨石直接砸穿了横跨河流的不锈钢公路桥，仿佛那座桥是用火柴棍搭建的。13 点 25 分，一块巨石（这是导致岩崩的正反馈回路的最终产物）砸中了迪帕乘坐的观光巴士，她和同车的 8 名乘客当场殒命。

*

正反馈回路的规模足够大，就有可能产生严重甚至致命的后果。人为产生的全球变暖是人类可能经历的最致命的灾难之一，正在导致极端天气条件、粮食产量下降和疾病传播模式发生变化等后果，据估计每年已经造成 15 万人死亡。全球变暖最令人担忧的一个方面是，因为正反馈回路的影响，预测的气温上升在很大程度上已成定局。其中一个正反馈回路被称为冰反照率反馈。反照率指照射到地球上的太阳辐射被反射回太空的数量。冰川、冰盖和海冰是白色的，往往会把照到它们上面的大部分辐射都反射回去。全球气温上升后，一些冰开始融化，暴露出更多的陆地和海洋，从而改变地球的反照率。陆地和海洋的颜色越深，就会吸收更多的太阳辐射。这会使温度升高，导致更多的冰融化，从而进一步降低反照率。如此反复。正反馈意味着，即使现在采取行动大幅减少碳排放，全球气温仍有可能上升至少 1.5 摄氏度。[113]

再举个危险性小一些的例子，我们很多人都经历过这个现象：麦克风靠近扬声器时会发出高分贝的刺耳响声。这种声反馈回路是麦克风拾取信号，然后将信号传递给扬声器所导致的结果。麦克风接收放大后的声音，将其发送回扬声器，如此循环往复。虽然我们大多数人听到声反馈现象就联想到尖声哀叫，但是在很低的频率上也有可能实现反馈。最终被放大得最多并因此在我们听到的声音中占主导地位的频率，是由扬声器和麦克风的相对位置、房间的自然声学效果和扬声器本身的特性决定的。许多扬声器发出高频率的声音比低频率的声音更有效，因此我们往往会听到这些令人害怕的声音，而不是低沉的声音。

在 20 世纪六七十年代，感恩而死乐队、地下丝绒乐队、杰夫·贝克乐队和谁人乐队等艺术家或团体利用电吉他的反馈，创造出独特的声音。这种正反馈效应的最突出代表可能是吉米·亨德里克斯，他的大部分作品都充斥着这种失真的声音。

也许对我们大多数人来说更抽象的是，我们还能观察到正反馈回路以股市泡沫的形式表现出来，就像我们在前一章遇到的股市泡沫一样。在这种情况下，反馈回路有两个主要组成部分：投资者，以及他们投资的股票的价格。投资者采取的行动既受价格变动的影响，也会影响价格（注意，公司及其业绩在这种价格变动中所起的作用非常小）。假设一家公司一直表现强劲，因此能够向股东派发股息，这自然会导致股价上涨。股价的这种变动可能会吸引更多的投资者购买股票。由于待售的股票有限，因此需求可能会超过供给，导致股价上涨。这反过来又会吸引更多投资者追逐螺旋式上涨的价格。我们在前一章已经看到，问题在于反馈回路可能使公司的股价与其业绩脱钩。价格的微小波动可能被放大到远远超出波动一开始的规模，从而导致企业乃至整个行业的价值被严重高估。

到目前为止，我们在本章中遇到的所有正反馈的例子（疾病传播、岩石滑坡、全球变暖、声反馈和金融泡沫）都与某个量（受感染的个体、下落的岩石、温度、音量和股价）的快速增加或失控有关。因此，我们很容易将"正反馈"中的"正"与相关量的增加联系起来。然而，我们应该纠正这种误解，并提醒大家注意：如图 7-1 所示，正反馈有可能导致股价上涨，也有可能导致股价下跌！

图 7-1　受正反馈影响的量既有可能增长（左图），也有可能下降（右图）

　　虽然冰反照率反馈回路可能是最近观测到的全球气温上升的部分原因，但在更遥远的过去，它却导致了气温的大幅下降。雪球假说[114]认为，大约 6.5 亿年前，整个（或几乎整个）地球（包括海洋）都被一层冰覆盖。该理论的支持者认为，地球温度下降导致海冰数量增加，增加了地球的反照率，将更多的太阳辐射送回太空，从而进一步降低了地球的温度。这种螺旋式冷却过程是正反馈回路的又一个例子，但它的作用方向与今天在全球变暖中起着重要作用的那个正反馈回路相反。这个假说以"雪球"为名从两个方面看都很恰当，一方面，它可以表示这个过程的终点——巨大的冰雪球，另一方面，它表明是滚雪球效应的正反馈回路导致了地球的深度冻结。

　　导致股价上涨的正反馈回路也可以沿相反方向运行。例如，如果有足够多的人认为某只股票定价过高，人们想要卖出的股票就比其他人愿意买入的股票多，结果就是供过于求。待售股票过多将导致股价下跌，这可能导致更多的人出售股票以止损，进而导致待售股票剩余更多、价格更低。

*

　　正反馈回路在其他金融环境中也有可能产生强大的影响，影响范围甚至超出了雄心勃勃的投资者的世界，进入普通人的生活。2007 年夏天，英国的北岩银行是英格兰东北部许多人引以为豪的机构。在经历了几十年的工业衰退和高失业率之后，北岩银行为东北地区在金融服务市场上分得一杯羹提供了实实在在的可能性，使其有能力在这个以伦敦为中心的行业中占据一席之地。北岩银行通过投资当地社区和慈善活动，迅速成为东北地区，尤其是纽卡斯尔市的代名词。该银行是当地许多知名运动队的主要球衣赞助商，包括达勒姆郡板球俱乐部、纽卡斯尔猎鹰橄榄球俱乐部，以及最著名的纽卡斯尔联足球俱乐部。

21世纪初，北岩银行在国际货币市场上实施了激进的借款计划，成功跻身富时指数（FTSE）英国前100家企业，并占据了一个突出的位置。这些贷款使该银行雄心勃勃地扩大其抵押贷款组合，成为英国第四大贷款银行。北岩银行的商业模式是通过在国际市场上转售其在英国的抵押贷款，以筹集资金偿还贷款。尽管这一策略在财务上是可行的，而且并非没有先例，但此举无异于把该银行的大部分鸡蛋放在一个可能很脆弱的篮子里。

随着美国次贷危机在2007年夏季愈演愈烈，国际市场对北岩银行抵押贷款的需求大幅下滑。9月13日，该银行被迫向英国政府申请短期流动性支持，这当然令人尴尬，并不是理想的结果，但这本身并不会给银行招来一场彻底的灾难。紧急支持资金很快得到了批准，这说明北岩银行理论上仍然是一家可持续经营的企业。然而，英格兰银行这一史无前例的财政援助引起了公众的注意，才是对北岩银行的雷霆一击。

不出所料，媒体在报道金融市场上的这个复杂情况时，忽略了许多细节。多家媒体报道称，英国政府是"最后贷款人"，这可不是一个鼓舞人心的说法。专家指出，如果北岩银行破产，目前的立法只能保护额度至多为3.3万英镑的储蓄。第二天，《每日邮报》报道这场危机的标题是："北岩银行：贪婪和愚蠢打碎了这块岩石"。持有北岩银行存款的公众得到的信息是，这家银行陷入了严重的或许是致命的麻烦。

第二天，英国各地北岩银行分行外面的街道上都站满了排队取款的人。银行的网站因为突增的流量压力而崩溃了，电话线也很快饱和了。对于一家流动资金出了问题的银行来说，它最不希望的就是储户提取存款。当日，该公司股价较开盘价下跌32%。媒体报道称大量储户尝试取款，还配上了引人焦虑的越来越长的取款队伍的图片，这进一步加剧了危机。人们很快发现这家银行没有能力兑付所有储户的存款。可以理解的是，这并没有降低储户提取现金的热情，每个人都抱着一丝希望：在排到自己时，银行的钱还没有用完。在更多负面新闻头条的推动下，挤兑又持续了 4 天。尽管英国财政大臣公开宣布政府将为北岩银行的所有存款提供担保，但该银行再也没有恢复元气。2008 年 2 月，随着该银行被国有化，成千上万名大量投资的股东失去了毕生的积蓄。到处流传的北岩银行陷入困境的消息变成了事实。

　　银行挤兑是被称为自证预言的反馈回路的一个特例。自证预言是指因为人们的反应而变成现实的预测、建议、信念或报告。英格兰银行时任行长默文·金表示，他希望向北岩银行提供秘密资金支持，以避免公开声明削弱信心，导致其螺旋式下滑，但金融监管不允许在这种事情上保密。如果北岩银行陷入困境的事实没有为公众所知，那么造成严重后果的银行挤兑很可能永远不会发生。

名字游戏

　　标示名（aptronym）之所以特别适合其所有者，通常是因为它与所有者的职业或其他一些特征有关。我和一位老朋友通过电子邮件联系的时候，谈论的几乎都是我们在生活中发现的标示名例子。其中一些名字比较明显，而且很多人都很熟悉，比如全世界跑得最快的尤塞恩·博尔特（Usain Bolt，bolt 在英语中有猛冲的意思）、前世界排名第一的网球运动员玛格丽特·考特（Margaret Court，court 在英语里有球场的意思），以及水管工和马桶设计师托马斯·克拉珀（Thomas Crapper，crapper 在英语里有厕所的意思）。与人们普遍认为的相反，大便的某个俚语表达（crap）其实并不是来自克拉珀的名字的缩略形式。

　　牙买加可卡因贩子克里斯托弗·科克（Christopher Coke，coke 一词与可卡因有关）、英国法官伊戈尔·贾奇（Igor Judge，judge 在英语里有法官的意思）和美国专栏作家玛丽莲·沃斯·萨万特（Marilyn vos Savant，savant 在英语里有学者的意思，她在 1985 年至 1989 年期间被吉尼斯世界纪录列为世界上智商最高的人）的名字可能不太为人所知，但可能更贴切。萨拉·布利泽德（Sara Blizzard，blizzard 在英语里有暴风雪的意思）、达拉斯·雷恩斯（Dallas Raines，rain 在英语里指雨）和艾米·弗里兹（Amy Freeze，freeze 在英语里有结冰的意思）都是电视天气播报员，拉塞尔·布雷恩（Russell Brain，brain 在英语里指大脑）是英国神经科医生，迈克尔·波尔（Michael Ball，ball 在英语里指球）是前职业足球运动员。我还可以继续说下去。其中一些例子似乎贴切得不像是偶然发生的。我们在第 2 章讨论过，在遇到这种意想不到的联系时，我们倾向于假设一种因果关系——这些人最终因其专长而闻名，肯定是因为他们的名字从小就给他们施加了某种影响。这种因果关系假设是自证预言的又一个例子，被称为姓名决定论。

虽然很容易被嗤之以鼻，但许多研究人员愿意相信名字会对职业产生某种影响。对于人们为什么会被与自己名字相符的职业所吸引，有人解释说这是一种叫作内隐自我主义的心理现象。这个猜想认为，人们通常会无意识地偏好与自己有关的事物，例如和同一天生日的人结婚，向名称首字母和自己相同的慈善项目捐款，或者从事与自己名字相关的工作。为了支持这一观点，詹姆斯·康塞尔（James Counsell，counsellor 在英语中有法律顾问的意思）在认真思考了自己最终成为律师的职业道路后说：“很难说潜意识在多大程度上起了作用，但名字与职业名称相似，有可能是你对某一职业表现出更大兴趣的一个原因。”

一些研究声称，他们能证明姓名决定论确实存在。[115] 也许其中最有趣的是利姆（Limb，在英语中有肢体的意思）一家在 2015 年完成的研究。[116] 克里斯托弗·利姆、理查德·利姆、凯瑟琳·利姆和戴维·利姆都是医生或准医生，很明显，在理解他们与肢体相关的名字是否让他们从事关注身体结构的职业这个问题上，这四个人都是利益相关方。事实上，鉴于戴维·利姆是一名骨科医生（专门从事肩部和肘部手术），利姆一家决定提出一个更具体的问题：医生的名字是否会影响他们的专科。

通过分析英国医学总会的注册记录，他们发现与医学及其附属专业相关的名字出现的频率远远高于自然的预期频率。每 21 个神经科医生中就有一个人的名字与医学直接相关，如沃德（Ward，意为病房）或库勒（Kurer，与表示医疗者的 curer 接近），尽管与特定专业相关的名字要少得多，比如没有出现海德（Head，意为头）和帕金森（Parkinson，帕金森病是一种常见的神经系统变性疾病）这两个名字。第二个最有可能出现医学相关姓名的专科是生殖科和泌尿科。在这两个子领域，医生姓名与其专业直接相关的比例也非常高[117]，包括鲍尔（Ball，有睾丸之意）、科赫（Koch，与 cock 同音，有男性生殖器之意）、迪克（Dick，有男性生殖器之意）、考克斯（Cox，与表示男性生殖器的 cock 的复数 cocks 同音），还有一个叫巴鲁克（Balluch，与表示睾丸疼痛的 ballache 读音相近）的，甚至还有一个叫沃特福尔（Waterfall，意为瀑布）的。

利姆一家在他们的论文中指出，这可能与这些子领域相关的身体部位有大量专门名词有关。讽刺的是，尽管有所谓的证据支持这一现象，但事实上，两个年轻的利姆（下肢？）进入父母（上肢？）所在的行业，表明家庭会对职业选择产生巨大影响，至少在医学领域是这样。

2002 年，马里兰州蒙哥马利学院的研究人员搜索了各种将姓名和职业联系起来的数据库。他们最有趣的发现之一是，在牙医领域，丹尼斯（Dennis）这个男性名字出现的次数远多于其他名字。[118] 为了证明这不仅仅是因为丹尼斯是一个更常见的名字，作者还分析了叫沃尔特（Walter）的牙医人数。沃尔特是 1990 年美国人口普查中第二受欢迎的名字（巧合的是，在英国连环漫画《淘气的丹尼斯》中，沃尔特也是丹尼斯的主要对手）。他们发现沃尔特这个名字在牙医中远不如丹尼斯常见，所以他们认为这可能是由内隐自我主义决定的。[119] 批评者认为这种比较是不公平的。[120] 虽然丹尼斯和沃尔特这两个名字的受欢迎程度都逐年下降，但沃尔特在 1892 年成为最受欢迎的婴儿名字，而丹尼斯直到 1946 年才取得这一成绩。尽管总体而言，沃尔特这个名字在 1990 年的人口普查数据中的占比与丹尼斯持平，但这些人的年龄明显大于叫丹尼斯的那些人。这意味着在任何行业中，你都更有可能找到叫丹尼斯的人[121]，而不是叫沃尔特的人，后者现在可能已经退休了。

鉴于这些批评意见，马里兰州的研究人员重新进行了研究。[122] 他们利用 1940 年美国人口普查数据，发现在面包师、理发师、屠夫、管家、木匠、农民、工头、泥瓦匠、矿工、油漆工和搬运工等 11 种职业中，男性从事与其姓氏相对应的职业的可能性比随机选择的可能性平均高 15%。详细的人口普查数据也使他们得以排除种族和教育程度等混杂因素作为解释的可能性。他们在 1880 年美国人口普查数据和 1911 年英国人口普查数据中发现了类似的证据。[123]

但是，在决定是否相信我们的名字可能影响我们未来的轨迹之前，我们有必要记住在第 2 章和第 3 章中学到的一些经验。虽然这 11 个名字的相关性值得注意，但可能还有很多其他名字，比如阿彻（Archer，意为弓箭手）、泰勒（Taylor，与表示裁缝的 tailor 相近）、毕肖普（Bishop，意为主教）和史密斯（Smith，意为铁匠），与相应的职业没有明显的相关性，否则它们就会被包括在内。被突出的名字可能代表了某种形式的报告偏倚。有可能研究中列出的这 11 个名字占比较高纯粹是随机出现的，论文着重提到它们就是在围绕它们画靶心，这是我们在第 2 章中遇到的神枪手谬误的一个例子。我们还要记住，相关性并不意味着因果关系。正如我们在牙医丹尼斯的例子中所看到的那样，可能有一些混杂因素没有得到控制，对名字和职业之间相关性的形成产生了影响。不过，无论姓名决定论是不是一种自证预言，在看到律师刘秀[Soo You，音译，与 sue you（起诉你）谐音]、华盛顿新闻局局长威廉·海德莱恩（William Headline，headline 有新闻头条的意思）、职业网球运动员滕尼斯·桑德格伦（Tennys Sandgren，Tennys 与表示网球的 tennis 同音）或小说家弗朗辛·普罗斯（Francine Prose，prose 有散文的意思）等标示名时，我还是忍不住想笑。

　　自证预言也是一种流行的文学修辞。在古代，它们通常被用来证明命运不可变更，即认为命运已经被提前确定，不可避免。这种宿命论是希腊文化世界观的基础，这或许是自证预言经常出现在古希腊神话和传说中的原因。俄狄浦斯王的故事也许是这个文明中最著名的自证预言。

　　在俄狄浦斯出生之前，德尔斐神谕预言俄狄浦斯将杀死他的父亲，娶他的母亲为妻。为了避免这种命运，他的父母——底比斯国王和王后，把刚出生的俄狄浦斯遗弃在山坡上，但他被另一家人救起并抚养长大。成年后，俄狄浦斯感到心神不宁，于是决定向同一座神庙请求神谕，神谕给了他同样的预言。俄狄浦斯以为他深爱的养父母是他的亲生父母，希望避免预言中的命运，所以他决定前往底比斯开始新的生活。

　　在去底比斯的路上，他与途中遇到的陌生人打斗并杀死了他，后来发现这个陌生人是他的亲生父亲，他在不知不觉中实现了预言的第一部分。到达底比斯后，他帮助市民摆脱了一直在底比斯城兴风作浪的可怕怪物斯芬克斯的魔爪，并因此得到了奖赏，娶了最近丧偶的底比斯王后，也就是他的生母。在他们结婚并完成了预言的第二部分后，可怕的真相最终浮出水面，俄狄浦斯和他的母亲无法接受乱伦的谴责。故事中的大多数主角的结局都很痛苦（或者是死亡），除了沾沾自喜的神谕。正是神谕的干预帮助它成功实现了又一个预言。这个故事的影响力如此之大，以至于著名科学哲学家卡尔·波普尔在他早期颇具影响力的著作中，将自证预言称为"俄狄浦斯效应"。[124]

　　J. K. 罗琳在她的畅销书《哈利·波特》系列中也使用了这种自证预言手法。这个系列的大反派伏地魔被哈利出生时的一个预言弄得神魂不宁。预言称，一个符合哈利特征的孩子将击败他。在哈利出生后不久，伏地魔就试图杀死还是婴儿的他。虽然没有成功，但伏地魔杀死了哈利的父母。而失败的行动给哈利灌输了强烈的复仇欲望，同时伏地魔还意外地把他的一些力量传给了哈利。这些力量虽然不多，但还是让哈利成了一名特殊的巫师，并最终除掉了伏地魔。

　　经常出现在科幻小说中的命定悖论，就像沿时间回溯的自证预言。

为了改变最近发生的事情，主人公穿越到更远的过去，但最终反而导致了他们极力避免的事件。例如，你回到过去，阻止亚历山大图书馆被大火烧毁。为了避免被人发现，你在黑暗中摸索。你可能会不小心碰翻一盏灯，而正是这盏灯点燃了推动你这次时间旅行的火焰。这些文学手法旨在说明过去的事件本质上是不可改变的。

在电影《十二猴子》中，主人公詹姆斯·科尔被送到过去，以阻止一场因致命病毒导致大量死亡的灾难。不幸的是，科尔不仅没有消灭病毒，反而与一位迅速成长的反派科学家偶然相遇，播下了致力于毁灭世界的无政府主义思想的种子。科尔的时间旅行恰恰导致了他试图阻止的事件最终得以实现。

心理学家将影响个体的自证预言分成两类，自我施加的和他人施加的。在自我施加的自证预言中，一个人自己的期望是反馈回路的发起因素，它驱动一系列事件，使这些期望成为现实。例如，不列颠哥伦比亚大学的一项研究发现，当人们认为自己是流言蜚语的受害者或自认为在工作场所受到冷落时，他们更有可能采取行动（比如偷听或暗中监视），这增加了被同事排斥的可能性。[125] 员工自己的偏执是导致预期的排斥变成现实的催化剂。

除了影响我们的社交，自我施加的自证预言还会影响我们的健康。最近，我和一位中国朋友在午餐时聊到了生日这个话题。我说我的生日是 4 月 4 日，这两个数字重复，因此特别容易记住。听到这个日期后，她的脸色变了，对我出生在这样一个不吉利的日子表示同情。我向她承认，我不知道我的生日是不吉利的，我一直认为这是一个特别的日子，原因很明显。她接着解释说，在中国以及许多东亚国家，四恐惧症（害怕数字 4）是一种比较普遍的迷信。在某种程度上，这是因为在这些国家中，"四"的发音与"死"接近，甚至完全相同。这种迷信在许多文化中普遍存在，因此高层建筑或医院大楼的楼层号经常从 3 跳到 5，军用飞机和船只的名字会避开这个数字，婚礼上的餐桌号码也会避开数字 4。我的生日，也就是每年第 4 个月的第 4 天，被认为是非常不吉利的日子，会议和约会通常会避开这一天。

这种恐惧是如此根深蒂固，以至于研究人员在研究 1973 年至 1998 年的美国死亡率统计数据时发现，有中国和日本血统的美国人在每个月第 4 天死于心脏病的可能性高于其他任何一天。[126] 对一系列潜在的混杂因素进行控制后，研究表明，由于对数字 4 的普遍迷信，这些人群在 4 号这天感受到的压力增加，导致了更高的死亡率，也使"不祥数字 4"的预言得到了证实。

让自己成真的谎言

医学领域最著名的自证预言就是安慰剂效应。安慰剂是指假装采取药物或医疗程序实施治疗，但其实没有。糖丸是一种经典的安慰剂，它们可以制作成和真药一模一样，但通常没有治疗作用。当安慰剂治疗确实会改善患者的症状或使他们感觉更好时，就说明产生了安慰剂效应，部分原因是患者自我实现了治疗会起作用的预期。因此，安慰剂效应有时被称为"让自己成真的谎言"。

18 世纪后期，美国医生伊莱沙·珀金斯发明了一种珀金斯牵引器。他声称，这对金属棒可以从体内抽出致病的"电液"，因此能治愈各种疾病，包括炎症、风湿病和头痛。事实上，被珀金斯用这两根金属棒在身体上扎过、划过的人说，他们感觉身体有所改善。因为珀金斯牵引器似乎能改善身体状况，1796 年这套设备获得了医学专利。据说，美国总统乔治·华盛顿本人对此印象深刻，因此购买了一套（不过，考虑到另一种伪科学疗法——放血，加速了他的死亡，事后看来，他的慷慨解囊到底有多大价值是值得怀疑的）。我们并不完全清楚珀金斯的病人所感受到的好处究竟是金属棒治愈能力的真实效果，还是病人相信他们的病情会得到改善的期望被自我证实起到的效果。没有办法量化这种自我证实的安慰剂效应。

众所周知，仅仅是接受治疗就能产生影响并带来可以测算的益处，因此现在针对新疗法的临床试验通常会有一个治疗组和一个对照组。治疗组的患者接受正在研究的治疗，而对照组的患者接受安慰剂治疗。安慰剂治疗的外观和感受都一样，但没有为真正治疗奠定基础的关键特性或有效成分。治疗组和对照组之间的结果差异可以归因于治疗本身的效果，而不是两组都经历的由治疗本身引起的自我证实的期望。如果治疗组患者的反应与对照组相比没有差异，就代表治疗并不比安慰剂好，不会产生明显的益处。

如果对照组没有服用安慰剂，那么就算治疗组的患者与那些根本没有接受任何治疗的患者相比有了更好的表现，也无法判断这是因为治疗组患者对治疗过程产生的效果做出了反应，还是因为治疗真的有好处。伊莱沙·珀金斯的牵引器就属于这种情况。

珀金斯的新设备越过大西洋到达欧洲后，很快就风靡一时，当时的售价高达 5 几尼（相当于今天的 500 多英镑）。巴斯（我的大学所在地）此前已因为包括"治愈"矿泉水和水疗在内的"另类"疗法而闻名，所以珀金斯牵引器找到了一个天然的市场，在这个城市变得非常受欢迎。但是，当地的约翰·海加斯医生强烈怀疑这些新设备并不能疏导疾病。为了确定珀金斯牵引器的真实效果，海加斯开发了一套假牵引器，由木头制成，但上了漆，看起来和真的牵引器一模一样。木制牵引器可以提供原治疗设备的外观，但由于不能导电，它不可能通过相同的机制发挥作用。

实验时，海加斯用"真"的金属牵引器治疗了 5 个人（实验组），用他自己的假牵引机治疗了 5 个人（对照组）。他发现假的木制牵引器和真的牵引器一样有效。有趣的是，他并没有得出牵引器没有效果的结论。事实上，他发现接受真的牵引器和假的牵引器治疗的患者似乎都有了显著的改善（但是值得注意的是，他的实验没有包括不接受任何治疗的对照组作为比较）。后来，他在自己的书中赞美道："仅仅靠想象就能对疾病产生超乎想象的强大影响"，这是人类首次描述自我证实的安慰剂效应。

安慰剂效应可以是自我施加的，也可以是他人施加的，或者两者兼而有之。对于自我施加的安慰剂效应，受试者自己的期望是他们身体改善的催化剂，尽管他们正在接受的治疗没有好处（但是他们自己不知道）。如果患者意识到他们正在接受安慰剂治疗，这种自我施加的影响就会减弱。出于这个原因，不能让患者知道他们在哪个实验组。正因为如此，海加斯的假牵引器必须看起来和珀金斯的真牵引器一模一样，这一点非常重要。任何差异都会暴露真相，让正在接受虚假治疗的患者警觉。这可能会打破错觉，削弱安慰剂效应在对照组发挥的效果。

然而，鉴于木材和金属的密度不同，海加斯无法消灭的事实是他自己知道哪些牵引器是真的，哪些是他自己开发的假牵引器。事实证明，这很重要，因为安慰剂效应还有"他人施加"的一面。在所谓的单盲实验中，受试者不知道他们属于哪一组，因此他们的期望不会影响结果。但是，如果进行实验的研究人员知道，他们可能会无意识地（或者更糟的是，有意识地）影响他们的病人，使结果偏向某个方向。研究人员对实验参与者的潜意识影响的典型特征是观察者期望效应。这种效应的最引人注目的例子也许是"聪明的汉斯"这个神奇的故事。

会做算术的马

18 世纪初，公众和科学界对动物的智力程度和极限产生了极大的兴趣。当时人们认为德国的一匹名叫汉斯的马是世界上最聪明的动物，它的主人兼训练师曾是一位数学老师——神秘的威廉·冯·奥斯滕。冯·奥斯滕声称，聪明的汉斯拥有高超的数字能力，能加、减、乘、除、处理分数、看时间，还能阅读、拼写和理解德语。为了证明他所言非虚，他安排了一些公开表演并让聪明的汉斯接受了测试。比如，他会问："6 乘 2等于多少？"作为回应，汉斯会用蹄子敲 12 下。看到汉斯正确回答了许多诸如此类的问题后，现场观众（几乎每次表演都会有大量观众赶到现场）都深信它真的拥有非凡的智力。

德国教育委员会成立了一个委员会，对冯·奥斯滕的声明进行科学调查，以确定汉斯是否真的"聪明"。值得注意的是，委员会发现即使安排其他人代替训练师提问，聪明的汉斯也可以给出正确答案。这表明冯·奥斯滕并没有故意欺骗观众，也似乎表明汉斯的智力堪比人类的智力。然而，在随后的实验中，委员会发现汉斯只有在提问人自己知道正确答案时才能给出正确答案。对于冯·奥斯滕自己也不知道答案的问题，汉斯的正确率只有 6%。

在评估了汉斯的能力之后，委员会把注意力转向了冯·奥斯滕。他们发现，当汉斯敲马蹄的次数接近正确答案时，冯·奥斯滕的面部表情和姿势就会发生变化。汉斯每敲一下，冯·奥斯滕的紧张就会加一分，尽管这个变化微妙得难以察觉。直到汉斯给出正确的答案，他才放松下来。但冯·奥斯滕自己根本不知道这些。汉斯能感觉到冯·奥斯滕什么时候希望他停下来。给这匹马戴上眼罩，让它再也看不见他的训练师后，它就没法回答问题了。原来，冯·奥斯滕一直在不知道的情况下给汉斯提供答案。因为冯·奥斯滕一开始并没有意识到自己在泄露答案，所以相信汉斯能力的他继续在全国各地巡演，并吸引了更多的观众，这也情有可原。

有证据表明，同样的现象也可能发生在嗅探犬身上。[127] 例如，在公众中搜寻毒品时，他们的人类操作者可能会无意识地发出微妙的信号，这些信号会表现出他们对嫌疑人的潜在偏见，并可能导致误报。

20 世纪 60 年代初，心理学家罗伯特·罗森塔尔和克米特·福德对实验室动物能否被培育得更聪明的问题很感兴趣。[128] 他们用大鼠作为研究对象，通过它们在迷宫中找到食物来源的速度来评估它们的智力。在准备进行实验时，他们把一个关着大鼠的笼子贴上"迷宫–聪明"的标签，因为这些大鼠是几代最聪明、智力水平最高的大鼠的后代，每一代都能很快走出迷宫。另一个笼子里的老鼠被标记为"迷宫–迟钝"，因为它们是几代速度最慢、脑袋最迟钝的大鼠的后代。当一组学生助理对大鼠进行测试时，他们确实发现，"迟钝"的大鼠走出迷宫的速度较慢，而"聪明"的大鼠速度较快。更有趣的是，测试聪明大鼠的学生报告说，这些大鼠更讨人喜欢，更容易管理，抚摸它们、和它们嬉戏也更有意思。这些发现应该可以提出一些有趣的问题，比如智力和脾性之间是否有联系，但他们最终没有进行追踪研究。

故事的转折你可能已经猜到了，两个笼子里的老鼠其实根本没有区别。整个所谓的"培育计划"根本就是个幌子。罗森塔尔和福德随机挑选大鼠，然后把它们放在贴有标签的笼子里，使学生助理觉得它们的能力确实存在差异。两组之间的表现差异纯粹是由于操作者的倾向性所致。这就是罗森塔尔和福德所说的实验者效应的一个例子，一种他人施加的自证预言。[129] 当你期待一个动物聪明时，你就能看到它很聪明，即使是在实验室动物身上。想象一下，它要是被用于人类的身上，效果会有多强大。

在完成这个具有里程碑意义的大鼠研究几年后，罗森塔尔与小学校长莱诺·雅各布森合作进行了另一项开创性的实验，这次实验的对象是雅各布森学校的学生和他们的老师。[130] 他们首先设计了一个假测试，向老师们暗示这项测试可以预测受试学生未来的能力。他们用这个测试的"结果"使老师相信，从他们班上挑出来的某些学生很有天赋，很快就会在学习上表现出高于平均水平的进步。老师们不知道的是，这些"即将有出色表现"的学生完全是随机挑选出来的。学年结束时，学生们接受了评估。罗森塔尔和雅各布森发现，之前被挑出的学生确实表现出色。拔高教师对学生的期望，真的提高了学生的学习成绩。[131]

*

动物和人类都有可能获得并回应对方的知识或偏见，尽管他们自己没有亲身感受到这些知识或偏见。这个事实促使研究人员认为有必要进行所谓的双盲实验。在临床环境中，受试者和进行干预的研究人员都不知道向哪个患者提供了哪种治疗。如果试验是测试某种药丸，这很容易做到。但是如果测试的是一些更具侵入性的替代疗法，情况就会更复杂。例如，针灸需要将细针插入身体的特定部位。为接受虚假治疗的患者复制这种体验的难度极大，而且这种情况下不可能欺骗患者，让他们接受安慰治疗。

一些临床试验可能还会更进一步，使患者、研究人员和第三方（如监督研究执行的研究委员会）都不知情，以避免信息被无意中透露给研究人员后又被研究人员传递给患者。这些试验被称为三盲实验。从理论上讲，这种无意的信息交流链可以无限期地持续下去，需要不断提高盲法的等级，以便更好地将患者与真相隔绝。不过事实上，考虑到实际情况，实验很少使用三重盲法，通常认为双盲就能满足需要了。

戳穿牵引器真相的英雄约翰·海加斯在《想象：作为身体疾病的原因和治疗手段》一书中首次证明了需要用盲法来控制自证安慰剂效应的影响，而这本书的书名实际上假设了想象力不仅可以作为一种治疗手段，还有可能是生病的原因。安慰剂效应还有一个知名度不是那么高但非常恶毒的兄弟——反安慰剂效应。

反安慰剂效应是指接受治疗的患者报告了症状恶化或其他有害健康的影响，但这个结果不是由治疗本身造成的，而是由于患者预期治疗可能产生负面影响导致的。

特朗普利用他在 2019 年共和党国会全国委员会发表演讲的机会，强烈反对可再生能源，指出风力机的噪声可能会导致癌症。之前就有人认为，住在风力机附近会导致多种不良健康状况，包括头痛、头晕、眩晕、恶心和心悸。尽管研究者进行了大量的研究，但没有证据表明风力机会导致这些情况。[132] 相反，研究发现，症状最严重的是接触到关于风力发电场有害影响信息最多的地区的人。[133] 一些实验室研究向参与者播放风电场的噪声，结果表明，受试者报告的症状（或没有症状）在很大程度上取决于围绕噪声的话语框架。[134] 没有预料到会有有害影响的受试者就没有受到噪声的影响，而预期会有有害影响的受试者报告说，与暴露前的水平相比，症状的强度和数量都有所提升。[135] 这有力地表明，许多打着风力机综合征旗号的关于健康的说法，最有可能的解释是反安慰剂效应，而不是任何真正的因果关系。

思想感染

安慰剂效应和反安慰剂效应说明，暗示有超强的影响力。如果你期望感觉更好，那么很多时候你真的会感觉更好。相反，提醒自己某种药物或者治疗有痛苦的副作用可能只会让你的治疗经历更不舒服。这里有一个你可以在家里进行的实验，可以让你感受暗示的力量（在这里我要为带给你的不适感表示歉意）。

事实证明，如果你读到关于瘙痒的文章，或者看到有人抓挠，你很可能也会产生瘙痒感，也想抓挠。你挠痒痒的举动同样可能让其他人产生瘙痒感。瘙痒当然可以通过引起瘙痒的疾病传播，如疥疮或水痘，它们有物理载体（分别是疥螨和水痘-带状疱疹病毒），但瘙痒还有另外一种传播方式——通过社会传染。我坐在我家客厅里写下这些文字，就可能使你在几个月或者几年后读到这些文字时，远隔万里也承受瘙痒的痛苦（我承认，在收集这些资料和写下面这几段文字时，我自己也瘙痒了好几个小时）。虽然瘙痒表现在身体上，但它具有强大的概念传播潜力。

2001 年秋天是美国人极度紧张和情绪高涨的时期。"9·11"恐怖袭击是世界上有史以来最致命的恐怖事件，造成近 3 000 人死亡，数千人受伤。仅仅一周后，在邻近的新泽西州的普林斯顿大学城，有 5 封看起来没有威胁的信件被投进了一个邮箱。几天后，这些信件到达了纽约和佛罗里达的新闻编辑室。

摄影记者鲍勃·史蒂文斯没戴眼镜，他把送到佛罗里达州博卡拉顿《国家问询报》办公室的那封信放在眼前很近的位置，以便阅读。他看到的是这样一条信息：

09-11-01。这是第二轮攻击。现在去打青霉素吧。美国去死吧。以色列去死吧。安拉至上。

在打开这封信几天后，史蒂文斯在前往北卡罗来纳州的家庭旅行途中感到不适。他开始发烧，脸也红了起来。在开车返回佛罗里达的途中，他的病情恶化。10月2日上午，史蒂文斯住进了医院。仅仅3天后，他就去世了，成为美国历史上最严重的生物恐怖袭击的5名遇难者和68名受害者中的第一人。史蒂文斯不知道的是，信纸上除了带有威胁性信息的大写字母外，信封中还有一种致命的细微粉末——炭疽孢子。

在这两次重大恐怖袭击的背景下，许多美国人对任何不寻常的事件都高度敏感。那年秋天，美国各地出现了数千起炭疽假警报，其中仅印第安纳州就有1 200起。

10月4日，就在史蒂文斯在佛罗里达州感染炭疽热的消息首次引起全世界注意的同时，另一个人们不希望看到的健康问题在印第安纳州发生了。一个三年级学生突发瘙痒皮疹，并很快传染给了班里的其他学生。这些皮疹的典型表现是先出现在面部或面部附近，然后扩散到其他暴露在外的皮肤上。孩子们每天离开学校后，症状似乎就消失了，但回到课堂后，症状就会再次出现，这表明皮疹与学校环境有某种必然的联系。奇怪的是，据报道，没有一个受影响儿童的家庭成员受到了这种传染性疾病的感染。尽管大多数家长选择不公开表达他们的担忧，但许多人的内心深处认为，很明显，皮疹的暴发可能是由一种未知的生物制剂引起的。尽管进行了广泛的调查，但人们始终没有得到确切的解释。

在第一个病例发生一个月后，第18个也是最后一个受害者最终停止了抓痒，这种神秘的流行病在印第安纳州终于逐渐消失了。但与此同时，数百英里外弗吉尼亚州北部的马斯特勒中学暴发了另一波瘙痒皮疹病例。这一次，学校里有大约40名学生和教职员工受到了影响。在调查人员调查原因期间，学校被迫关闭。穿着防护服的公共卫生人员寻找可能的环境原因，但一无所获。学校工作人员都挠头不解——有些人是真的挠头。学校经过了彻底清洁，但是复课后又有数百名学生生病了，其中一些人已经受到严重瘙痒的影响。随着公众对这一事件日益关注，一名患皮疹的七年级学生的家长黛比·菲尔斯向全国性报纸表达了她的担忧："你知道，你首先想到的是这是炭疽热。"尽管有这些担忧，而且最近的事件加剧了这种担忧，但炭疽热很快就被彻底排除了。

在学生们的圣诞假期，马斯特勒学生出疹子的报道最终消失了。但是在 1 月份开学后，俄勒冈州、康涅狄格州和宾夕法尼亚州的学校报告了新的皮疹暴发事件。在接下来的几个月里，与学校有关的瘙痒蔓延到全美各个角落。据报道，截至当年夏天，有 27 个州的 100 多所学校暴发了这种神秘的皮疹，甚至邻国加拿大也有一些类似报告。

这些皮疹病例只有极少数伴有发烧或呕吐等症状，也更容易确诊。传染性红斑检测及类似检测偶尔会有一些阳性结果。传染性红斑会导致皮疹和发烧，但通常情况下，每次暴发中最多有一两个这样的诊断病例。这些皮疹暴发有的被家长归咎于陈旧潮湿的校舍里有霉菌，有的则被归咎为一些错误的化学尾迹阴谋论（这个说法的可信度更低）。一些家长甚至认为，某一所学校暴发的疫情与脏兮兮的旧数学教科书有关。尽管人们提出了各种各样有争议的原因，但是除了突然集体出现瘙痒皮疹和受影响的儿童离开学校后症状相应减轻以外，似乎找不到将所有的暴发联系在一起的线索。

在调查了大多数皮疹暴发事件并排除了其他可能的原因后，公共卫生官员只能得出一个结论：大多数病例都是心理原因引起的——大规模瘙痒症状在美国蔓延并影响了如此多的学生，是一种集体癔症。这样的诊断不太能被人接受。你可能认为，告诉受影响的人没有隐藏的环境威胁，就能让他们放心，但这么想就太天真了。许多人认为，这种诊断同时也是在指责他们神经过敏。尤其"癔症"这个词会让患者和他们的家人觉得，自以为无所不知的医生淡化了他们真正的症状，暗示这一切都是他们的幻觉。其他更不信任这个诊断的人觉得，他们的理性担忧被掩盖了，变成了一个影响更广泛的协同阴谋论的一部分。由于心身疾病通常是一种排除诊断，所以负责调查疫情暴发原因的人在排除所有其他可能性之前不愿做出判断也是可以理解的。所有官员都不愿意冒漏掉危险毒素或忽视传染性病毒的风险，特别是在涉及学童的情况下。

不过，尽管集体癔症这个诊断不受欢迎，但它是可以解释互不相干的大规模皮疹暴发的唯一站得住脚的结论。众所周知，皮肤会对压力做出反应。许多人在紧张时会有血管舒张、热血上头的感觉；焦虑可以引发或加剧湿疹；压力会引发荨麻疹。瘙痒的传染力，加上学生们对炭疽中毒的恐惧，以及后来全美国媒体对神秘皮疹的报道，似乎对疫情起到了推动作用。

这类暴发被称为群体心因性障碍、群体社会性疾病、流行性癔症或集体癔症。这些事件的典型特征是症状在一个社会群体成员之间迅速传播，没有明显的已知原因，也无法确定其物理感染源。中世纪的欧洲保有一些最早记录的大规模心因性疾病的例子。从英格兰到意大利，各种各样的舞蹈瘟疫突然降临在学童、教堂会众甚至村民的身上。受害者一旦开始跳舞就会连跳数周，直到他们受伤、精疲力竭或死亡后才会停止。1518 年 7 月，阿尔萨斯的斯特拉斯堡镇发生了有史以前规模最大、最著名的舞蹈瘟疫之一。起初只有一个人独自跳舞，然后这股热潮稳步发展，一个月后，镇上已有 400 多人加入。为了帮助受害者"用舞蹈驱散狂躁"，镇上的官员雇了音乐家，并为狂欢者搭建了一个巨大的舞台，以帮助他们消耗精力。不出所料，城镇上空飘荡的音乐和舞台上的狂欢者吸引更多的人加入这场躁狂的活动。据称，在高峰时期，每天会有 15 人坠楼身亡，但舞蹈仍在继续。直到有一天，它毫无征兆地突然停止了。

另一个有详细记录的癔症传染病例发生在南卡罗来纳州的纺织业小镇斯帕坦堡。1962 年 6 月一个炎热的周三晚上，6 点钟的新闻称，一种"神秘疾病"迫使该镇一家纺织厂关闭。这是公众首次听到这个消息。新闻还说，至少有 11 人因神经紧张、皮疹、麻木、恶心和昏厥等症状入院。据猜测皮疹由从一批布料中逃出来的昆虫导致，但没有人能确切地知道是哪种昆虫。

在接下来的几天里，这家纺织厂有越来越多的工人患上了这种无法解释的疾病。到周末，患者人数已经攀升至 62 人。人们请来了昆虫学家，试图找出"肇事"昆虫，还对厂区进行了消毒处理。尽管在厂区发现了几种昆虫和螨虫，其中一些可能叮咬工人，造成轻微的伤害，但找出来的任何一种昆虫或螨虫都不可能单独造成严重到需要住院治疗的症状。

正如一位检查过纺织厂的灭虫员所说的那样，"不论是哪种昆虫造成的，现在已经不关它们的事了"。

事实上，采访过纺织厂工人的社会学家发现，患病的主要因素可能是背景焦虑程度、加班时间以及家庭收入主要贡献者的责任。[136] 差不多同时受到影响的个体通常处于关系紧密的小团体之中。简而言之，社会学家已经确定了传染性癔症的经典条件（背景焦虑和密切的社会关系）。他们得出的结论是，虽然昆虫叮咬可能是引起一些患者瘙痒和皮疹的诱因，但其余的症状本质上可能是心理原因引起的。导致纺织厂临时关闭的晕厥和恶心很可能是由一种社会流行病引起的，这种流行病通过情绪感染而不是物理载体传播。

*

我们在本章开头遇到的导致新冠肺炎病例呈指数增长的正反馈回路，是由一种物理介质介导的，即新冠病毒。然而，一种疾病是通过某个想法或情绪传播的，而不是通过病毒或细菌载体传播的，并不意味着这种疾病对受影响的社区或个人来说就是一种危言耸听。我们用来描述传染病暴发的数学方法同样可以用来描述思想的病毒式暴发（思想的传染）。科学家指出，包括慷慨、暴力、善良、失业在内的多种社会现象都可能具有社会传染性。一些科学家甚至在兜了一个圈子后又老调重弹，提出通常被认为是非传染性疾病的肥胖和失眠等疾病可能具有很强的社会成分，能够像传染病一样传播。例如，青少年怀孕是否真的像一些科学家声称的那样具有社会传染性，目前仍存在激烈的争论。

但是有一点很明确：思想介导的传染可能比有形的传播媒介介导的传染更难消灭。即使是蛰伏了几百年的想法，也可以通过正反馈回路，在人与人之间放大，进而暴发。打个比方，它们就像是实验室里残留的天花病毒，随时准备被那些陈腐的流氓科学家释放到毫无防备的易感人群身上。

低估一个想法的威力、寿命和吸引力，有可能导致我们错误地判断或理解事情的走势。只要看看虚假信息在新冠病毒流行期间是如何广泛传播的，就能看到危险的错误观念（例如，夸大安全且有效疫苗的危险性，低估感染新冠病毒的风险，以及夸大未经证实的治疗方法的有效性）可能造成多么严重的损害。这些错误看法在社交媒体上像病毒一样疯狂传播，说明它们可以在非常短的时间内完成大面积覆盖，因此很难阻止。我们低估了这些普遍存在的错误看法的滚雪球效应，这将给我们带来危险。

毫不夸张地说，已经有人因为这类谎言付出了生命。事实上，每个人都可能因为错误信息而蒙受损失，因为我们本来可以预防麻疹和脊髓灰质炎等疾病（只要疫苗接种率足够高，就可以彻底消灭它们），但是我们听任它们肆意蔓延。

我们必须学会以其人之道还治其人之身（或者更确切地说，用雪球对付雪球），让真相与蓄意破坏真相的假新闻一样具有吸引力和传播力。传播疫苗有效的证据似乎比传播疫苗无效的信息更难，但是决定权掌握在我们手中。当我们在社交媒体上点赞时，甚至只是在与朋友和邻居交谈时，我们也应该分享可靠的信息来源，并在发现假新闻时要提出疑问，这一点至关重要。

在政治领域，像动作电影里的怪物那样用刀剑来消灭思想是不可能的。即使处决某场运动的名义领袖，也不可能扼杀其背后的意识形态，正如西方在一次又一次付出代价后发现的那样——最近一次是试图击败"基地"组织和"ISIS"（伊斯兰国）。他们像水螅一样，会重新推出一个名义领袖，取代被杀死的那个。相反，必须从基层开始培养一种新的、更有吸引力的意识形态，用以取代和破坏现有的意识形态。将一套新的价值观临时强加给民众是行不通的。

事实上，这种尝试可能会导致反弹，并产生深远的影响。举个例子，在某种程度上，正是持续压制民主的企图导致了多米诺骨牌效应，一个又一个国家推翻了独裁者，每个国家的成功都会鼓励正反馈回路中的下一个国家的行动。我们将在下一章讨论，试图抑制一个想法或一个运动的努力往往会使人们的注意力转向所涉及的主题，并使其更加突出。

第 8 章

致命的回旋镖效应

自从 10 多年前通过电视真人秀首次引起全世界的注意以来，卡戴珊一家建立了一个庞大的帝国。每一位卡戴珊–詹纳姐妹都拥有价值数百万美元的个人品牌，在传统媒体和社交媒体上都保持着很高的报道量，被无数崇拜她们的女人和女孩视为完美的化身。她们向追随者兜售其梦寐以求的健康、财富和美丽。

　　科勒可能是姐妹中最不引人注目的一个，但是凭借自己的努力，她仍然非常受欢迎。她基于身体自爱（body positivity）和健康的理念建立了自己的品牌。她的衍生真人秀节目《复仇之身》旨在帮助"普通"美国人应对对自我形象的不安全感。她拥有一个牛仔服装品牌，其标语是"代表身体接受"。她还拍摄健身视频，帮助推广一系列健身产品。她精心策划了社交媒体宣传活动。她会展示自己的身体形象，告诉追随者们，如果他们购买了她的产品，或许就能达到他们渴望实现的目标——像她一样。

　　卡戴珊姐妹利用普通人几乎不可能拥有的身体形象销售化妆品、服装，甚至是抑制食欲的棒棒糖。事实上，身体形象就是卡戴珊品牌的支柱。近年来，眼尖的追随者们发现很多图片被进行了修图处理。他们收集了越来越多的证据，并引起了人们的关注。尽管越来越多的粉丝意识到卡戴珊姐妹兜售的令人向往的"现实"是被修改过的，但她们的营销力度并未减弱。似乎传播这些完美的幻影就足以让粉丝们满足，没有人关心她们展现出的是不是精心策划、通过数字操作创造的无法实现的完美。

考虑到完美修饰的形象对卡戴珊品牌的重要性，在 2021 年 4 月初的复活节周末，当有报道称科勒·卡戴珊的一张未经编辑的照片出现在网上时，人们都感到惊讶。在照片中，科勒身穿豹纹细带比基尼站在泳池边，虽然没有延续卡戴珊姐妹所代表的健康肤色、紧实的线条、杨柳细腰，但几乎没有人认为这张照片不好看。尽管与卡戴珊姐妹的典型营销策略相比似乎有明显的变化，但无论如何，科勒的这个未经修饰的形象似乎非常符合她的身体自爱的核心理念。

然而，人们很快发现这不是一个营销策略，而是一个失误。在将照片发布到互联网上几个小时后，卡戴珊的法律团队就开始紧张地忙碌起来，试图撤回照片。在法律诉讼的威胁下，转发的照片被强制删除，转发该帖子的推特账户被暂时封号。卡戴珊方面发表了一份声明，称这张照片是"未经允许被助理错误地上传到社交媒体上的"。这个反应后来被证明是一个严重的错误。

4 月 6 日，在声明发布几小时后，名人新闻和八卦网站 Pagesix.com 发表了一篇关于照片泄露事件的报道，并重新发布了这张照片。在接下来的 24 小时里，"科勒·卡戴珊"的谷歌搜索量跃升至之前水平的 25 倍。在接下来的几天里，包括世界上访问量最大的英语新闻网站《每日邮报》在内的全球媒体都报道了这张照片。科勒的谷歌搜索量飙升至声明发布前的 50 倍。有些平时不可能看到这张照片的人也在他们的新闻推送中看到了它，我也是在新闻推送中第一次看到这个故事的，还有很多人则四处寻找这张照片。通常，我和许多其他人一样，根本不可能看到它，甚至不知道它的存在。

尽管试图删除这张照片的事似乎是真的，但也不能排除这是卡戴珊团队的一个聪明的营销策略。在一个（几乎）所有的宣传都是好的宣传的世界里，当然不能排除"泄露"引起的网络搜索活动激增和广泛报道其实是卡戴珊团队中某个非常了解史翠珊效应的人故意为之的成功营销。

史翠珊效应指试图删除或审查某条信息而导致公众更加关注的现象。2002 年，环保主义者肯尼斯·阿德尔曼和加布里埃尔·阿德尔曼夫妇完成了一项史诗级的任务：拍摄加州整条海岸线的照片，以记录海岸侵蚀情况。任务完成后，他们在自己的网站上公开了 12 200 张照片，其中一张照片正好拍到了芭芭拉·史翠珊在马利布的豪宅。史翠珊发现自己住宅的照片可以在互联网上自由下载后很不高兴，决定起诉阿德尔曼夫妇。在她提起诉讼的时候，这张照片被下载了 6 次，其中 2 次是史翠珊的律师下载的，还有 1 次是她的邻居下载的。而在提起诉讼之后的一个月里，有近 50 万人访问了阿德尔曼夫妇原本不起眼的网站。最终，史翠珊败诉，被迫支付 15.5 万美元的诉讼费用。

超级禁令①诉讼当事人和图书被查禁的人都会发现，没有什么比禁止某样东西更能激起人们的兴趣了。苹果公司就曾遭遇史翠珊效应。他们对一本书提起法律诉讼，声称这本书披露了"大量商业秘密"。在诉讼曝光后，由德国、奥地利和瑞士的苹果应用商店前负责人汤姆·萨多夫斯基撰写的《应用商店机密》（首印只有 4 000 册）迅速售罄，在德国亚马逊畅销书排行榜上排名第二。尽管评论称书中披露的信息"平淡无奇、显而易见"，但苹果的诉讼让公众想知道这家科技巨头到底在担心什么。

在政治领域，2019 年的一项研究发现，虽然将在网上批评沙特阿拉伯政府的人送入监狱往往可以阻止他们进一步发表不同意见，但这对劝阻其他人几乎没有作用。[137] 事实上，研究发现被监禁的持不同政见者在社交媒体上的粉丝反而受到了监禁的激励，导致对政治改革和政权更迭的呼声更加强烈。

山达基教会也是史翠珊效应的受害者。2008 年 1 月，当汤姆·克鲁斯语无伦次地大骂山达基教的一段视频泄露到互联网上时，山达基教会迅速提出了版权索赔，试图将其撤下。这个压制行为不仅大大增加了视频的浏览量，催生了大量的视频拷贝，还引起了一场坚定的反山达基运动。国际黑客组织"匿名者"将山达基教会的行为解释为试图进行互联

---

① 超级禁令是一种法律禁令，不仅禁止媒体报道某一事件或信息，还禁止报道禁令本身的存在。——编者注

网审查，并宣布他们的目标是将山达基教会从互联网上驱逐出去。这个义务警察组织采取了直接行动，包括分布式拒绝服务攻击（这导致山达基教会的官方网站暂时无法访问）和泄露一些据称是从山达基教会内部窃取的私人文件。如果山达基教会没有试图删除那段视频，人们很有可能很快就对这段视频失去兴趣，几乎可以肯定的是，该教会也不会受到"匿名者"的攻击。

　　这一章将介绍回旋镖效应以及如何发现它们。回旋镖是指某些行为可能是出于好意，但是由于没有适当考虑潜在后果，因此显著偏离了方向的现象，例如使问题变得更糟而不是更好的"解决方案"，以及改变未来并自我否定的预测。在最极端的情况下，回旋镖可以转180度的弯，彻底调转方向后打中你的头，有时还是反复打击。在某些情况下，你甚至可能不知道你已经扔出了一个回旋镖，等知道时已经晚了。但是它也会留下一些蛛丝马迹，提醒你要注意。我们将学习了解它们的特征，以便抓住或躲避射向自己的回旋镖，或者更有远见一些，从一开始就不要拿起回旋镖。

　　史翠珊效应就是这样一个例子。它依赖于逆反这种心理现象（也被称为回旋镖效应，指当人们认为他们的选择受到限制，自由被剥夺，或者被迫去做他们不想做的事情时，在动机上做出的反应）。逆反会让你很难说服别人接受你的观点，甚至当你希望他们接受某个观点时，他们却接受了相反的观点。我跟孩子们说"我敢打赌你们不可能在5分钟内上楼睡觉"，就是在利用这种逆反。逆反是反向心理学的核心。

　　在一项逆反心理研究中，学生们收到了两条关于健康的信息，一条是鼓励他们使用牙线，另一条是劝他们不要饮酒。[138]这些信息提示了不使用牙线或酗酒对健康的负面影响，并建议改变行为以避免这些影响。一些学生接收到的信息包含了一条强硬的行为指示，要求参与者要么开始或继续使用牙线，要么完全避免酗酒。其他学生收到的信息更为温和，只是鼓励或建议他们在行为方面做出同样的改变。研究发现，与接受温和信息的学生相比，接受强硬信息的学生表现出更多与逆反相关的特征（认为他们的自由受到了更大的威胁，有更多消极想法，产生了更强烈的愤怒情绪）。受试者认为自己的自由受到多大程度的威胁，是逆反强度的一个重要指标：受试者消除威胁和重申自由的最明显方式是采取被禁止的态度或从事被劝阻的行为。简而言之，研究表明，收到强硬信息的学生产生了更多的逆反心理，随后酗酒的可能性更高，使用牙线的可能性更低。

另一项关于逆反心理的研究调查了在学校游泳池浅水区新放置的"禁止潜水"标志的影响。[139] 有浅水区潜水历史的中学生不仅更有可能注意到这些标志，而且当这些标志出现后，他们更有可能重拾被禁止的在浅水区潜水的行为。

这两项中学生行为研究表明了许多公共卫生运动失败的原因。在研究英国香烟广告上的指导信息"英国政府警告，吸烟可能影响健康"引发的效果时，研究人员发现这种信息实际上增加了受试者吸烟的欲望。[140] 同样，美国研究人员发现，青少年接触香烟警告标签，比如"卫生局局长警告：立即戒烟将大大减少健康隐患"后，与没有接触这些信息的青少年相比，吸烟人数显著增加。[141] 一些公共卫生心理学家提出，在围绕酗酒或吸烟的危害等主题开展公共卫生宣传活动时，引发相反行为和态度造成的损失可能超过通过此类宣传使消费者获得相关知识的微薄收益。[142]

不当激励

另一类回旋镖通常不依赖于抗拒，而是属于不当激励的范畴。不当激励是指为了实现特定目标而提供的激励措施，出乎意料地造成了与预期相反的影响。它的另一个常用名称是眼镜蛇效应，源于一个可以追溯到英属印度时代的故事。

德里市的有毒眼镜蛇泛滥，引起了官员们的担忧。为了解决这个问题，他们悬赏收集蛇头，只要市民把死蛇送到官员那里，就可以领取赏金。消息公布后不久，他们就收到了成千上万条的死蛇。这项政策似乎取得了巨大的成功。然而，情况并没有完全按照他们预期的那样发展。

一些有企业家头脑的人并没有不辞辛苦地捕捉眼镜蛇，而是通过建立利润丰厚的眼镜蛇繁殖项目来赚钱。德里街道上的眼镜蛇已经很少了，而英国人仍然在收购死蛇。在听说有人养蛇后，他们取消了赏金，以消除这些流氓眼镜蛇养殖者的动机。当然，由于没有了可靠的收入来源，那些临时的养蛇人无力养殖现在已经毫无价值的眼镜蛇，所以他们决定大量放生。结果就是，眼镜蛇泛滥的严重程度最终超过了以往任何时候。

你可能认为作为占领者的英国人会吸取教训，但在 2002 年，他们在阿富汗犯了类似的错误。尽管鸦片是一种利润丰厚的收入来源，但在 2000 年，塔利班当时的领导人毛拉·奥马尔宣布鸦片不符合伊斯兰教义。由于不敢不服从塔利班的命令，阿富汗农民在 2000 年至 2001 年期间将能赚钱的罂粟种植削减了近 90%。2001 年年底，以美国为首的多国部队入侵阿富汗后，塔利班政权被推翻，阿富汗农民马上又开始种植罂粟（罂粟的汁液是制造吗啡和海洛因的关键成分）。当美军将注意力转向追捕"基地"组织目标人物（包括奥萨马·本·拉登）时，美国总统布什呼吁北约盟国协助控制阿富汗重新抬头的鸦片生产问题。英国人迅速回应了盟友的求助。

由于缺乏前塔利班领导人所拥有的威慑力，英国决定用胡萝卜而不是大棒来解决这个问题。阿富汗农民每毁坏一英亩罂粟作物将获得 700 美元。对于许多贫困的罂粟种植者来说，这绝对是一笔不小的财富，他们马上积极参加该计划。作为计划的一部分，数万英亩的罂粟被清理。不幸的是，为了弥补这些土地上的损失，更多的土地被种植上了罂粟。许多农民在清理罂粟之前先收获鸦片汁液，以确保他们能获得两份收入。到英国最终撤出阿富汗的时候，种植罂粟的土地是他们引入不当激励计划之前的 4 倍。

当然，这类错误并不局限于不幸被英国占领的国家。还有一些国家的政府在自家的后院也犯过类似的错误。例如，在 19 世纪 60 年代，美国政府雇用了两家铁路公司来建造横贯大陆的铁路。中部太平洋铁路公司从萨克拉门托向东修建，而联合太平洋铁路公司从奥马哈向西修建，在中间的某个地方会合。联邦政府决定按铺设轨道的里程给这两家公司支付报酬，这是一个错误的决定，会激励两家公司按迂回路线建造以增加铁路的长度，他们也确实是这样做的。两家公司还意识到，另一家公司在他们那个方向上每多铺设一英里，自己在另一个方向上就会少铺设一英里。于是竞赛开始了，两家公司都希望尽快铺设尽可能多的铁路，因而降低了施工质量。当这两条铁轨在犹他州即将会合，按英里数生钱的现金牛眼看就要枯竭时，两家公司默契地达成了一致，继续沿平行线修建，让两条铁路擦肩而过。尽管两段铁路最后还是会合了，但为了使铁路能够投入使用，重新规划路线和修复工作又耗费了数年时间。

古德哈特定律

天真的激励系统是无意间促成不希望的结果的一个典型原因。特别是当设定的目标不能从根本上解决问题，而只是解决代表根本问题的一个指标时，就有可能导致计划适得其反。

哥伦比亚政府与左翼的哥伦比亚革命武装力量（FARC）的游击队已经战斗了数十年。哥伦比亚革命武装力量成立于冷战期间，宗旨是宣扬反帝国主义和农民权利，通过索要赎金、非法采矿、勒索以及违法毒品的生产和分销为其军事活动提供资金。

21 世纪初，在经历了 30 多年不断加剧的内战后，哥伦比亚军方决定加大对哥伦比亚革命武装力量的打击力度。他们的计划是直接消灭游击队的追随者，使游击队的行动无法维持下去。为此，他们设计了排名表和奖励制度。高级军官根据消灭的敌方战斗人员的数量，按照杀死、俘虏或迫使投降的次序分等级计分，对各部队进行排序。杀戮成了首要任务，活捉敌方战斗人员的好处则不大。

2007 年，陆军第七师发布了未来 3 年的作战计划。该文件明确指出，该师的部队将主要根据报告的敌方士兵死亡人数进行评估。减少恐怖主义事件的数量被列为次要目标，尽管它可能更适合评估陆军的总体战略目标。在个人层面上，报告了大量杀敌人数的指挥官和士兵得到了金钱、休假和杰出服务奖等奖励。一份泄露的陆军文件（文件名为《马里奥·蒙托亚将军的政策》，蒙托亚在 2006 年至 2008 年担任陆军总司令）甚至强调"杀戮不是最重要的目标，而是唯一的目标"。

结果，很多部队发现很难追捕和消灭行踪不定、训练有素的"敌方"士兵，于是转而谋杀平民，以增加他们的杀戮数量。他们以工作承诺诱骗年轻人（通常来自贫困家庭）离开家园，然后将他们残忍地杀害。这演变成了一个广泛而普遍的问题，在 2002 年至 2008 年期间，哥伦比亚军队被发现杀害了 6 000 多名本国公民，而这些人正是他们本应去保护的对象。通过这种不分青红皂白的杀戮，士兵将死者伪装成了左翼叛乱分子。如果目标是活捉战斗人员，就得俘虏或诱使这些无辜者投降（后来被称为"假阳性"），难度比直接杀死他们大得多，毕竟，俗话说得好，死人是不会说话的。

哥伦比亚陆军受到的不当激励是古德哈特定律的一个典型例子。古德哈特定律指出："当指标变成目标后，它就不再是好的指标。"在目标被引入之前，也就是在鼓励谋杀平民之前，士兵杀死的大多数人可能都是属于哥伦比亚革命武装力量的叛军。同等条件下，这个指标可以很好地衡量一支部队的履职情况。一旦"被杀人数"成为目标，不管杀的是谁，钻空子的行为就有了明显的动机，简单的杀戮人数不再是衡量部队效率的良好指标。

我们生活在一个充满了排名表的世界。我们对一切事物进行排名，无论是孩子就读的学校和大学，还是送孩子去看病的医院。排名表可以基于多个指标。如果这些指标选择得当，排名可以帮助我们深入了解一个组织的品质，使我们能够奖励先进者，向落后者提供支持。然而，除非选择绩效指标时非常小心，否则我们可能会看到某些机构会根据指标优化其绩效，而不是优化这些指标所代表的根本目标。

学校就是一个很好的例子。我们真正想要评估的是学校的教学质量和学习机会，这应该是衡量一所学校学术质量的基本标准。然而，由于学术质量评估的工作量很大，因此我们通常会根据学生的考试成绩来评估学校，这是代表教学质量的粗略指标。这种选择背后的理由很清楚：教学越好，学生的考试成绩就应该越好。但是，这里显然有一个漏洞：不改进教学，也可以提高学生的考试成绩。

这正是导致亚特兰大学校系统34名教师和校长在2015年被控诈骗的原因。在全美范围的教育改革中，各州需要互相竞争，考试成绩越好，才能获得越多的联邦资金。感受到压力的州教育管理者要求各地区的教育局长提高学生的考试分数，而教育局长通过经济奖励或惩罚威胁，迫使学校和个别教师操纵考试成绩。在压力的驱使下，一大群教育工作者合谋修改标准化考试的结果，以提高他们的学校在排名表上的排名。11名教师最终被判有罪，这是美国有史以来最严重的考试作弊事件之一。正如一句古老的谚语所说，"奖励需谨慎，因为奖励什么就会得到什么"。

这条格言不仅适用于学校，也适用于任何经常对相互竞争的机构进行排名的领域。不幸的是，在医疗保健领域，这种基于目标的对比很普遍，因此操纵衡量指标可以提升排名。越战老兵沃尔特·萨维奇在深受其害后发现，如果目标选择不够谨慎，后果可能是灾难性的。

在俄勒冈州12月的一个寒冷夜晚，81岁的沃尔特重重摔了一跤，他一瘸一拐地走进灯火通明的罗斯堡退役军人事务部医院的急诊科。医生检查后发现沃尔特有脱水、营养不良和摔跤导致的肋骨骨折等问题，决定让他住院。尽管那天晚上还有很多床位，但医院管理人员认为沃尔特的病情还没有严重到需要住院的程度。在经历了9个小时的痛苦等待之后，尽管在这期间医生与管理人员就他病情的严重性进行了争论，但最终沃尔特还是没能住院，他只能独自一人回家。第二天他又来到了医院，又一次开始了漫长的等待,希望能获准入院。最后,主治医生拒绝接受医院管理人员的意见,安排沃尔特住院治疗。在沃尔特接受了医生的简单检查后,医院管理部门做了一些安排,以确保在 24 小时内将他送往疗养院。

沃尔特最初没能住院和随后被转院的原因不是因为他没有病,也不是因为他不需要紧急治疗。如果说有什么原因的话,那么原因正好相反。医院管理人员似乎担心沃尔特可能会有损他们的声誉。两年前,这家医院开始实施一项政策,优先治疗风险最低、只需简单治疗的病人,以提高他们在退役军人事务部评分系统中的得分。退役军人被尽快转移,表面上是因为医院"太小",无法治疗重症病人。但一位在医院工作的医生说:"这是一个数字游戏。领导层知道,医院少接诊病人,评分反而更高。"他没有说错。在这一政策下,罗斯堡的排名迅速攀升,成了"医疗质量提升最快的医院"之一。毫无疑问,指标和领导层奖金之间的直接联系进一步激发了他们攀登阶梯的热情。

这已不是退役军人医院系统第一次暴露出与评分有关的丑闻。20世纪 90 年代末,退役军人事务部将手术并发症列入了医院衡量指标清单。记录的手术并发症越多,医院的排名就越低。这一政策似乎奏效了:1997—2007 年,报告的并发症减少了近一半,这似乎是个引人注目的成就。但事实上,迫于医院管理层的压力,许多医生干脆停止了最复杂、最危险的手术。当时在该系统工作的一名医生承认,有病人因为这项政策而失去了生命。在评判质量的指标有空子可钻的情况下,强有力的激励手段实际上可能带来更糟糕的结果,而不是更好的结果。

可以识别羊的深度学习

我们很容易把利用规则漏洞归咎于人类的本能。在骄傲、贪婪、虚荣或尴尬的刺激下,我们很容易想象那些钻空子的行为背后的动机。我们通常认为算法就是一组执行任务的指令,不会像人类一样使用一些微妙的手段，但事实证明，算法可能和我们一样喜欢走这些捷径。

从人工智能领域传来的令人兴奋的消息有很多来自深度学习的最新进展。深度学习算法通过大致模仿人类大脑学习方式背后的生物过程，获得从事某项活动或任务的能力。在对图像分类时，我们可能会给算法提供一组图片，其中一些包含要搜索的对象，而另一些则不包含。例如，为了在图像中发现食草动物，深度学习方法可能会利用一些"正面"图像（包含羊、牛、马等）和一些"负面"图像（包含汽车、消防栓、交通灯或其他各种现实世界场景）进行训练。

算法被告知这个训练数据集中的是哪张图，以便它分析并搜索图像中有哪些特征可以用来有效预测待识别对象。理想情况下，它会把关注点集中在最能表征物体的特征上：物体的形状、颜色、对比度或其他一些不那么明显的特征。如何选择相关特征由算法决定。例如，有奶牛的图像可以教会算法检测有黑白对比图案的近圆形物体。在某种程度上，算法可以自由决定图像中的重要特征是深度学习如此强大的一个原因。可以任意选择标识符，意味着算法可以使用人类训练师没有教过，对人类来说可能不明显，甚至无法检测到的指标来区分图像。

研究者在发布算法之前，通常会验证测试的数据集。算法的人类创造者知道这一组图像的正确分类，但算法不知道，因此研究人员能够确定算法为从事预期工作而进行的"学习"完成得好还是不好。

这一领域最近取得了巨大的成功。随着算法的发展，它能够在中国古老的围棋游戏中击败大师[143]，或者让职业扑克玩家一败涂地[144]。深度学习工具已经被一些公司商业化利用，比如脸书可以在上传的照片中自动标记人物，谷歌可以翻译 100 多种语言的文本。在医学领域，深度学习算法已经能够根据 X 射线片检测出癌症，其准确性可以与人类放射科医生相媲美。[145] 深度学习的应用潜力无限。

然而，由于算法会为了达到人为设定的目标而走捷径，这项新兴技术遭遇了多次令人尴尬的失败。图像自动描述是计算机视觉领域的一部分，理论上是一个非常有用的工具，既能让搜索引擎呈现最相关的图像搜索结果，又能使其更易使用。不幸的是，由于没有规定规则来指导算法如何将输入数据与分类相关联，所以人工智能算法很容易走捷径。一种算法在接受识别食草动物的训练后，学会了如何根据训练图像背景中的大片绿草地准确地找到它们，而不是寻找更难以识别的动物本身。[146]最终的结果是，许多空旷的风景画最终被错误地分类，被加上了"正在吃草的羊"或"一群牛"之类的标签。在你的搜索中出现了一张标签错误的图片可能会有些恼人，但可能不会有多么严重的后果。但如果这些机器学习算法在其他领域走捷径，情况就不一样了。

医疗保健领域对这些人工智能算法寄予了厚望，其中之一是希望它们可以为超负荷工作的医务人员减轻一些负担。特别是放射科医生，他们的工作就是查看和解释包括 X 射线片和 CT（计算机断层扫描）在内的各种医学影像，因此算法辅助会让他们受益匪浅。当然，要减轻他们的负担，我们必须像信任人工分类那样依赖算法决策的输出。不幸的是，有时你很难完全相信内部工作原理不为人所知的算法一定会按预期工作。事实上，从无人驾驶汽车到临床诊断，许多人对可能危及生命的人工智能的潜在应用感到不安，很大程度上是因为此类算法的内部逻辑相当不透明。许多机器学习过程都是所谓的黑盒子，甚至连算法的设计者都不知道里面发生了什么。它们可能在某一组条件下正常工作，但在其他类似的情况下引发灾难性的故障，而且通常不会留下任何线索来说明它们失败的原因。

更麻烦的是，在第一次遇到问题之前，我们甚至无法预测算法可能会在哪些类别的问题或哪个场景中崩溃。例如，为人类言语添加背景噪声，就可以骗过语音识别系统，让它错以为听到了某些单词或短语。仅仅是添加几张小贴纸，自动驾驶汽车的计算机视觉算法就会把停车的警告标志误当成限速标志。[147]如果这个算法在现实世界中发布出来，后果可能是灾难性的。由于一些深度学习算法的内部操作本质上是黑盒子，所以没有任何东西可以阻止它们通过走捷径来实现目标——这些捷径能让它们在训练数据的场景中快速可靠地执行任务，但这可能与设计者希望它们解决一般问题的真正目的相去甚远。

一种用来诊断肺炎的深度学习算法就落入了这个陷阱。[148] 研究人员在花费大量时间利用一组肺部X射线片进行训练、学习后，用测试数据集进行测试，结果发现计算机视觉算法在标记肺部有无炎症这个方面做得很好。虽然从任何一个方面看它都不够完美，但与人类的基准相比，它还算是合格的。在将算法应用于实际的医疗环境之前，开发人员进行了一些简单的测试，看看他们是否能更好地理解和改进他们这个算法的工作原理。结果表明效果很好。但是在检查算法评估X射线片主要关注的区域时，他们发现了一个奇怪的现象：算法将大部分权重分配给了病人肩膀周围的区域，几乎完全忽略了肺部本身。肺炎的意思就是肺这个部位有炎症，如果不检查肺部，它如何能在识别肺炎方面有尚可的表现呢？

通常，在对大致对称的身体部位（如肺部）成像时，放射科技师会在视野的某个位置放置一个呈L或R形的金属片，以便区分图像的左右侧。该算法表现出神奇的诊断能力，实际上是因为测试数据和训练数据分别来自两家医院，而这两家医院的肺炎患病率截然不同。除了肺炎的患病率大不相同外，这两家医院还使用了不同的左右标记符号，而算法能够区分这些符号。算法不是在图像中搜索肺部炎症的迹象，而是检测不同标记的轮廓（通常在X射线片的一个角上，靠近病人的肩膀），从而识别医院，然后利用它学习到的医院肺炎患病率进行分类。[149]

算法可以自由地找到最合适的方式来解释数据，以满足既定的目标，这既是机器学习的强大优势，也是一个明显的弱点。这样的算法可以走捷径，或使用可能与期望的结果没有相关性的复杂指标，这意味着它们不适宜推广。算法在底层完成的工作是努力建立一个模型，将输入数据与期望的输出联系起来。关于这个问题，有一种观点认为，简单模型应该优于更复杂的模型。

不符合目的

更广泛地说，算法为了让模型适应训练数据，可以像我们一样，选择对这些数据的某些特征给予较多或较少的关注。关注太少，模型可能会错过重要的基本趋势；关注太多，它就会把随机波动或误差误解为重要的模式。这些问题分别被称为欠拟合和过拟合。

对于某些训练数据集，最合适的模型是显而易见的。例如，如果我让你说出数列 3、5、7、9 的下一个数字，你可能会给出 11 这个答案。看看前几项，就能看出一个简单的规律：每一项加上 2 就成了下一项。毫无疑问，我们为数据拟合的模型是线性的——每一项都在前一项基础上加 2。算式 $2 \times n + 1$ 可以告诉我们数列第 n 项的值。这个表达式告诉我们，数列第一项（n 取 1）的值是 $2 \times 1 + 1$，即 3。第二项（n 取 2）的值是 $2 \times 2 + 1$，即 5，以此类推。这导致我们预测数列第 5 项应该是 $2 \times 5 + 1$，即期望值是 11。这是一个完全合理的假设，也是符合该数据的最简单的模型。

然而，另一个更复杂的模型 $13 \times n^4 - 23 \times n^3 + 17.5 \times n^2 - 5 \times n + 0.5$ 在训练集上也有同样好的表现。让 n 等于 1，然后利用计算式 $13 - 23 + 17.5 - 5 + 0.5$ 得到 3，正好是数列的第 1 项。让 $n = 2$，就会得到 5，数列的第 2 项。我们还可以继续下去，但是当我们代入 5 来求数列中未给出的第 5 项时，得到的答案是 23，而不是 11，这与我们直觉上所期望的答案大相径庭。答案 23 没有错，但从某种意义上说，它使数据过于复杂了。我们永远不可能凭空想象出这个答案，因为它依赖于一个看似过于复杂的模型。图 8–1 中的左图给出了表示这个简单线性模型的曲线，而右图给出的是表示这个更复杂模型的曲线。线性曲线拟合出一条经过前 4 个数据的简单直线，而复杂的模型在点之间会发生意想不到的摆动。

关于建模的一般规则被称为奥卡姆剃刀。在这种情况下，这条规则可以解释为"使用尽可能简单的模型来解释数据"。图 8–1 左图中的线性模型正是这样做的，而右图显然不是。虽然应用奥卡姆剃刀原则上好像

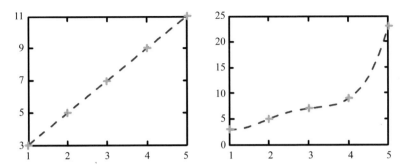

图 8-1　线性模型（左图）拟合出来的是一条经过前 4 个数据点的直线，预测第 5 个数据点为 11。更复杂的模型（右图）拟合出一条经过前 4 个数据点的非线性曲线，对第 5 个数据点给出了截然不同的预测。这两种模型在任何客观意义上都不"正确"，但线性模型可能因为简单而更受欢迎

很简单，但在现实世界的数据集中，并不总能明显看出真正的潜在趋势和数据中的噪声。简单的模型可能会忽略噪声，但同时也有可能丢失信号，从而做出糟糕的预测。相反，复杂模型可能会因为过于关注噪声而对训练数据中的信号赋予过低的权重。

当我们谈论模型的简单性或复杂性时，我们通常指的是模型的参数数量或自由度。参数就是我们为了表征模型从数据中提取的量。例如，线性模型有两个参数：直线的斜率以及直线有多高或者多低[我们通常用直线与纵轴（y 轴）的交点的高度来描述后一个参数，并将其称为 y 轴截距]。模型的参数越多，拟合数据时的灵活性就越大。但是，参数越多，在训练数据有限的情况下我们就越难以确定任何一个参数的正确值。

在图 8-2 中，我绘制了根据每 10 年一次的人口普查数据得到的 1790 年至 1900 年美国人口规模。为了预测人口在 20 世纪是如何发展的，我根据训练人口数据拟合了 3 种复杂程度递增的模型：左图所示的"基本"线性模型有 2 个参数；中间的"改进"模型有 3 个参数；右图中的"复杂"模型有 7 个参数。

基本模型在模拟训练数据方面做得很差。虽然它描述了人口增长的事实，但是因为没有足够的自由度，它无法表现增长率本身也在增加的事实。模型在增加了一个参数后很好地拟合了大多数数据点，只与一两

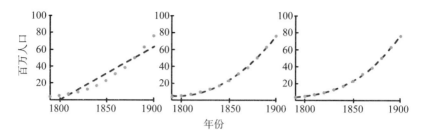

图 8-2　不同模型对 1790 年至 1900 年美国人口数据（点）的拟合（虚线）。左图中的线性模型对训练数据的拟合有欠缺。中间图中的三参数模型很好地拟合了训练数据，但错过了少量数据点。右图中的七参数模型拟合得更好，虚线几乎涵盖了所有的训练数据

个数据点擦肩而过。复杂模型有足够多的参数，可以很好地拟合几乎所有的数据点。

　　不出所料，查看图 8-3 中各个模型所做的预测就会发现，基本线性模型无法预测 1900 年后人口增长速度越来越快的特点。改进模型可以很好地跟踪 1900 年后测试数据集的人口。也许令人惊讶的是，与训练数据非常吻合的复杂模型却做出了最糟糕的预测，它预测人口数量会迅速下降，至 20 世纪中期灭绝。虽然复杂模型对训练数据的拟合程度比改进模型更高，但它过多地关注了数据的变化，而忽略了总体的潜在趋势。模型并不总是越复杂越好。

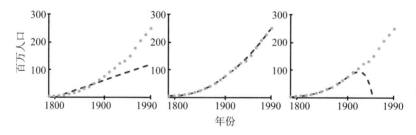

图 8-3　基本线性模型（左图）预测测试数据的效果很差，参数过多的复杂模型（右图）表现更糟，三参数改进模型（中间图）对 20 世纪美国人口的预测效果很好

　　在拟合真实世界的数据时，我们不能总是期望完美地匹配所有数据点。事实上，我们也不应该希望这样。相反，我们应该确定一个我们乐于接受的容错范围。奥卡姆剃刀原理（使模型尽可能简单）表明三参数

改进模型是将训练数据集拟合在合理容差范围内的最简单模型。因此，它应该是我们要选择的模型。复杂模型需要用仅有的 12 个数据点决定 7 个参数，可以说是过犹不及。在看到有许多参数的复杂模型能够很好地拟合训练数据时，我们不应该感到惊讶。只有当该模型的预测被现实所证实时，我们才应该表示赞赏。这是著名数学家约翰·冯·诺依曼的警告，他说："有 4 个参数，我能拟合出一头大象，有 5 个参数，我能让它的鼻子摆动起来。"

自毁预言

预测人口增长的危险性极大。1968 年，美国生物学家保罗·艾里奇在他的著作《人口爆炸》中，思考了人口快速增长可能导致的潜在粮食短缺问题，他写道："养活所有人类的战斗已经结束。尽管现在实施了应急计划，但在 20 世纪 70 年代，仍将有数亿人饿死。现在为时已晚，没有什么能阻止世界死亡率大幅上升。"[150] 他接着预测了具体的数字："死亡率将会上升，在未来 10 年里，每年至少有 1 亿到 2 亿人饿死。"

即使粗略看一眼历史书，也知道这些灾难预言并没有实现。由于在受教育机会、生育控制和堕胎等方面的改善，全球人口增长率在随后的 50 年里稳步下降，从 1970 年的每年 2% 以上下降到今天的每年 1% 左右。绿色革命的高潮见证了粮食产量提高，尤其是在发展中国家。即使在人口显著增加的今天，全世界仍然能够生产足以让所有人吃饱肚子的粮食，尽管这些粮食并不总是分配得当。我们减少了饥荒，但远没有消除它。现在，造成饥荒的根本原因通常是政治不稳定，而不是全球粮食短缺。20 世纪 60 年代，全世界每一百万人中有 500 人死于粮食短缺。到 1990 年，这一数字已降至百万分之 26。全球死亡率并没有像艾里奇所说的那样急剧上升，而是稳步下降，从 1965 年的 13‰ 下降到今天的不足 8‰。

艾里奇在 40 年后回顾了他写的这些东西，他承认他在书中做出的许多预测都没有实现。他认为，在一定程度上正是他的夸张描写突出了这些问题，激发人们去解决这些问题，从而导致他的预测没有成真。尽管艾里奇承认自己的预言没有实现，但他现在仍然认为自己"过于乐观了"。他在一次纪录片采访中说："我认为我在《人口爆炸》中的表述没有言过其实。换成今天的话，我预测的结果甚至更加严重。"实际上，艾里奇似乎认为他本能走得更远，而他在《人口爆炸》中的思考在某种程度上是一种自毁预言。

*

自毁预言，顾名思义，与我们在前一章遇到的自证预言有些相似，指阻止自己实现预言。自毁预言与自证预言正好相反，也更不为人所知。虽然自毁预言不像自证预言那样常用，但它也是一种常见的文学修辞。最著名的一个自毁预言是约拿（《圣经·旧约》中的一名先知）的预言。《约拿书》说，上帝决定毁灭尼尼微城，以惩罚城中骄傲、残忍、不诚实的居民。他命令约拿去尼尼微城，并预言它的命运。约拿相信仁慈的上帝会给尼尼微人悔改的机会，这会让他们免于毁灭（同时也会使他的预言落空），因此为了不让自己在尼尼微人面前难堪，他逃跑了。我们在第1章中看到，逃跑导致约拿被一条大鱼活吞，在鱼肚子里待了三天三夜。在约拿悔改并同意去尼尼微预言这座城市的毁灭后，上帝让鱼把他吐出来，他立即开始履行他的使命。听到约拿热切的宣告后，尼尼微人悔改了。因此，上帝没有把怒火直接发泄到他们头上，这让约拿的担心变成了现实，他的预言因为上帝的怜悯而变成了错误的预言。做出正确但自我挫败的预言而有可能被认为是假先知的风险通常被称为先知的困境。

菲利普·K.迪克的中篇小说《少数派报告》（同名电影由汤姆·克鲁斯主演）设定在不久的将来，华盛顿特区几乎不存在谋杀。在克鲁斯饰演的约翰·安德森的领导，以及3位能够预测凶杀案的"先知"的协助下，警方的"预防犯罪"精英部门能够在大多数谋杀案发生之前进行干预并阻止它们发生。因此，先知预测的每一起犯罪都是一个自毁预言。

攻击者并没有真正犯下导致他们被捕的罪行，因此司法部官员质疑该计划是否符合道德规范。在安德森亲眼看到认定他自己是罪犯的预言后，影片的大部分时间都在讲述他逃避被捕的过程。最后，他勉强逃过一劫，没有实施谋杀，因此，称他将犯下谋杀罪行的预言又成了一个自毁预言。

在现代社会，自毁预言可能会产生严重的后果。争议最大的自毁预言之一出现在新冠病毒大流行的早期阶段。2020 年 3 月 16 日，尼尔·弗格森教授领导的帝国理工学院研究人员提交了著名的第 9 份报告。文件有 20 页，在一堆图表和数字中，有两个预测特别引人注目。研究人员表示，如果不采取任何措施来减缓病毒的传播，将有 50 万英国公民失去生命。建模者认为，即使政府普遍采用了防疫策略，仍然将有 25 万人死于这种疾病。[151] 面对如此严峻的预测，英国政府别无选择，只能采取行动。一周后，英国首相鲍里斯·约翰逊在全国电视上向英国公众发表讲话，宣布了居家令、学校停课和一系列其他限制措施，后来被统称为"封锁"。

在实施前所未有的社会限制措施后，由于人与人之间的接触大大减少，每日病例数立即开始下降。2020 年 7 月，英国的病例数达到最低水平，即平均每天约 600 例，死亡人数约为 5.5 万人，约为不采取任何措施的预测人数的 1/10。病例比例降低是由于政府采取了持续的限制措施，再加上人们面对致命病毒改变了自己的行为，很多人误认为是英国疫情已经结束。因此，许多边缘团体甚至主流媒体开始嘲笑帝国理工学院研究小组的预测。弗格森被冠以"封锁教授"的绰号，这个绰号不仅意在嘲讽，还试图将人们认为不必要的限制措施全部归咎于他的团队看似不正确的预测。2020 年秋天，《旁观者》发表了一篇文章，指责帝国理工学院的建模者"高估了死亡人数"，将他们的死亡人数预测列入"十大最严重新冠疫情数据失败事件"，并排在榜首。

2020 年冬天，在英国大部分未接种疫苗的人群中，新冠感染病例再次激增。已位列欧洲第一波疫情中死亡人数最多的英国，又增加了 9.5 万死亡人数。2021 年秋天，当英国的死亡人数超过 15 万人时，《星期日邮报》

上一篇题为"新冠病毒末日论者永远不会承认自己错了吗？"的文章仍暗示弗格森的 50 万人死亡预测并没有实现，指责他过度夸大了自己的预测。《星期日邮报》的这篇文章表明，作者没有意识到死亡人数减少是限制措施以及后来诞生的安全有效的疫苗的功劳。几周后，这家报纸被迫撤回了这篇文章并道歉："我们应该明确指出，51 万这个数字是假设不采取控制措施的前提下得出的。"《星期日邮报》不太可能是最后一家将自毁预言说成预测失败的媒体，无论是有意还是无意。

用来为政策提供信息的数学模型可能做出永远不会实现的预测，尤其是在风险如此高的情况下，其实并不令人奇怪。正是因为他们为政策提供了信息，预测的可怕结果才得以避免。模型所依据的假设发生了变化，并不意味着最初的预测是不正确的。事实上，尽管采取了限制性措施，并推出了疫苗计划，到 2022 年夏天，英国的总死亡人数还是远远超过 19.5 万人，这支持了最初预测的规模。弗格森本人表示，如果真的有什么问题的话，那就是他认为自己的预测还是估计不足，因为他没有考虑到不堪重负的医疗服务的影响，如果任由病毒不加遏制地传播，医疗服务为患者提供的治疗质量将不断下降。

其他科技领域做出的预测也有类似的自我挫败的效果。由于担心千年虫可能造成破坏，人们花费了数千亿美元来更新计算机系统，以便处理潜在的日历缺陷。当 2000 年 1 月 1 日到来时，没有发生重大灾难，许多人将没有出事归因于问题被夸大了。然而，确实发生的少数问题证明了问题的真实性。如果没有广泛警告而是听任千年虫肆虐，并因此安装自毁式修复程序，后果可能会严重得多。

科学家了解到南极洲上空臭氧层不断形成空洞的后果后，立即预测全球农业和人类健康将受影响。如果这些预测成为现实，其潜在后果将十分严重。[152] 因此，全球领导人于 1987 年齐聚一堂，签订了《关于消耗臭氧层物质的蒙特利尔议定书》，以期减少造成臭氧层空洞的具有破坏性的氯氟化碳（CFC）的排放。现在很少有人再谈论臭氧层空洞了，因为之前所采取的措施足以阻止并扭转大部分已经造成的破坏。预见到潜在问题的预言足以震惊世界，促使全世界采取一致行动，防止灾难性的预言成为现实。

《关于消耗臭氧层物质的蒙特利尔议定书》是第一个以减少全球污染为明确目标的国际条约。在我写这本书的时候，我们正站在另一场全球环境灾难的边缘——全球变暖对人类的威胁日益严重。我们只能希望目前对气候变化严重后果的预测足以促使我们的领导人采取有意义的行动，减少大气中温室气体的含量，并将全球气温上升的预测，以及随之而来的对环境成本和人力成本的预测，变成自毁预言。可悲的是，正如我们在第 5 章所看到的，有这么多人参与这场全球博弈，要找到解决方案并不总是像我们希望的那样简单。

劣势者效应

政客们自己也不能免于自毁预言的影响。就在 2016 年美国总统大选开始投票的几个小时前，路透社–益普索"全美各州"民意调查显示希拉里·克林顿有 90% 的获胜机会。统计学家内特·西尔弗的 538 网站利用汇总的民意调查数据准确预测了 2008 年美国 50 个州中 49 个州的选举结果，以及 2012 年全部 50 个州的结果。2016 年，538 网站预测希拉里将赢得 302 张选举人票，而特朗普将赢得 235 张。值得注意的是，尽管西尔弗之前的预测非常有先见之明，但他的这个预测（以及几乎所有其他官方民意调查做出的预测）与事实正好相反。特朗普最终比希拉里多获得了 77 张选举人票。

虽然特朗普在选举前的拉票中表现不佳可能是多个因素造成的，但一边倒的民意调查结果本身也可能在最终结果中发挥了重要作用，有效地阻碍了他们自己的预测。支持希拉里的很多活动人士看到胜券在握后松懈了下来，一些民主党选民则待在家里。相反，糟糕的民调激励了特朗普的支持者，并鼓励边缘选民投票给共和党。

特朗普的意外胜利是劣势者效应的一个例子。夺魁热门的自满和胜算不大的一方的决心有助于平衡概率，让不被看好的竞争者的获胜机会高于我们的预期。例如，在伊索寓言中，兔子对自己的胜利充满信心，它停下来小睡了一会儿，而不被看好的乌龟则缓慢而稳定地朝着终点线前进。电影《洛奇》系列里，在西尔维斯特·史泰龙饰演的洛奇·巴尔博亚与未尝败绩的冠军阿波罗·奎迪争夺世界冠军的比赛中，没有人认为弱势的洛奇有机会获胜，这反而给了他动力。再加上奎迪的自满（他似乎认为对手没有威胁，所以没有做任何准备），决心证明自己的洛奇坚持到了最后，这是以前没有人做到过的壮举。

劣势者的故事并不仅限于虚构作品中。许多伟大的以弱胜强的故事都来自体育界，其根本原因都一模一样——夺魁热门过度自信，无望取胜者则更坚定。在1980年冬季奥运会冰球决赛中，众望所归的苏联队（赢得了过去6枚金牌中的5枚）对阵年轻、缺乏经验的东道主美国队。苏联队主要由有丰富国际比赛经验的职业球员组成，而美国队则主要由业余球员组成，其中最有经验的球员也只有小型联赛的经验。事实上，能进入奖牌争夺阶段的比赛，对美国队来说已经是一个巨大的突破。相比之下，苏联从一开始就被寄予厚望，而且他们自己也对夺冠充满期待。就在比赛开始两周前，苏联队在麦迪逊广场花园的一场表演赛中以10比3击败了美国队。苏联队主教练维克托·吉洪诺夫事后认为那场胜利"造成了很大的问题"，导致他的球队低估了美国人。

比赛当天，观众一边倒地支持东道主。美国队主教练赫伯·布鲁克斯认为，苏联人过于自信，有可能自我毁灭。他在赛前动员时说："苏联人已经准备好割自己的喉咙了。但我们必须准备好，把刀递给他们。"

真被他说中了。在两次取得领先后，苏联队被年轻的后起之秀追到2比2平，这让苏联队教练一怒之下换下了他的神奇门将弗拉迪斯拉夫·特列季亚克，他被认为是世界上最好的门将。不管是有意还是无意，特列季亚克的离场给美国队传递的信息是，苏联人觉得他们可以轻松战胜稚嫩的美国队，即使他们的世界级主力球员不在场上。美国队队员后来说，这种被轻视的感觉给了他们动力，他们一定要证明苏联人错了，而吉洪诺夫则称这个决定是"转折点"，是"我职业生涯中最大的错误"。

尽管在第二节再次落后，但在第三节也是最后一节，美国队以 3 比 3 扳平比分。比赛还剩 10 分钟时，美国队打进第四个球，取得了领先，并一直保持到比赛结束。结果令人难以置信，以至于这场比赛成为体育史上最大冷门之一，被称为"冰上奇迹"。

然而，在讲述劣势者的故事时，我们应该小心，不要过度简化。那些令人惊奇的、克服重重困难取得成功的故事往往会留在我们的脑海里，这种选择偏倚让"大卫打败歌利亚"的故事似乎比现实中发生的次数要多。在大多数情况下，当稳操胜券的选手与赢面不大的人争夺冠军时，都是热门一方取胜，否则这两个截然不同的名声最初是如何形成的呢？如果博彩公司一直错误地认为劣势者将成为赢家，他们就不可能赚取巨额利润，反之亦然。但是，有可验证的实验证据支持劣势者效应背后的心理学。

萨米尔·努尔穆罕默德在宾夕法尼亚大学沃顿商学院从事劣势者效应研究。他通过现实世界工作场所的实验发现，认为自己不被看好的人更有可能在绩效评估中取得好成绩。[153] 研究表明，认为自己处于劣势与在工作中取得更高成就密切相关，这是一种自毁预言。在另一项基于实验室的研究 [154] 中，努尔穆罕默德的团队给 156 名商科学生布置了一项谈判任务。在谈判开始之前，学生们被告知，研究人员已经对他们在任务中的表现做出了三种预测中的一种。他们不知道的是，所谓的提前做出的预测（高期望、中等期望或低期望）是随机赋予参与者的，与他们之前在类似任务中的表现无关。随后，谈判任务开始，不同预测组之间的表现有明显的差异，收到可导致劣势者效应的低期望预测的人在谈判中明显胜过其他两组。努尔穆罕默德和他的团队在对成绩优异的劣势者进行调查后发现，劣势者希望证明预测者是错误的，而这个愿望在很大程度上解释了成绩的提高。

有趣的是，在独立的后续实验中，努尔穆罕默德发现，做出预测或给出反馈的人的可信度对劣势者的成功至关重要。如果受试者认为对他们做出低期望预测的人不可信，他们就能更好地利用反馈作为好好表现的动力。但是如果参与者认为对他们的预测是可信任的人做出的，要克服权威人士的低期望的难度就更大了。[155]

负反馈回路

自毁预言和劣势者效应都是一种更普遍现象（负反馈回路）的例子。负反馈回路通常起到平衡不利因素、稳定系统或维持当前状态的作用。自毁预言会引发一系列事件，最终导致所预言的事件难以置信或不可能发生。对于劣势者来说，因为胜算不大而激发的动力可能会与胜算很大的夺魁热门的自满情绪结合，产生与一般认为的可能结果相去甚远，甚至完全相反的结果。

前面说过，反馈回路的特征是一个信号触发一个或一系列响应，最终影响原始信号并形成闭合回路。在前一章中，我们遇到了正反馈回路，其中的一系列响应会起到加强原始信号、使其增长的作用。负反馈回路与它截然相反，原始信号触发的响应可能最终导致原始信号减弱。对当前状态的改变很快就会被负反馈破坏。

我们很多人每天都会用到负反馈，有时甚至是在不知道的情况下完成的。马桶水箱里的浮球阀就是一个用于调节水箱水位的简单的机械负反馈回路。冲马桶时，低水位是让浮球阀下降的输入信号。浮球阀降低，就会打开与之相连的进水阀，使水流入水箱。水上升到合适的水位后，随着水位上升的浮球阀就会关闭进水阀并切断水流，使水恢复到基线水位。这是一个简单但有效的负反馈回路。

正如正反馈回路中的"正"并不一定意味着我们感兴趣的数量在增加，负反馈回路中的"负"也不一定意味着数量在减少。我们也不能通过"正""负"这两个表达推断回路结果的影响具有什么样的价值。"负"的意思是相反，表示正在经历负反馈回路的系统与最初启动回路的刺激唱起了反调。正反馈回路倾向于增强系统的变化，而负反馈回路往往抑制或缓冲对当前状态的偏离。平衡或稳定反馈回路这个名称也许更能表现负反馈回路的特征：当某项刺激措施导致一个需要稳定的系统失衡时，就有可能触发负反馈回路，以恢复平衡。图 8-4 表现了负反馈回路作用于系统的扰动并使系统恢复原状的两种常见方式。

我们的身体是负反馈回路大师。例如，保持正常的体温对我们来说非常重要。太冷会导致体温过低，而过热会导致中暑。因此，我们大脑中的下丘脑会严密监测并调节体温。在寒冷的天气里，下丘脑让我们的毛发竖起来，保留一层有隔热效果的空气，以减少热量的散失。它还会让我们的肌肉快速收缩和放松，打寒战，以产生热量，提高体温。相反，在太热的时候，我们会产生汗液，通过蒸发皮肤表面的水分，使身体的热量有效地消散。负反馈回路对体内稳态至关重要，稳态是身体在面对不断变化的环境时保持关键物理和化学属性的能力。无论是新陈代谢还是体液平衡，无论是血压还是血糖水平，都在负反馈回路的控制之下。

安妮·赖斯（你可能还记得在第 1 章中宝拉提到了她的小说）是畅销书《夜访吸血鬼》的作者。57 岁时，她出现了一些奇怪的、无法解释的症状。她与自己的体重进行了多年抗争，还做过几次抽脂手术，但是突然她发现自己不费吹灰之力就瘦了下来。周围的人都在称赞她苗条的新形象，但赖斯自己却饱受消化不良的困扰，这似乎与她的身体状况有关。对于这位著名作家来说，更令人担忧的是这种变化似乎使她集中不了注意力。有时候，她在电脑前坐了好长时间，也无法敲下一个字。她甚至无法完成对人或事物的基本描写。赖斯咨询了多名医生，排除了贫血和癌症等疾病的可能性，但无法找出她到底出了什么问题。

在情绪最低落的时候，赖斯决定虔诚地重拾她在成名期间所忽视的天主教信仰，以照料自己的"精神健康"。但是她的身体状况仍然一天不如一天。在举办盛大的天主教典礼并重温结婚誓词时，赖斯形容自己"幸福到快要精神恍惚了"。然而，在仪式结束后的那个周末，赖斯真的精神恍惚了。她呼吸困难，只想吃冰激凌。

虽然什么都不记得了，但在仪式结束后的周一早上，赖斯把助手叫到身边，然后开始撕扯自己的衣服。助手看到她举止异常、语无伦次，赶紧呼叫医疗救助。护士赶到时，赖斯已经昏迷，没有了反应。照顾她的护理人员给她测了血糖，试图了解她的状况。

要全面了解赖斯的情况，你需要掌握一些血糖方面的知识。餐后两小时血糖低于每分升[①]140毫克通常就被认为是正常的，维持在200以上被认为是糖尿病的征兆，超过600可能表明有危及生命的HHNS（高渗性非酮症高血糖综合征）。

赖斯的血糖超过了800。医生后来告诉她，她离心搏骤停只差15分钟。她被诊断出患有糖尿病酮症酸中毒（即体内废物酮越积越多，导致血液pH值发生了改变），是潜伏在体内、之前没有被诊断出来的1型糖尿病导致的。

1型糖尿病患者很少或根本不会产生胰岛素，导致血糖水平很高。持续高血糖会导致像赖斯这样的危及生命的症状，并损害包括眼睛、神经和肾脏在内的重要身体部位。相反，持续低血糖会导致行动笨拙和意识混乱，如果不加以纠正，可能导致癫痫发作，在极端情况下，甚至会死亡。在非糖尿病患者身上，胰腺和肝脏协同工作以维持稳定的血糖水平。当血糖过高时（比如饭后），胰腺分泌胰岛素进入血液。胰岛素将血液中的葡萄糖运送到身体细胞中，为身体细胞提供能量。胰岛素还可以将葡萄糖转化为糖原储存在肝脏和肌肉中或将其转化为脂肪，减少葡萄糖的含量。完成使命后，胰岛素被分解，所以它不能无限期地从血液中去除葡萄糖。随着血糖水平下降，胰腺产生的胰岛素就会越来越少，使身体恢复到适当和稳定的血糖和胰岛素水平。

另外，当血糖过低时，胰腺会分泌另一种激素，被称为胰高血糖素。胰高血糖素的作用与胰岛素相反，可以将储存的糖原分解成葡萄糖，还

---

① 1分升＝0.1立方分米。——编者注

可以转化脂肪和氨基酸，以恢复血液中的葡萄糖水平。对大多数人来说，这两个负反馈回路相互对抗，足以确保你长期保持适当的血糖水平。正如赖斯发现的那样，对于天然胰岛素分泌不足但没有被诊断出糖尿病的患者来说，持续的高血糖水平可能是极其危险的。

与死神擦肩而过后，赖斯与糖尿病共存了 20 多年。通过小心饮食和监测血液中的葡萄糖水平，她重新建立了自己的负反馈回路来调节血糖。当血糖水平过高时，每天注射两次精确计量的合成胰岛素，这个方法通常足以维持现有的葡萄糖水平。

如果刺激和响应的负反馈之间有延迟，我们就有可能看到我们的系统超出了期望的平衡位置，从而引起另一个方向的修正。而这个修正也可能过度，又激活了最初的负反馈，如此反复。如果反馈响应不超过一定范围，刺激和响应之间的延迟不太长，那么系统可能会朝着预期的目标振荡。例如，我们家里的恒温器就会利用这种振荡的负反馈，在寒冷天气里让室内保持恒定的温度。如果温度低于恒温器的设定温度，加热就会被激活，直到房间恢复到正常温度。在适当的温度下，恒温器可能会关闭锅炉，而比环境温度高得多的散热器可能会继续将余热泵入房间，进一步升高室内温度，使其超过设定的理想温度。当散热器和房间相继冷却下来后，恒温器显示房间达到了正确的温度。但是在锅炉根据需要把水加热并再次启动散热器之前，房间可能还会冷却。围绕目标发生一系列振幅衰减的振荡通常是延迟负反馈回路运行方式的一个特征（如图 8-4 右图所示）。

我在家里做煎饼的时候（令人惊讶的是，这种情况经常发生），就会受到这些振荡负反馈回路的影响。我们的厨房里有一个相当迟钝的旧电炉盘，它的金属板似乎需要很长时间才能加热。因为迫不及待地想吃到煎饼，所以我很自然地把电炉盘的功率调到最大，以便尽快开始做煎饼。第一个煎饼不可避免地是失败之作，因为我在电炉盘还在升温、煎饼还未完全煎熟的时候就会翻面，根本不关心面板上的读数。第二个煎饼通

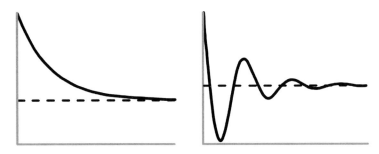

图 8-4　负反馈可以使系统在受到干扰后迅速恢复到平衡状态（左图）。如果在信号和响应之间有一个短的延迟，负反馈可能会引起振荡（右图）

常会煎煳，因为等到我意识到应该把电炉盘功率调小一点儿时，它已经超过了合适的温度。看到锅里冒出的烟后，我又会手忙脚乱地把温度设定调得很低。第三个煎饼的第一面通常很快就熟了，因为电炉盘是从很高的温度冷却下来的，但煎熟第二面需要经过漫长的等待，因为我把温度又调得太低了。到做第四个或第五个煎饼的时候，我通常会在煎饼的"金发姑娘"①区找到一个合适的烹饪温度，但是此时，坐在餐桌旁边的三头"饿狼"已经很不耐烦了。

即使你不是特别喜欢吃煎饼，当你不由自主地加入一种被称为"人行道鬼步舞"的神秘舞蹈时，你也很可能会面对这种负反馈振荡。走在街上，你看到同侧人行道上有人从相反的方向朝你走来。出于礼貌，你向左移动以免撞到他。就在同一时间，他礼貌地向右避让。你们又回到了迎面相撞的路线上。你的大脑对这种新情况的反应是告诉你回到原来的位置。但是你的大脑发出指令和你执行指令之间是有延迟的。与此同时，对面的人的大脑也在玩同样的游戏，告诉他回到之前的路线上。当你向右移动时，对面的人就像照镜子一样，又回到了你的路线上。这种情况会持续下去，直到你们中的一个人有意识地控制住自己的神经，让

①　"金发姑娘"的说法来自一个童话故事，故事讲的是，金发姑娘来到三只熊的家里，她先看到三碗粥，第一碗太烫了，第二碗太凉了，第三碗的温度刚刚好。然后她又看到三张床，第一张太硬了，第二张太软了，第三张的硬度刚刚好。后来，"金发姑娘"就被用来指程度刚刚好。——编者注

另一个人做出反应。与直觉相反，你有时必须自私一点儿，保持自己的路线不变，以便你的"舞伴"在关键时刻做出决定性的避让。或者，就像现实中经常发生的那样，你们俩都尴尬地停下脚步，以便你们中的某个人在相撞之前从另一个人旁边走过去。这种舞蹈式的振荡是延迟负反馈回路造成的结果，每一次向右的镜像移动都会引起向左的纠正移动，反之亦然。

如果负反馈足够强，而不是像恒温器的波动一样衰减，也不像人行道鬼步舞一样保持恒定，那么响应的幅度就会失去控制。在结冰或积水的道路上，这种不断增强的负反馈回路会产生致命的后果。如果汽车后轮失去摩擦力（通常是在转弯时），就会出现转向过度。汽车后部要继续直行，而车身前部转向，就会导致汽车车头朝向弯道内侧。人们感觉汽车后轮滑向弯道外侧，往往忍不住更用力地朝弯道内侧方向转动方向盘，但正确的做法是转向另一个方向，即后轮滑出的方向，让后轮重新获得牵引力。理论上，这可以把汽车扶正，使驾驶员重新控制住汽车，但要做到操作得当是非常困难的。通常，司机会惊慌失措，矫枉过正，导致后轮向另一个方向摆动。这可能会导致汽车再次发生更严重的侧滑，但方向与原先的侧滑相反。对第二次侧滑的过度修正可能再次导致后轮改变方向。这一过程被称为摆尾行驶，它可以一直持续到汽车原地打转、撞上另一辆车或偏离道路时。当信号和纠正它的负反馈响应之间的滞后足够大时，它就有可能变成一个随时间增强的加强回路——每个响应被延迟足够长的时间后，就会变成与它试图抵消的信号相一致，而不是相反。

在航空业，新飞行员被教导要注意所谓的"飞行员诱发振荡"，一种异相负反馈回路。听听前试飞员汤姆·摩根菲尔德是怎么说的："任何系统，只要它的滞后时间与我们人类的反应时间差不多，都会发生这种情况。"[156] 摩根菲尔德应该懂得这些，因为洛克希德·马丁公司的F-22猛禽原型机在试飞中发生的飞行员诱发振荡就与他有关。飞行员诱发振荡通常发生在飞机着陆太硬或坡度太陡的时候。对飞行员来说，当他们看到地面扑面而来时，他们会忍不住奋力拉起飞机，以避免飞机坠毁。正如摩根菲尔德所说："一般来说，要摆脱这种情况，你可以松开操纵杆，一切问题都会自行解决，你去趟洗手间，然后回来着陆。但是当整个视野中只有跑道向你冲来时，你就会把操纵杆向后拉。"[157] 当飞行员意识到他们已经拉得足够高，可以避免坠毁时，他们已经拉得太多了。摩根菲尔德回忆说：

> 如果我把机头拉起来，然后把手从操纵杆上移开，飞机的基本稳定系统就会起作用。但由于我一直在纠正，系统就会存在严重的滞后。我什么也看不见，然后我又尝试修正了一点儿。这时第一次的修正才起作用，所以这是一个过度修正。[158]

如果飞行员拉起太多，飞机的迎角会变得太陡，飞机的速度会急剧减少，有失速的危险。如果飞行员的反应是再次让机头向下以获得速度，当他们意识到修正已经足够时，他们已经再次快速朝着停机坪俯冲了，而且有时俯冲的速度比一开始导致他们迅速拉升的那个俯冲更快。就这样，这个循环不断延续，不断扩大，直到摩根菲尔德回忆道："形成了一个大的振荡……机腹着陆，狠狠地撞在地面上。引擎脱落就是因为这个原因。而那些高热值燃料，因为燃料管破裂，开始燃烧起来。"[159] 燃烧的燃料从摩根菲尔德的飞机尾部喷射而出。飞机沿着停机坪滑行了一英里，最终停了下来。幸运的是，他很快就挣脱了束缚，几乎毫发无损地离开了，但这架飞机已经报废了。洛克希德·马丁公司因为这次坠机事故在媒体上收到的负面反馈甚至比负面反馈引起的坠机事故本身代价更高昂。

当负反馈回路出错时，它们可能会产生与最初预期相反的效果。有时，实施刺激措施的目的是恢复到当前状态，却产生了意想不到的影响，使系统朝着相反的方向螺旋上升。这些不受控制的增加或减少所引起的反应比触发它们的刺激大很多倍，这正是我们在本章开头遇到的回旋镖：

试图从互联网上删除一张图片，却不可避免地导致数十万次点击；超级禁令赋予了诉讼当事人极大的神秘感，以至于他们的身份最终成了公众的关注点；审查制度将平淡乏味的书变成了畅销书；警告最终使人们更愿意参加被禁止的活动；基于激励机制的解决方案让问题变得更糟。

在日常生活中，我们必须提防这些回旋镖，仔细考虑我们的行为可能带来哪些意想不到的后果。当然，说起来容易做起来难，否则它们就不会被称为意外后果了。但是，我们已经看到，在某些情况下，发生这种事与愿违的问题的可能性更高。如果像哥伦比亚军方的奖励制度或美国医院的排名表一样，目标是为预期结果的某项指标设定的，而不是结果本身，那么我们或许可以预料到人们为达到这些目标而不择手段，但不一定是我们希望的最佳手段。如果我们试图禁止孩子做一些我们知道对他们有害的事情，就必须小心谨慎，因为禁令本身就像禁果一样，会在不经意间让被禁止的活动变得更加诱人。事实上，理解逆反以及类似的心理现象可以让我们利用回旋镖来达到我们的目的。例如，巧妙地运用逆反心理诱导劣势者效应，可以帮助我们激发人们的最大潜能。不过，在这一点上，我们也必须小心，不要做过头，不能让逆反心理变成回旋镖，导致与预期效果相反的结果，使我们自己反受其害。

在前面 3 章中，我们已经知道非线性现象会扰乱我们的预测，包括难以捉摸的倒数关系，看起来具有欺骗性的平方立方定律，爆炸式的正反馈回路和违反直觉的负反馈回路。在下一章，我们将结合目前了解到的大部分内容，考虑当多种来源的非线性结合在一起，从根本上对我们任意预测遥远未来的能力加以限制时，会有什么结果。

第 9 章

了解自己的极限

到目前为止，我们已经遇到了各种各样的非线性过程，并发现在潜意识中假设这些关系是线性关系会给我们造成一些困难。我们还通过一些具体的例子看到了非线性过程对现实世界的影响，以及当我们没有意识到它们时，它们可能给预测带来的困难。

　　在这最后一章，我们将考虑在思考非线性现象时我们的判断为什么会失败。我们将看到，从我们在第 6 章中遇到的线性偏倚延伸出来的难题是其中一个原因。我们喜欢用线性的概念看待世界，这使我们有可能做出一种隐含的假设，认为一切都会照常进行，而这些假设又会导致我们在应对突然变化时处于特别不利的地位。最重要的是，我们的言语推理方式并不适合在复杂和高度非线性的情况下推断会发生什么。

　　在某种程度上，正是出于这个原因，我一直认为我们需要一种更数学化的方法，以便预测这些深奥系统中会发生什么。然而，这可能还不够。在本章的后半部分，我们将发现，即使是详细具体的数学模型，混沌也明确界定了它的适用范围，超出这一范围，我们就无法再预测未来。

禁欲性教育适得其反

　　承认我们在预测任意遥远的未来这方面存在局限性，并不是说我们应该完全放弃数学模型。准确地预见一部分未来，无论有多局限，通常总比没有好。没有数学模型，我们就只能受制于自己推理能力上的缺陷。

遗憾的是，通常情况下，即使我们认为自己在用逻辑推理，我们的直觉也会让我们失望。

这就是问题所在。我们都认为自己非常善于逻辑思考，以至于很少退后一步质疑自己的推理。从很小的时候起，我们就学会了言语论证——要么发出声音，要么在我们自己的内心无声地念独白。通过言语论证，我们可以说服自己相信事情一定是这样的，有时我们也可以说服别人，但是我们面对着很多潜在的陷阱。

我们容易犯的一个常见错误被称为单效陷阱。我们假定每个原因最多有一个结果。如果行为A导致B的减少，B的减少又会导致C的减少，那么实施A肯定会导致C减少。这是合理的。但是，如果我们通过言语论证得出的线性结构与现实世界根本不一致呢？如果我们没有考虑到系统的基本非线性组成部分，例如可能导致B螺旋上升直至失控的正反馈回路（参见第7章），或者能自我调节、使C保持不变的负反馈回路（参见第8章），再或者会让我们的策略站不住脚的副作用，又会怎么样呢？例如，如果行为A还引起了另一个量D的增加，而D又导致C增加，会怎么样呢？执行A就会导致拮抗作用，既促进又抑制C。预测哪种效果会胜出的唯一方法是使用定量模型，简单、定性的言语模型已不起作用。

这个例子听起来有些抽象和理论化，但我们不需要太费劲就能找到一个缺乏定量预测导致意外情况的真实场景。特朗普执政期间，美国政府加大了对禁欲性教育的资金支持。他们认为，教育孩子等到结婚后再发生第一次性行为，可能会减少青少年的性行为。如果所有青少年中有一定比例的人不再有性行为，那么意外怀孕和性传播感染（STI）病例应该就会减少。实施A（禁欲性教育）可以减少B（年轻人发生性行为的数量），而B减少会导致C（意外怀孕和性传播感染的人数）减少，因此根据我们的言语线性模型，禁欲性教育应该可以减少青少年怀孕和性传播感染的情况。

禁欲性教育似乎有它的道理，但它没考虑到一个小问题。虽然这可能会减少青少年性接触的数量，但对于那些仍然有性行为的青少年来说，相比于接受全面的性教育，没有被教导采取避孕套及其他避孕措施会大大降低他们的性行为的安全性。因此，禁欲性教育可能会导致无保护性行为增多，从而不可避免地导致青少年怀孕率和性传播感染病例数的上升。A（禁欲性教育）会增加D（无保护性行为的人数），从而增加C（意外怀孕和性传播感染的人数）。但哪种影响更重要呢？

实际上，有相当全面的证据可以证明禁欲性教育存在显著缺陷。2015年的一项研究发现，"最好等一等"的性教育并没有降低性传播感染的发病率。[160] 禁欲性教育也没有降低青少年怀孕率[161]，而全面性教育确实降低了青少年生育率。[162] 2006年，美国禁欲性教育达到顶峰，与此同时，青少年怀孕率此前长期下降的趋势出现了逆转。

我们的言语模型只能做到这么多。如果我们想提前知道如何避免这些适得其反的结果，就需要求助定量的数学模型，我们是要投出一记好球，还是打一个回旋镖，以便在充分了解情况可能如何发展的情况下做出明智的决定。依靠言语论证来制定政策，比如美国基督教右派倡导的那些政策，可能会适得其反。

事与愿违

由此可见，言语论证通常是线性思维的表现：A导致B导致C。然而，我们在前面的章节中已经看到，世界上许多最重要和最有趣的现象都不是线性的，包括能自我平衡、使我们的身体受到控制的负反馈回路，和自我证实的安慰剂效应（让自己成真的谎言）。正是线性思维导致了正常化偏倚——人们往往相信事物在未来一定还会继续按照过去的方式运行下去。在思考未来会发生什么时，人们往往会假设事情要么保持不变，要么以与当前相同的速度呈线性变化。

也许我们的人生历程就是正常化偏倚的最好例子。我们大多数人都认为即将开始的这一天或这一周将与前一天或前一周没什么两样。对大多数人来说，这是一个合理的假设，但不幸的是，对某些人来说，这是不正确的。没有人预料到他们会遇到交通事故。没有一个年轻健康的人会预料到自己会心搏骤停。我们总是期望事情会一如既往地进行，而且我们的期望都实现了，直到你的某次期望落空。

没有立遗嘱的人的数量可以证实这种正常化偏倚。在有些人看来，死亡的前景似乎非常遥远，现在就立遗嘱规划身后事似乎太荒谬了。2017 年的一项研究发现，大多数（60%）英国成年人没有立遗嘱。可以理解的是，这一比例最低的是 18~34 岁的人，这个年龄段只有 16% 的人立了遗嘱。但令人惊讶的是，即使在最有可能承担赡养义务和重大财务负担的 35~54 岁的人群中，也只有 28% 的人立有遗嘱。在应该意识到时日已经不多的 55 岁以上的人群中，也有超过 1/3 人没有立遗嘱。至于为什么到目前为止还没有立遗嘱，人们给出的最常见的原因是，他们计划晚一点儿再完成这项任务——这是一种赌博，假定事情会继续保持现状。我承认我也有同样的自满情绪。虽然在我和妻子买第一套房子的时候，我确实立了遗嘱，那是我第一次觉得我有一些实质性的东西要留给某人（没有贬低我收藏的绿洲乐队唱片的意思），但是从我的第一个孩子出生后，我就没有更新过遗嘱了。我安慰自己说，改天再做这件事也没有问题，这是暗自期望来日方长。

正常化偏倚在自然灾害期间尤其有害，会导致人们忽视或不够重视迫在眉睫的威胁。至少从公元前 7 世纪开始，庞贝城的居民就一直生活在维苏威火山的阴影下。火山灰在城市周围制造了大片肥沃的农田，许多居民就依靠这些农田维持生计。几百年以来，庞贝城的生活质量得到了缓慢而稳定的改善。随后，在罗马人的统治下，庞贝城蓬勃发展，变成了一个繁华的城市，被许多人视为理想的居住地，因为它靠近那不勒斯湾，附近还有肥沃的农田。到公元 1 世纪，城市人口增长到了 1.2 万至 2 万之间。

公元 79 年秋天的一个下午，维苏威火山爆发，这让这座城市的居民非常惊讶。在没有任何征兆的情况下，火山突然喷出猛烈的柱状碎屑，火山灰、浮石和热气一直冲到了 30 千米的高空。这一阶段的喷发持续了几个小时，因此许多居民有机会撤离城市，前往更安全的地方。据说，全城 75% 以上的人在这一早期阶段逃脱，但是大约有 2 000 名居民没有离开。有些人可能是因为年龄太大或身体虚弱，无法及时逃生。一些历史学家认为，从天而降的浮石可能让人们不敢踏出家门。尽管存在这种潜在的威慑，但有证据表明，大多数居民为了成功逃离城市，勇敢地面对了这些外部条件。也有历史学家认为，一些居民不愿撤离，可能只是很难相信发生了什么，因为他们知道一代又一代的庞贝城居民都安全地生活在睡火山的阴影下。大约 18 个小时后，包含气体和岩石的火山柱坍塌，结束了第一阶段的喷发。在第二阶段，灼热的气体和岩石以每小时数百千米的速度从山上倾泻而下。第一波火山碎屑激浪袭来，紧接着是第二波，将庞贝城掩埋在 6 英尺①厚的废墟之下，选择留下来的居民因窒息和灼烧而失去了生命，沦为正常化偏倚的受害者。

　　SNAFU（一句美国俚语的缩写，意为"一切正常，但糟透了"）通常用于描述一种并非最优但是可以预料到的事态，还可以用来表示客观现实（例如类似于维苏威火山爆发的灾难）与主观体验（例如庞贝古城受害者从正常化偏倚的视角获得的主观体验）之间的反差。

　　也许庞贝城居民不愿放弃他们所热爱的城市是可以被原谅的，因为他们以前没有经历过火山爆发的潜在影响，也没有最高权威迅速发布紧急撤离的信息。但许多现代灾难的受害者并非如此。即使在灾难发生之前就已经收到了严厉的警告（大量记录表明，这种情况发生过多次），一些人仍然没有做出适当的紧急反应。研究表明，在灾难中，多达 70% 的人可能会表现出某种程度的正常化偏倚。[163]

　　拒绝相信是正常化偏倚背后的关键因素之一。人们发现他们所面临的情况与他们所习惯的情况大相径庭，以至于根本无法相信这种情况正发生在他们身上。与我们许多人的想法相反，战斗或逃跑本能不一定对

---

① 1 英尺约合 0.3 米。——译者注

每个人都起作用，即使他们已经相信自己面临的是什么样的处境。有的人会不合时宜地进入一种反向恐慌的状态（亦称行为迟钝）[164]，有的人则会疯狂地寻找更多的信息来证实他们收到的警告，白白浪费了重要的反应时间。

专家的警告被置若罔闻，在这方面经验最丰富的可能是气象学家。例如，天气预报人员在 2012 年 10 月 20 日之前就已注意到大西洋将形成一场热带风暴。到 10 月 25 日，他们确信这场风暴将在美国东海岸的某个地方登陆。第二天，整个东海岸都发布了疏散令。

正常化偏倚最有害的一个方面是，即使我们得到了关于未来的可靠预测，且来自值得信任的机构，我们仍有可能没做好准备。2012 年 10 月 29 日晚，飓风桑迪在新泽西州大西洋城附近登陆。尽管距离首次发现飓风桑迪已经过去了 9 天，但该州强制疏散区内只有 42.5% 的居民离开了家园。[165] 同样，在风暴的下一个目的地纽约市，强制疏散 "A 区" 的居民中只有不到一半的人撤离了。[166] 美国东海岸共有 159 人因飓风桑迪丧生：其中新泽西州 43 人，纽约州 71 人。[167] 死亡的主要原因是溺水。[168] 45% 的溺亡发生在纽约市 "A 区" 的被淹房屋中，而这一地区此前已收到强制疏散令。[169]

一项针对纽约人的调查发现，亲眼见到了与 "9·11" 相关创伤事件的人的疏散率更高。[170] 这一发现表明，之前遭遇意外灾难等特殊情况的经历，会使 "这不会发生在我身上" 的心态（处在正常化偏倚拒绝相信阶段的受害者普遍有这种心态）发生动摇。不过，令人惊讶的是，尽管飓风桑迪造成了巨大的破坏（在美国全境造成了 650 亿美元的损失，当时是美国历史上造成损失第二高的大西洋飓风[171]），但对新泽西州居民的一项调查发现，只有 54% 的人表示他们会积极主动地提前为未来可能发生的另一场风暴做好准备。[172] 当这些声称会做好准备的人被问及他们到底会做哪些准备时，超过一半的人说他们会 "收集信息"，或者更糟的是，他们表示他们就是 "做好准备" 而已。[173] 东海岸已经有 40 年没有经历过像桑迪这样致命的飓风了，这一事实可能使受访者产生偏见，认为刚刚经历了这样的事件，在不久的将来都没有必要再做这方面的准备。如果全球变暖增加了这种风暴的频率和严重程度（看起来确有这种可能），那么这些东海岸的居民可能会遭遇另一个不愉快的意外。

天气，偶然还是故意？

我们能够在飓风桑迪登陆前几天预测到它的路径和可能的严重程度，这是预测领域取得的一个惊人成就，在 100 年前，这是我们无法做到的。2022 年 2 月，尤妮斯风暴袭击英国，给英国带来了有记录以来最强的风，我们至少提前 4 天就知道了。事实上，这场风暴在大西洋上形成之前就已经被预测到了。不幸的是，有 3 人直接死于风暴，但如果没有准确的预报，死亡人数可能会更高。

以前我们依靠人类的经验提供准确度参差不齐的短期天气预报，而现代科学对未来几天天气的准确预测已经成为每天都能看到的一个小小的奇迹。千百年来，我们一直在努力制定一些原则，以便提前知道未来的天气。这些经验法则中有一些是有科学依据的，另一些则不可靠，只有通过后见之明的偏见去看才显得似乎有效。

有一句古老的谚语这样说："夜晚红彤彤，牧人兴冲冲；早晨红彤彤，牧人要当心。"在《新约·马太福音》中，耶稣引用了这个谚语的某一个版本，对那些向他寻求天上预兆的怀疑者说："晚上天发红，你们就说，天必要晴。早晨天发红，又发黑，你们就说，今日必有风雨。你们知道分辨天上的气色，倒不能分辨这时候的神迹。"全球不同地区出现了几种不同的说法，其中最引人注目的可能是把牧羊人换成了水手。除了英语，这条法则在其他语言中也有不同的版本。例如，在法语中，有一条谚语意思是"夜空红艳艳，希望在眼前；晨空红彤彤，地上雨水涌"。

这句谚语广为流传，而且经久不衰，表明它可能包含着真理。事实上，流传这条谚语的多个国家都能为其找到一个相当可靠的科学依据。这一规律只有在主导风向是西风时才普遍成立。这种情况往往发生在中纬度地区（赤道南北 23 度至 66 度之间），但不会发生在热带地区，因为那里地球自转的方向往往导致主导风向是东风。

为了充分解释这一现象以及风向，我们还需要了解一点儿阳光与大气的相互作用。虽然我们看到的阳光似乎是白色的，但它是由不同波长、不同颜色的光组成的，从波长最长的红光到波长最短的蓝色和紫色光（看到阳光被雨滴分解形成彩虹，你就会明白这个事实）。通常，当阳光与大气相互作用时，小的空气颗粒会散射蓝光（蓝光的波长与颗粒的大小接近），因此进入我们眼睛的主要是蓝光，我们就会看到天空是蓝色的。然而，如果高压区的大气中有许多尘埃颗粒，这些较大的颗粒往往会将波长较长的光（光谱的红光端）散射到我们的眼睛中，使天空呈现红色或粉红色。傍晚，太阳西沉，说明西侧有高压系统，夜间会被盛行风吹向我们，所以第二天是好天气。早晨的天空呈红色，是由于太阳从东方升起，这表明高压锋面已经从西向东经过我们，可能为潮湿天气的到来做好了准备，通常低压系统也会随之而来。这条法则并非万无一失（例如，即使在中纬度地区也不是总会刮西风），但它有看似合理的科学依据。

另一个众所周知的天气经验法则（至少在英国是这样）是"7 点前下雨，11 点前转晴"。这条法则在全球范围内不那么流行，可能是因为它简短的押韵结构只适用于英语，但是更有可能的原因是它不可靠，没有科学依据。在英国，天气系统可能会在高速气流的推动下以比较快的速度越过英国全境。有时，确实 7 点下雨，到 11 点雨就停了。不过，即使在英国，雨也可能（而且经常会）持续超过一个上午。当我在牛津一个悲惨的冬日写这些文字的时候，我可以肯定，雨已经不间断地下了两天。

我们最喜欢的一条天气谚语是卧倒的牛预示要下雨。我们全家在乡下开车时就会四下搜寻，看看有没有牛卧在那里。有的人解释说，牛能感觉到气压变化或空气中水分的增加。然后，牛就会卧倒在地，这会使它身下的一小块草地保持干燥，以便它稍后能填饱肚子——至少他们是这么说的。一项研究甚至表明，天气暖和时，牛往往会站起来，露出更大的表面区域，以便有效地给自己降温。[174] 由此推论，在雨季来临前气温下降期间，牛可能会躺下取暖。这些解释看起来有道理，但事实上都没有得到科学的支持。牛卧倒并不能很好地预测即将到来的雨天。我们观察到的任何事件都可能是纯粹的巧合，而证真偏倚又让我们只记住我们说对的时候，忘记牛躺倒却没有下雨的时候。英国气象局的一项调查显示，60%的英国公众认为，这条天气谚语肯定能预测即将到来的雨水。

在德语国家，动物行为也被用来预测天气，但成功率可能更低。18世纪的博物学家观察到，天气晴朗时欧洲树蛙会爬到树上。那个时代的业余气象学家过度解读了这一观察结果，认为这种行为说明这些树蛙拥有某种预测晴朗天气的超自然能力。把树蛙养在室内的罐子里，并配备微型梯子以满足它们登高预测天气的需要，一度成了一种时尚的做法。事实上，当太阳出来的时候，树蛙爬上大树，是为了提高捕食苍蝇的机会，因为苍蝇在温暖的天气里往往飞得更高。没有天然食物来源的鼓励，装在罐子里的树蛙根本没有攀爬的动力，甚至无法预测当前的天气，更不用说未来的天气了。德语中的wetterfrosch一词的字面意思是"天气蛙"，在德语国家仍被用作对天气预报员的贬称，而女性气象员有时被轻蔑地称为天气精灵。

都是天气预报员的错

这些贬义的绰号在世界各地都很常见。多年来，天气预报员也锻炼出了厚脸皮，可以坦然面对诸如"显然犯错误是这份工作的先决条件""错得多，对得少，还能得到报酬，肯定感觉很爽"之类的讽刺。预测天气这种复杂系统的难度极大。具有讽刺意味的是，天气预报不可靠的名声不仅低估了这项工作的难度，还低估了气象学家真正实现这一目标的成功率。

当然，天气预报确实出现过一些错误。即使是最顽固的天气预报员也不会否认这一点。1900 年 9 月 4 日，位于华盛顿特区的美国中央气象局发现一股"热带扰动"正从古巴向北移动。他们认为这股扰动正在向佛罗里达州移动，因此对该州西海岸的大部分地区发布了风暴警告。第二天，佛罗里达和佐治亚海岸的大部分地区已经升级为飓风警报，北至北卡罗来纳州的基蒂霍克，西至路易斯安那州的新奥尔良都发布了风暴警报。

9 月 8 日早晨，加尔维斯顿市同名海岛上的居民醒来后发现海面上波涛汹涌，但天空基本晴朗。加尔维斯顿岛位于得克萨斯州海岸附近，距离东边的新奥尔良大约 280 英里，因此不在飓风警报涉及的范围内。在这个地势低洼的岛屿上，波涛汹涌和小规模洪水并不是什么新鲜事。因为没有接到官方警告，该市 3.8 万居民的生活大多像往常一样平静。当"热带扰动"最终在当天晚些时候登陆时，它已经变成了 4 级飓风，随之而来的是 15 英尺高的风暴潮。由于加尔维斯顿的最高点海拔不到 9 英尺，因此整个城市都被洪水淹没了。大量建筑和连接大陆的桥梁被冲走，整个市区还普遍遭受了风害。气象局的风速计在被吹走之前测得的最高风速为每小时 100 英里。当时有报道称，砖头木料四处飞扬，表明风速还要高得多，这与这场飓风被定为 4 级是一致的。第二天，当最猛烈的风暴过去后，幸存的居民开始计算损失。1 万人无家可归，约 8 000 人丧生。死者中包括加尔维斯顿首席气象学家艾萨克·克莱恩的妻子科拉·克莱恩和他们未出生的孩子。克莱恩本人也差点儿在洪水中丧生，为他未能及时发出风暴警报付出了沉重的代价。直到现在，加尔维斯顿飓风仍然是美国有史以来最致命的自然灾害。

值得庆幸的是，由于预测失误而导致的严重灾难很少发生，尤其是在现代预报时代。但是，一次预测失败的飓风留在记忆中的时间远远超过对无数次晴天的正确预测。值得注意的是，对潜在灾难的错误预测比正确预测更引人注目，还有一个原因是正确预测消除了灾难的威胁。对 2011 年飓风艾琳路径的准确预测加上早期预警使人们做好了准备，大大降低了风暴导致的死亡人数。尽管它是在 2005 年的飓风卡特里娜之后发生的，但由于死亡人数和破坏程度较低，因此记得飓风艾琳的人比较少，而记得破坏性更大的飓风卡特里娜的人更多。许多记得艾琳的人在回忆时都说当时的警报过于夸张，正如我们在第8章中看到的，成功的自毁预言通常会导致吃力不讨好的后果。

我们往往会高估更容易回忆起的事件的概率，低估平淡无奇的事件的概率，这是一种易得性偏倚。我们第一次遇到易得性偏倚是在第1章，当时我们发现近因效应（导致巴德尔-迈因霍夫现象的原因）会使我们很容易想起新获得的信息。另一种影响易得性（即某个事件比另一个事件更容易让我们记住）的现象被称为显著性偏倚，即我们往往会记住更显著、更有情感影响力的事件，忽略不那么显著的事件。

易得性偏倚可以解释人们购买保险的方式。以灾害保险为例。我们往往不会基于灾害的真实风险，而是基于我们对风险的感知来购买保险。如果一段时间内没有发生灾害，那么人们往往不会更新保单——没有灾害提醒他们需要购买保险，他们就会觉得风险降低了。1989年袭击加州中部的6.9级洛马普里埃塔地震造成了近10亿美元的保险损失。[175] 由于保险公司被迫支付巨额赔偿，人们以为它们的股价可能会受到重创。但是在地震发生后，保险股不降反升。[176] 投资者意识到，最近的地震将导致易得性偏倚。人们的风险意识增强[177]后，地震险的销售额将提升，而且增幅足以抵消赔付的金额[178]。

与之类似，在2001年至2009年期间，根据美国《国家洪灾保险法》签订的洪灾保险单数量每年以0到4个百分点的速度缓慢增长，但2006年例外。2006年，有效的洪灾保单数量增加了14%以上。[179] 2005年发生了什么事情导致如此大的增幅呢？当然是飓风卡特里娜。由于新闻长时间地报道洪涝灾害，人们认知中的洪涝灾害的风险提高了，尽管事实上发生洪灾的可能性并不比以前更大，飓风发生的频率和地点分布也没有改变。飓风卡特里娜并没有增加或减少洪灾的风险，它只是让人们更容易记起洪灾。

解释天气预报错误多于正确的现象时肯定要用到显著性偏倚。我们对加尔维斯顿灾难等导致可怕后果的预测错误记忆深刻，但是对于在很大程度上因为预报准确而减少了人员伤亡的飓风艾琳却记忆不深。过去的飓风预报错误所引发的显著性偏倚可以消除近期正确预报引发的近因效应。

对天气预报错误的印象中的另一部分来自我们对天气预报不确定性的根本误解。我们当然希望天气预报百分百肯定地告诉我们明天会下雨，这样我们就不会在不必要的时候带雨伞了。但天气预报不是这样做的，它们本身就是不确定的。在过去10年左右的时间里，气象组织硬着头皮，决定向公众传达这种不确定性。你可能经常听到天气预报说你所在地区降雨的概率为40%。这些估计值通常被称为降水概率（probability of precipitation），简称PoP。不幸的是，在PoP到底指什么这个问题上有一些含糊不清的地方。它是表示第二天预报区域中有40%的面积会下雨，还是说整个地区第二天有40%的时间会下雨？也许它的意思是整个地区下雨的概率是40%，也就是说，在历史上同样天气条件的日子里，40%的日子里下雨了，但60%的日子里没有下雨。

最后一个选项可能最接近正确解释，但真正的含义还要稍微复杂一些。对于许多天气预报来说，第二天的PoP应该被解释为明天某一地区下雨的概率与该地区下雨区域所占比例的乘积。例如，如果天气预报员确定明天我的家乡曼彻斯特会下雨，但只有3/4的市区会下雨，那么他们给出的PoP应该是75%。但是，如果天气预报说明天下雨的概率是75%，而且只要下雨，整个市区都会下雨，那么PoP的值同样是75%。从这个例子就可以看到人们是如何误解这些不确定性的。在第一种情况下，如果你住在曼彻斯特不下雨的那1/4城区，那么你可能会说天气预报不正确。在第二种情况下，如果没有下雨（就像预测的那样，这种天气条件下有1/4的日子不下雨），那么曼彻斯特人可能会再次认为它不正确，尽管在两种情况下预测都是正确的。有趣的是，当我住在曼彻斯特时，我从来没有发现这种改良过的天气预报有多大价值，因为这座城市的每个人都知道它只有三种天气：要么正在下雨，要么就要下雨，要么刚刚下过雨。

让气象学家感到沮丧的是，有时他们试图通过降雨的不确定性来给出一个更细致的观点，但也可能被公众视为一种面面俱到的托词。当英国气象局第一次在天气预报中给出降水的概率时，《每日邮报》称："任何遭遇意外暴雨的人可能都会觉得，他们（天气预报员）只是为预报出错想出了一种推卸责任的方法。"

问题的一个原因是我们习惯于以二元的方式考虑天气——要么下雨，要么不下雨。除了给出降雨的数值概率外，许多天气应用程序通常还会显示一个图标，以直观说明预测的天气。当然，这需要预报员设定一个阈值，例如，下雨的概率超过这个阈值，显示的图标就是"带雨滴的云"，而不是"灰色的云"。即使忽略这些符号，只看数字，你也会过于乐观地认为，你所在地区 20% 的降雨概率很低，不会下雨。在 1/5 的日子里，我们会被突如其来的大雨淋成落汤鸡，于是我们会嗔怒于天气预报在预报下雨时不够肯定。

有趣的是，美国的一些商业天气预报员非常清楚我们的四舍五入偏倚，还知道我们在做下雨准备时往往宁愿过度准备也不愿准备不足。研究人员在比较降雨预测与实际降雨频率后发现，当降雨的可能性较低时，商业预报员的预测偏向于高估降雨的可能性。[180] 这种所谓的"湿偏倚"背后的一个潜在原因正是预报员了解我们倾向于将低百分比向下舍去。他们知道，看到下雨的概率为 10% 或更小时，很多人就会假定不会下雨。预报员故意把下雨的概率提高到 20% 或 30%，让我们更加认真地对待下雨的可能性。他们认为，即使他们预测下雨，结果却没有下雨，我们也不会失望。该研究还发现，天气预报的 PoP 预测会人为地偏离 50% 这个值，大概是为了避免这个数字本身带来的模棱两可。[181] 不用说，这些有偏倚的预测总体上降低了天气预报的准确性，无益于提高公众对预报的信心。

同样现象在龙卷风、飓风和暴风雪等自然天气灾害的预测中更加突出，同时意义更重大，理由更充分。预报这些现象是一场高风险的机会游戏。负责灾难和应急计划的部门经常采纳天气预报员合理预测的最坏情况（不太可能发生，但也不至于被视为不可能发生的灾难预测），因为这些灾难不容有错，否则后果是他们无法承受的。人们通常认为，宁愿反应过度造成不必要的破坏和不便，也好过反应不足导致的本来可以避免的生命损失。

2017 年 3 月，美国国家气象局预测包括纽约市在内的美国东海岸居民将遭遇暴风雪，2 000 万人做了最坏的打算。新闻头条预言，纽约市的风速将达到每小时 60 英里，降雪量将达到 1~2 英尺，堪比 1888 年的大暴雪。超过 7 000 个航班被取消，35 万名乘客受影响，数百列火车被取消或延迟。商家和景点都关门歇业。纽约市民被鼓励避免一切不必要的旅行。美国总统特朗普甚至取消了与德国总理安格拉·默克尔的会晤。由于预报而采取的预防措施扰乱了日常生活，造成了短期但重大的经济损失。

最终，当风暴经过纽约时，降雪量只有不到 7 英寸。很多准备工作根本没有必要。为这次错误预测承担责任的美国国家气象局在社交媒体上受到了抨击，很多用户称他们的预报"毫无价值"。新泽西州州长克里斯·克里斯蒂对这个错误的预报非常生气，他咆哮道："我不知道我们应该付给这些气象预报员多少钱。坦白说，7 年半以来，国家气象局真的让我受够了！"

事实上，美国国家气象局在风暴即将到来的前一天晚上就知道纽约降雪量极有可能没有那么多。出于慎重考虑，他们决定不降低预报的降雪量。天气预报中心的预报业务主管格雷格·卡宾解释说，最后一刻降级可能会给相关几个州造成风暴不再构成威胁的错误印象。人们普遍认为，预报的内容与之前截然不同，而且出现戏剧性的反转，这比不正确的预测更容易破坏公众的信心，被称为雨刷效应。

预报纽约市降雪量的困难之处在于，根据预测，纽约位于风暴的雨雪线附近。雨雪线是指分隔寒冷的北极空气和温暖潮湿的大西洋空气的锋线。最终，纽约市的降水量确实和预测一样，但由于雨雪线偏离了预测的路线，大部分降水都是雨和雨夹雪，而不是雪。纽约州内陆地区的降雪量确实达到了预计的 1~2 英尺，有些地区降雪量超过了 4 英尺。

对几乎任何现象的预测者来说，合理甚至明智的做法是提出一系列可能的情景并附带不确定性，而不是提出一种情景，并表现得肯定会出现这种情景。我们的预测与实际发生的情况不一致，在很大程度上是由于我们没有传递对预测的不确定性，或者在解读预测结果时提高了发生最坏情况的可能性，有时甚至被解释为百分之百地确定它会发生。我们渴望得到明确的保证，以至于经常忘记或忽视这些预测背后的微妙变化。

天气预报员的坏名声可能有一部分是自身原因造成的——他们过于谨慎，宁愿以增加误报率为代价来降低漏报潜在自然灾害的风险。在某种程度上，他们的糟糕名声可能源于我们根本无法恰当地分析概率（我们第一次遇到这个问题是在第 2 章），但还有一个原因是人们普遍低估了预测天气的基本困难。

魔鬼藏在细节中

150 年前，天气预报科学还处于起步阶段。早期的预测就是进行大气观测，然后研究历史记录，寻找具有相似特征的日子。找到最接近的日子后，把后面记载的天气变成天气预报。不出所料，用这种粗糙的特定方法预测天气这种极其复杂的系统并不是特别成功。

尽管控制大气的方程已经广为人知，但在 20 世纪的大部分时间里，人们还没有切实可行的办法精确而详细地求解这些方程，从而做出可靠而有用的预报。20 世纪 50 年代，随着超级计算机的出现，这个局面才得到了改观。在计算机中，地球表面被划分成网格，然后模拟决定天气的变量（风速、气压、湿度、温度等）。利用控制方程给出的公式，计算机可以根据相邻网格点早先的情况计算某个网格点特定时间的天气。知道当前大气的初始情况后，超级计算机可以足够快地迭代模型，完成具有实际使用价值的预报，为决策提供信息，针对预报的未来条件做出最好的反应。相比之下，如果人类预报员坐下来手工处理这些数字，那么预报甚至在完成之前就已经过时了。

随着计算能力的提高，预报能力也随之提高。预报员可以考虑更多的大气变量，网格也可以划分得更精细，以提供更高分辨率的预测。求解方程的速度变快后，超级计算机可以多次运行这些模型，而不是只运行一次。每次重复运行时，预报员可以在大气初始情况的基础上添加一些微小变化，模拟这些测量结果固有的不确定性，这使他们可以模拟这些差异是如何增多，如何随时间改变预报结果的，从而量化预测的不确定性。模拟运行的次数越多，我们对预报就越有信心。

多年来，随着超级计算能力和模拟技术的进步，预测天气模式的准确性得到了提高。一条近似的经验法则表明，每隔10年，以一定精确度预测未来的天数就会增加一天。[182] 也就是说，今天的4天预报和10年前的3天预报一样准确。30年前我们能完成4天预报，现在我们可以抱着同样的信心预报未来一周的天气。

尽管有了这些提高，但在预测像天气这样复杂的非线性系统的行为时，一定会有基本的、固有的不确定性，其中一个原因就是我们在建立必要模型时必须做出近似处理。我们不能用分子级模型来描述大气中所有的 200 000 000 000 000 000 000 000 000 000 000 000 000 000 000 000（2×10^{44}）个分子。以目前的计算设备来说，这是不可能的，短期内也不太可能。目前，这种"分子"级模型只能模拟几百万个原子[183] 在几亿分之一米的空间尺度上在几百微秒内[184] 的活动。相比之下，天气预报要求模型能够处理数万千米的全球空间尺度和至少一周的时间尺度。在这个尺度上用模型单独描述每个分子是行不通的。输入计算机的变量必须是用粗粒度的标尺表示细粒度的现实，才能让模型足够简单，可以有效运行。这些粗糙模型的计算成本较低，但代价是它们只能是现实的卡通图像——也许相似度可以接受，但永远不会像照片那样逼真。

以可以想象到的最精细的水平对现实建模的理论并不是一个新观点。

1814 年，法国数学家皮埃尔-西蒙·拉普拉斯（他是贝叶斯定理的早期支持者，我们在第 4 章中第一次遇到他）构想了一个思想实验，后来被称为拉普拉斯妖。[185]拉普拉斯假设有一种超级智能（魔鬼），在某个给定时刻，它会瞬间知道宇宙的一切，知道每个粒子的位置和动量，以及它们相互作用的规则。他推断，利用经典力学定律，就可以推理这些相互作用的粒子的位置和动量随时间的变化，因此整个宇宙从那时起将如何发展是完全可以预测的。当然，他的这个假设就像以一个极其精细的模型来预测大气的细粒度行为一样，实际上是不可能实现的。什么样的计算机能编码所有信息，更不用说完成计算了？

但是作为一个思想实验，拉普拉斯的假设对我们如何理解自由意志有着深远的影响，这与我在第 3 章说的 Aaronson Oracle 网站让我觉得我的自由受到了限制完全不同。你可能还记得，在这个网站上，电脑能够以大约 60% 的概率预测出我接下来会按两个键中的哪一个。这比完全凭运气预测的 50% 要好，但远没有达到足以说服我们把全部家当都押在它的预测结果上。相反，拉普拉斯的思想实验表明，我们所有当前和未来的行为都已经被确定下来了。事实上，我们只是一架自动机，按照宇宙诞生之初设定的剧本行事。如果这个魔鬼真的存在，它将能够 100% 确定地预测我们将按下两个键中的哪一个。如果拉普拉斯理论的核心原则是正确的，那么自由意志只是一种幻觉，是我们无法准确说明我们的起始条件，因此无法计算未来变化所导致的结果。

但是，我们是真的有自由意志，还是说自由意志只是一种错觉，也许并不重要，因为我们也缺乏区分两者的能力。不仅我们的计算资源不足，我们测量粒子位置和脉冲的精度也存在根本的限制，尤其是海森堡不确定性原理描述的基本不确定性所带来的限制。量子力学的不确定性原理表明，在非常小的空间尺度上，我们永远无法百分之百地确定粒子的位置和动量：如果你确切地知道粒子的运动速度，你就不可能确切地知道它在哪里。

海森堡不确定性原理和系统的复杂性及规模分别从理论层面和实践

层面决定了我们无法准确地确定大气的初始情况,这是天气预报不准确的第二个主要原因——混沌。

大混乱

在数学意义上,混沌(并非日常语境中的混乱无序之意)的主要特征是数学家所说的初值条件敏感性。[186] 这意味着,如果两个混沌系统完全相同,初始设定高度相似(但不完全相同),那么只要我们观察它们演化足够长的时间,它们最终都会走上不同的道路。

你可能会认为,系统只有高度复杂,才有可能表现出混沌特性。但事实并非如此。无摩擦双钟摆是简单混沌系统的一个经典例子。想象落地大摆钟的单摆,即一根坚实的金属棒,底部连着摆锤。人们对单摆的特性了解得非常透彻。它不会表现出混沌特性,行为非常可预测——事实上,它是如此可预测,我们的钟表甚至可以依据它来设置(也确实这样做了)。但是,如果在第一个钟摆的底部钉上另一个钟摆,情况就彻底不一样了。突然之间,尽管系统仍然足够简单,我们可以用数学方法全面描述它的行为,但双摆表现出了混沌的特点。

图 9–1 上面两幅图分别显示了在两种情况下将钟摆从近乎竖直的倒置状态(灰色显示)释放后钟摆末端的运动路径。两幅图中的钟摆初始状态相差不到 1/10 度。钟摆的轨迹最初表现得非常相似,但 5 秒钟后就开始不同了。你在图 9–1 下面两幅图中就能看到,25 秒后,钟摆末端运动路径产生的模式截然不同,尽管在这两种情况下,钟摆的初始条件高度相似。

初值条件敏感性对我们理解混沌系统有重要影响。混沌告诉我们,在建立模型来预测像天气这样的系统时,虽然我们深入理解了特定系统遵循的定律,但只要我们输入系统模型的起始状态有很小的不确定性,那么一段时间后,真实系统的演变也将显著偏离模型的预测。

你可以在自家厨房里听到混沌的声音。[187] 把烤盘底朝上放到水槽里,

图 9-1　上面两幅图显示了初始状态（灰色线）几乎完全相同的两个无摩擦双摆末端前 5 秒钟的运动轨迹（黑色）。轨迹一开始看起来很相似，但仅过了 5 秒钟后就明显不同了。到 25 秒时（下面两幅图），绘制的轨迹已经截然不同。在这两幅图中，两个双摆的最终状态用灰色显示

然后慢慢打开水龙头。当水龙头被打开到一定程度的时候，你会发现水滴在烤盘上发出有节奏的滴答声——让我们分心的水龙头漏水的声音。但是，如果把水龙头再打开一点儿，你就会发现水滴开始呈现出不规则的模式，从水龙头出水口出来的水在落下一段距离后才会形成一滴滴水珠。如果你闭上眼睛仔细听，那不可预测的声音几乎令人着迷。

　　混沌经常出现在我们周围的世界里，但我们往往没有意识到它。喷泉哗啦啦的声音和动物种群大小变化，都被认为具有混沌的特征。[188] 如果你曾经打过台球或在电视上看过打台球，你就会明白，无论打第一杆的选手的水平有多好，他们都无法精确地复制某次开球。但正如一位玩台球的朋友跟我说的那样，"这不是漏洞，这是一个特色，它可以保持游戏的趣味性"。因为击球速度和角度以及排成三角形的红球堆每一次都会有细微变化，所以每一次开球都不相同。微小的差异演变成较大的差异，从而使结果几乎不可预测，这是混沌的一个基本特征。

　　虽然台球的位置不能提前确定，但这并不等于它们是随机的。我们可以通过方程描述上述每一种混沌现象的演变（动物种群的增长、流体

流动的动态、台球的相互作用）。宏观物理定律不允许随机性自发演变，而是精确地规定了台球应该如何运动。如果我们确切地知道系统的初始条件，就可以完全肯定地预测未来的演变。但是初始条件中的小误差意味着模型中预测的未来轨迹很快就会偏离混沌系统中的真实轨迹。这就是随机性发挥作用的地方。我们测量初始条件时的不确定性被传播并放大了。

我们在显示双摆演变的图 9-1 中看到，初始条件几乎完全相同的两个系统可能会在很短的时间内保持几乎相同的路线，但如果允许它们演变足够长的时间，它们最终会分道扬镳，描绘出截然不同的路径。实际上，这意味着许多复杂的系统（例如天气）在给定的时间范围之外无法准确预测。就天气而言，以我们目前的测量和建模精度来看，这个时间范围在一到两周之间。[189] 超出这个范围后，天气预报的效果通常比不上查看历史天气记录，然后计算前几年同一天某一特定天气现象的平均概率这个方法。

尽管第一份每日天气预报直到 1861 年才在《泰晤士报》上公布，但天气预报的历史可以追溯到更早的时候。我们已经见到的那些"气象谚语"和经验法则清楚地表明，长期以来我们一直渴望预测未来的天气。早在古巴比伦时期，当时的人们就认为天气现象和天体位置之间有某种有意义的联系。有证据表明，古希腊是最早积极利用占星术来预测天气的文明之一。中世纪的天文学家和占星家得益于古希腊、印度、波斯和罗马的知识，用一种新的、正式的科学探索领域——天体气象学，取代了更原始（但准确性未必逊色）的预测形式。天体气象学现在被认为是伪科学，它的核心原则是天体可以影响和预测地球的天气。天体气象学盛行了很长一段时间，甚至在一些其他形式的占星术（例如本命占星术，当有人提到占星术时，我们可能首先想到这个分支，它认为你出生时的天体排列会影响你一生的道路）不再受科学青睐之后也没有马上退出历史舞台。

考虑到当时人们不是很了解天体对地球现象的影响，天体气象学能存在这么长时间也许并不令人惊讶。人们早就知道太阳的热和光对地球气候有重大影响，也知道月亮能影响潮汐变化等重要现象。因此他们想，难道其他更遥远的天体就不能决定地球上的自然现象吗？甚至直到 16 世纪末 17 世纪初，还有一些当时最著名的天文学家是天体气象学的信徒，包括第谷·布拉赫和约翰内斯·开普勒。尤其是第谷，他在天气日志的推广方面颇具有影响力，希望天气日志能为改进未来的天体气象预测提供重要数据。具有讽刺意味的是，这些详细的天气记录在 17 世纪为现代科学气象学的建立提供了数据，随后导致天体气象学不再被科学界接受。

17 世纪末，当时最杰出的天文学家已经把关注点从预报天气转向了预测天体本身的位置。1680 年 11 月，艾萨克·牛顿爵士观察到他一直在追踪的一颗彗星在太阳后面消失。几周后，也就是同年 12 月，太阳的另一侧又出现了一颗彗星。牛顿猜想这一定是同一颗彗星，但是它一定拐了个大弯，因为它从太阳后面穿过的速度极快。牛顿意识到，彗星的轨迹有那么大的弯曲度，肯定是有一种看不见的力作用在彗星上，他称之为引力。尽管有了这一发现，牛顿还是无法将他所观察到的彗星的运动与他新提出的运动定律和万有引力定律统一起来。

牛顿听任这条线索逐渐淡去，但他的朋友埃德蒙·哈雷爵士发现了其中的玄机。考虑到木星和土星的引力，利用牛顿的运动定律和万有引力定律，哈雷预测这颗彗星（现在被称作哈雷彗星）将在 1758 年再次出现。尽管这两个人都没能活到这一天，但这颗彗星还是在 1758 年的圣诞节大摇大摆地闯进了人们的视野。这是人类第一次证明行星以外的天体围绕太阳运行，也清楚地证实了牛顿定律的预测能力。太阳系中天体的运动似乎像时钟一样规律，这正是可预测性的本质。

到了 19 世纪中期，拥有牛顿定律的科学家开始自信起来。1846 年，牛顿力学成功地预言了海王星的存在——不是通过直接观察，而是通过数学计算确定它一定就在那里。[190] 这是科学预测能力取得的又一项荣誉。当然，如果数学家连天体未来的运动都已经了然于胸，还有什么物理问题是他们解决不了的呢？数学家和物理学家开始相信拉普拉斯的预测乌托邦——给定精确的初始条件，他们几乎可以预测任意场景下任意遥远的未来。

不过，并不是所有人都欣然接受这一信条。1885年，为了向瑞典国王奥斯卡二世致敬，瑞典数学家约斯塔·米塔格–莱弗勒和俄国数学家索菲娅·科瓦列夫斯卡娅向全世界科学家发起了挑战：任何人，只要能够证明 n 体问题，将获得一枚金质奖章和 2 500 瑞典克朗。所谓 n 体问题是指：根据牛顿万有引力定律相互吸引的 n 个物体，随着时间的推移将保持稳定。尽管这个问题的表述很抽象，但是从实际意义上讲，米塔格–莱弗勒和科瓦列夫斯卡娅真正想证实的是太阳系的稳定性。这8颗主要行星会永远有规律地围绕太阳运行，还是其中一颗会以不可预测的方式飞出太阳系？

经过3年的等待，终于等来了一篇据称能解决这个问题的手稿。法国著名数学家亨利·庞加莱提交了一篇300页长的论文，里面包含了所有新兴数学领域的基础知识。庞加莱将 n 体问题简化为三体问题，其中两个大质量相互绕转（就像双星系统一样），第三个小质量与其他两个相互作用。通过研究这三个天体的演变，庞加莱发现这个系统确实会保持稳定。虽然他并没有完全解决最初提出的问题，但因为这项研究，他仍然被公开授予了金质奖章并获得了 2 500 克朗的奖金。

但是，就在这项开创性的研究即将发表在米塔格–莱弗勒自己的杂志《数学学报》上时，他收到了庞加莱的一封电报，告诉他应停止印刷。庞加莱发现他的研究中有一个错误，而且是一个能彻底改变他的结论的根本性错误。庞加莱不再认为系统是稳定、可预测的，而是认为其中一个天体很容易被系统抛到九霄云外。他发现，即使这三个相互作用的天体的初始位置或质量发生很小的变化，也会极大地改变他的计算结果。很小的舍入误差可能会被迅速放大。他修正后的研究认为，太阳系表现出动态的不稳定性，非常复杂，因此无法准确地预测任意遥远的未来。这个结论颠覆了人们普遍接受的观点。庞加莱修正后的发现实际上预示了几十年后混沌的发现。1890 年 12 月,在悬赏公布 5 年多后,这个版本最终出版,直到今天仍然被认为是正确的。

尽管牛顿提出的定律(以及后来为进行更精确的计算而提出的广义相对论)确实可以给出太阳系未来结构的看似准确的预测,但正如庞加莱所发现的那样,这些天体的运动实际上是混沌的。但是行星的混沌只有在相对较长的时间尺度上才会显现出来(混沌的时间范围长达数千万年到数亿年)。精确地知道行星当前的位置使我们能够准确地预测它们在几百万年内的位置,但最终,在很长一段时间之后,行星可能会出现在太阳系的另一侧,正好与今天通过计算确定的位置相反。这并不是因为行星动态具有随机性(利用牛顿运动定律和万有引力定律,我们可以很好地理解和描述行星的运动),而是由行星运动是一个混沌系统这一事实导致的结果。混沌是限制我们预测许多复杂非随机现象的一个基本特征。正如数学家兼气象学家爱德华·洛伦兹所说,"混沌:现在决定了未来,但近似的现在并不能近似地决定未来"。

事实上,正是洛伦兹在 20 世纪 60 年代预测天气的尝试,直接促使他发现和描述了混沌理论这个数学分支。[191] 他建立了一个比较简单(按今天的标准)的地球大气模型,并试图用一台相当原始(同样是按照今天的标准)的计算机来解决这个模型。计算机会在固定的时间点将模拟的结果打印出来,其中包含一连串数字,表示 12 个变量(如风速、气压、湿度、温度等)的值。为了节省纸张、空间和时间,也为了使结果更令人满意,它没有完整地输出计算机正在处理的数字,而是采用了截尾表示法,将打印的数字都四舍五入小数点后三位。这个精度足以看到系统随时间推移发生的演变,但不如计算机内部处理的小数点后六位那么精确。例如,计算机存储的值是 24.120 034,打印的结果是 24.120。

洛伦兹决定重复一个模拟过程,但不想从头开始,所以他使用了前一轮模拟中截尾打印的变量值作为新的重复模拟的初始条件。在检查这次重新运行的最终结果后,他沮丧地发现,尽管两次重复模拟预测的天气模式在一段时间内一直相似,但在模拟结束时,预测的天气却完全不同。初始条件值相差不到千分之一，却导致系统在比较短的时间内出现了分歧。

这个结果让洛伦兹困惑了一段时间，他怀疑计算机出了问题。最后，为便于理解，他将模型简化为只剩 3 个变量[192]，但问题并没有消失。在不同的计算机上多次重复实验后，他最终得出了一个与当时主流观点（初始条件的微小差异不会对模型的最终输出产生太大影响）相反的结论：这种对初始条件的敏感依赖是系统的固有属性，这也是混沌系统的一个标志。

1972 年 12 月，他在一篇题为"巴西一只扇动翅膀的蝴蝶是否会引发得克萨斯州的龙卷风？"的论文[193]中分享了他的发现，并提交给了美国科学促进会。他提出这个富有诗意的问题是为了阐明他的观点：如果没有完全了解初始条件，就不要指望预测未来的天气模式。事实上，他认为，如果预测的是足够遥远的未来，那么即使初始条件几乎相同，我们也有可能看到两种截然不同的预测，一种是预报有龙卷风，另一种是预报没有龙卷风。

蝴蝶效应是一个效果极佳的比喻，而且特别贴切，因为洛伦兹的大气简化模型（洛伦兹建立该模型是为了强调确定性系统有可能表现出混沌形态）的轨迹看起来（稍加想象，从正确的角度看）就像飞行中的蝴蝶展开的翅膀（见图 9-2）。蝴蝶效应已经成为大众科学中最著名的概念之一，深深地渗透到通俗文化中。我想数一数音乐平台声破天（Spotify）上有多少首名为"蝴蝶效应"的歌曲，数到 100 多之后，我厌倦了，就没有继续数下去。有 20 多张专辑和至少两个乐队都叫这个名字。互联网电影资料库（IMDB）中至少有 100 部电影或电视剧的片名中都包含这个词语。

不幸的是，当从科学插画转化成流行文化的比喻时，这个比喻的微妙之处经常被误用或歪曲。罗伯特·雷德福在 1990 年的电影《哈瓦那》中饰演的数学家兼赌徒杰克·威尔说："一只蝴蝶在中国的一朵鲜花上扇动翅膀，就有可能在加勒比海引发一场飓风。我相信这一点。他们甚至

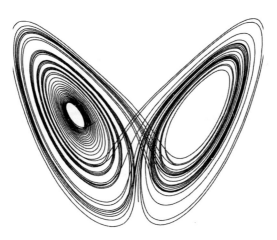

图 9-2　爱德华·洛伦兹的混沌蝴蝶。从这个角度看，洛伦兹用来描述混沌的大气简化模型留下来的轨迹形状酷似蝴蝶的翅膀

可以计算出概率。"这几乎与洛伦兹的本意正好相反。罗伦兹提出那个具有启发性的蝴蝶问题，是要表明对初始条件的敏感性会使这些类型的系统在超出一定的时间范围后几乎不可预测。当然，我们不可能将飓风的形成直接归因于任何一次蝴蝶扇动翅膀或任何特定蝴蝶的行为。

正如洛伦兹在他的原始论文中所认识到的那样："如果蝴蝶翅膀的扇动有助于产生龙卷风，那么它同样也有助于阻止龙卷风的发生。"他接着明确指出："我认为，这么多年来，微小的扰动既没有增加也没有减少龙卷风等各种天气事件发生的频率；它们能做的最多就是改变它们发生的顺序。"

这个比喻，即使是洛伦兹提出的原始版本，也遭到了一些科学家的质疑。虽然蝴蝶翅膀的每次扇动确实会改变周围的气压，但这种波动很快就会消散，与决定天气的大规模气压变化相比，这种波动是非常小的。蝴蝶翅膀扇动所引起的扰动会被它身边几厘米范围内的空气分子平息掉，因此很难想象这种微小的变化如何能迅速放大，并明显改变预测的天气，直至触发或避免龙卷风。怀疑论者认为，更有可能的是，我们对地球大气的粗略描述掩盖了控制天气的一些重要物理因素，这比一只甚至是世界上所有蝴蝶扇动翅膀产生的影响都要大。

预测的局限性

不管是什么原因（无论是因为模型不准确，还是因为真正的混沌特性），我们的预测能力都是有限的。数学只能带我们走这么远。即使利用世界上最强大的计算资源来解决这个问题，我们预测未来的能力也会受到一些基本限制：预测多长时间的事，准确度有多高，预测什么。混沌从根本上限制了我们能窥探多久的未来，甚至限制了我们能回顾多久的过去。无处不在的不确定性和混沌意味着我们不应该试图对遥远的未来做出明确的预测。如果我们把预测的网撒向久远的未来，那么在解读网中的东西时就必须小心。

相反，我们做出的预测，以及我们可能希望看到的预测，都应该附带相应的警告，表明我们对这些预测的信心程度。尽管批评者可能会说，天气预报提供明天下雨的概率百分比只是为了避免受到指责，但事实并非如此。预报员承认对他们的预测有一定程度的怀疑，这是比笼统地预测下雨或晴天更有用的信息。如果有人说他们肯定知道未来会发生什么，我们反而应该警惕。有的人过于相信自己的系统，不承认任何程度的不确定性，而是张口"毫无疑问"、闭口"绝对肯定"，如果我们听信他们的话，那么当事情不像预期的那样发展时，我们注定会毫无准备。

我们必须了解预测的局限性（在某些情况下我们无法做出准确的预测），这一点至关重要。我们既要知道我们有时是无法确定未来会发生什么的，也要知道我们有时是可以确定的。错误地相信错误的预测比小心谨慎、根本不做任何预报更糟糕。可以说，就重要性而言，与其了解如何科学预测，不如熟练掌握什么时候不要做预测。

后记

●

　　几千年来，我们一直试图预测未来，并已经取得了不同程度的成功。在古代，要做出看似正确的预测，主要靠两种方法，一是基于经验（我们记得太阳每天都会升起，所以我们预测它明天还会升起），二是依靠操纵。占卜者会使用各种各样的工具。我们在第 1 章中发现，现代通灵师也会利用这些工具，包括福勒效应、彩虹策略、乱枪打鸟、否定消失和钓鱼式刺探等。他们将这些技巧与他们了解的一些偏倚（包括证真偏倚、后见之明偏倚、动机性推理和巧合偏倚）结合到一起，使我们更有可能接受他们的猜测，原谅或忘记他们的错误。

　　后来，科学（也许数学在其中起到了最重要的作用）开创了预测的新时代，我们得以超越仅仅依靠经验进行预测（通过查阅历史记录中某一天的情况来预测天气）的阶段，掌握了对我们所经历的现象加以概括（假设一般规律）的能力，这使我们能够可靠地预测我们尚未经历过的情景。我们逐渐掌握了面对随机不确定性（"100 年后行星会在哪里？"）和认知不确定性（"元素周期表中缺失的元素是什么？"）进行预测的能力。

　　这种对经验进行概括、提出假说并随后对其进行检验的做法，是科学的基石。做出预测然后通过实验证伪或证真，对于推动知识的发展至关重要。面对认知不确定性进行预测以揭示宇宙秘密的思想正是科学研究的范式——对可知（我们希望如此）但目前未知的情况进行推理。

　　随着我们的科学认识和实践不断推进，我们能够做出更好、更可靠、更普遍的预测。相应地，随着我们对预测方法的了解不断深入，我们也能回答更多因此产生的科学问题，形成了一个共生的正反馈回路。从这个意义上说，即使到今天，最优秀的科学家也甘愿做出后来可能被证明是错误的预测。犯错的行为本身可以教会我们一些关于世界的知识，即使这些知识可能不是我们所期望的。

科学提供的工具还能帮助我们揭露那些不择手段、通过毫无根据的花言巧语利用我们的人。通过对照实验，我们可以揭穿那些毫无根据地宣称他们的神奇疗法疗效惊人的江湖骗子，还能客观地看待那些欺诈性的占卜者，从而看穿他们——他们的成功率并不比单纯由概率决定的成功率高（有时甚至更低）。事实上，概率学通过展示看似不太可能发生的事情发生的频率，可以阻止我们草率地得出不合理的结论，也阻止我们在仅有相关性或巧合的情况下就推断出因果关系。

尽管科学革命看似非常全面，但到了19和20世纪，我们发现，即使使用最精确的科学和数学工具，我们所能期望的预测效果也会受到严格的限制。混沌告诉我们，即使有了复杂非线性现象的极其详细的模型，我们的预测最终还是会偏离现实。未来的某些部分总是隐藏在时间范围之外。我们想要预测的许多系统（无论是体育赛事还是飓风）所固有的随机性意味着我们永远无法绝对肯定地预测未来的情形。我们所能期望的最好结果是给出一系列可能的情景，同时附带一个数值来表达我们对每种情景的信心。

对于某些现象，比如地震，我们甚至连这一点都做不到。我们也许可以大致展示未来发生地震的频率分布，但这并不能帮助我们预测下一次地震何时发生，破坏性有多大。

即便如此，了解各个地方发生各种震级地震的频率也有助于我们准备并优先分配资源，尽管我们不知道下一次地震的确切时间。在英国，我们很少做防震准备，因为这些分布表明，英国发生大地震的可能性极低。相比之下，日本通常将其年度预算的3%以上用于灾害风险管理。

自从20世纪50年代末开始加强防灾准备以来，日本的年平均灾害死亡人数已从数千人减少到数百人。日本甚至将每年的9月1日定为全国"防灾日",这一天是 1923 年关东大地震的周年纪念日。防灾日是敦促人们参加灾难演习的催化剂,也是政府向公众传播防灾建议的一个机会。

我们制订的每一个计划都是在和世界的不确定性对赌,准备工作也不例外。和未来不可预测的变化对赌需要我们做出一些牺牲以规避损失,而准备的程度则代表我们在这个问题上权衡考虑的结果。不言而喻,购买大病保险这种常规的止损方式表示了我们对自己患病可能性的信心程度。建造核掩体和制订完全"脱离电网"的生活计划都是更极端的对冲措施,应对的是未来不太可能发生的情况。

必须记住,选择不为特定可能性做准备也是一种隐含的预测。在个人层面上,选择不购买人寿保险可以被认为是与意外死亡对赌。在国家层面上,未能储存个人防护装备或建立卫生服务能力,是一个国家赌不会发生重大疫情的行为。预测未来不仅仅是旗帜鲜明的"积极"预测,也包括没有公开表示的"消极"预测。后者没有明显表现出来,往往更难被发现,但这些预测一旦失败,同样具有破坏性。

有的人认为,未能发现和防止"9·11"恐怖袭击事件就是一个失败的消极预测。另外一些评论人士在摆出充分的理由后指出,这次袭击要么完全不可预测,要么在很大程度上不可预测。他们认为,这次袭击与我们之前经历的情况大不相同,我们没有这方面的数据,因此我们无法把数据输入预测模型,使其发出可信的警报,提醒人们美国本土可能会发生大规模恐怖袭击。

回顾"9·11"恐怖袭击之前发生的事,你或许会觉得并非如此。很多有后见之明的人提出了应该能阻止这一恐怖暴行的措施,例如,机场应该提高安全检查的力度,驾驶舱的门应该锁上,应该更认真地考虑飞机被劫持的威胁。但是,事后责怪自己过去没有预先实施这些预防措施,似乎是不合理的。有后见之明的人很容易忘记一个事实:恐怖活动的风险在"9·11"事件之前没有之后那么高。如果有人提出建议,并足够强硬地说服当局采取这些措施，例如禁止在飞机上携带大量液体，通过机场安检时必须脱掉鞋子，那么肯定会有政治组织站出来，强烈反对这些"不必要的、限制自由的"措施。事实上，如果"9·11"恐怖袭击真的被避免了，那么这个预测就会变成自毁预言，人们假想的这些安全措施最终会松动，为类似灾难性袭击的发生创造条件。

仅仅因为"9·11"恐怖袭击发生就批评之前的反恐努力，也是受到了幸存者偏倚的影响——忘记了有大量从未听说过的恐怖主义阴谋被挫败了。即使是尝试预测这些不寻常的事件，我们也需要反事实思维——回顾过去，想象事情朝着另一个方向发展，做一些假设，帮助我们设想不同的现在和未来。不用说，想象事件按照与我们现实经验相反的方向发展，难度非常大。

2020年1月，为了给这本书增加一部分有噱头的内容，我遇到了一个问题。我采取的办法与我在第3章中介绍的策略（在5场本质上类似于两匹马参赛的赛马中每场都两头下注）比较相似，同时赌利物浦和曼城赢得英超联赛冠军、牛津和剑桥赢得2020年男子赛艇比赛（这两个赌注后来再次出现在本书前面介绍的2022年累积赌注中）、泰森·富里和德纳提·维尔德赢得拳击赛、德约科维奇和多米尼克·蒂姆赢得澳网男单冠军（当时刚刚确定决赛将在他们之间进行）、民主党和共和党候选人赢得美国总统大选（当时拜登尚未被选为民主党候选人）。我以为我已经考虑了所有情况，不可能输掉这个赌注，因为我赌的是所有可能的结果。但我忘记考虑更广泛的背景——这些事件会有什么结果（或者更准确地说，这些事件会不会有结果）取决于我们这个世界是否继续像我一直经历的那样行事。事后看来，这是一个错误的假设，但也许是可以原谅的。

我做事缺乏条理，没能及时下注所需的32笔赌注。但这一次，我因为缺乏条理而得到了回报。德约科维奇在2020年2月初的澳大利亚网球公开赛上赢得了男子单打冠军，泰森·富里在同月进行的一次比赛中击败了德纳提·维尔德，利物浦最终以巨大优势赢得了英超联赛冠军，民主党候选人拜登赢得了备受争议的美国总统大选。但 2020 年的赛艇比赛根本没有举行。2020 年年初，新型冠状病毒感染疫情暴发。赛艇比赛原定于 2020 年 3 月 29 日举行，但在那之前英国的第一次也是最严格的封锁已经进行了一周。人们只有在出现医疗紧急情况、购买必需品、上班或单独锻炼时才被允许出门。赛艇比赛当然不可能按计划进行。如果我下了累积赌注，那么当新冠病毒出现并威胁全世界后，我认为万无一失，足以让全世界相信我可以肯定地预测未来的计划就会破产。尽管我确信我的赌注十拿九稳，但最后的结果却并非如此。

在我计划这个赌注的时候，我也非常有信心地认为我将在 2021 年春天完成这本书的初稿，并在 2022 年年初出版。事实是，在疫情暴发的头两年里，我不得不在家教育两个孩子，再加上定期参加科学交流，导致我最终晚了一年多才交出了初稿。这表明，即使是最周密的计划，也可能失败。

如果不仔细考虑行为的潜在后果，计划就会出错，即使意图是好的。1861 年，当理查德·加特林发明手摇式速射机枪时，他真诚地认为这项发明可以拯救生命。加特林注意到，更多的士兵是因为疾病而不是因为枪伤离开战场的。关于他的新发明，他写道：

> 我突然想到，如果我能发明一种可以快速发射的武器（枪），那么一个人就能完成一百人的战斗任务，这将在很大程度上降低大规模军队参战的必要性，战争和疾病也将大大减少。

在美国内战初期，一名熟练的步枪手每分钟可以发射 5 发子弹。加特林机枪每分钟能发射 200 发子弹，而且不需要特别专业的训练。他的发明意外增加了每支军队能够执行的"战斗任务"，带来的效果与他的初衷背道而驰。

1883 年，海勒姆·马克沁在加特林机枪的基础上发明了一种新枪型

（第一款自动机枪），并申请了专利。他似乎也对自己的发明能减少战争死亡人数抱有很高的期望，但原因不同。当英国科学家哈夫洛克·埃利斯问他："这种枪不会让战争变得更可怕吗？"据说他当时的回答是："不会，它会使战争不可能发生。"马克沁机枪每分钟能发射600多发子弹，是一个杀人机器。马克沁显然认为他的发明具有极强的破坏性，因此他认为，从博弈论的角度来看，军事领导人在战场上释放如此强大的力量对双方来说都是毁灭性的。《纽约时报》同意马克沁的观点，认为各方领导人将被迫通过谈判达成和平解决方案，并将机枪称作"制造和平、维持和平的恐怖武器"。

遗憾的是，马克沁和《纽约时报》的成本效益分析偏离了方向。他们低估了人对人的残暴，高估了掌握生死大权的人心目中的生命成本。在第一次世界大战中，据说机枪杀死了数十万人。仅索姆河战役的第一天就有2万多名英国士兵被击毙，其中绝大多数死于德国版的马克沁机枪。我们在第5章中已经看到，破坏力超强、即使怒火冲天也可能永远不会使用的武器最终也会被创造出来，但使用它们的代价（有可能毁灭整个人类）比马克沁机枪要高得多。事实证明，即使是核武器也没有可怕到足以阻止常规战争。

当预测出错时，我们通常可以从经验中学到一些东西，帮助我们下次面对类似的情况。如果说能够从这本书学到一些东西的话，那就是当计划出错时，我们应该评估原因，以免在未来犯同样的错误。

如果我们轻率地做出线性预测，结果证明是不正确的，那么我们应该想一想是什么原因导致了最终的失败。是否存在一个潜在的正反馈回路，如滚雪球般失去控制，导致增长速度超过了预期？还是存在一个隐藏的负反馈回路，阻止事态沿我们预期的方向发展呢？

值得庆幸的是，很多错误我们都已经犯过了，这使我们避免了重蹈覆辙的耻辱。但是，如果我们不能从历史中吸取错误预测的教训，那么我们最终可能会像第8章中不幸的英国占领者一样反复提供不当激励，或者像第 2 章中的科学家一样受动机性推理的影响，过度解读数据。我们在考虑过去做出的、现在似乎已经实现的预测时，也必须小心，不要下意识地进行事后预测——在事件发生后才去看预测与事实是否吻合。相反，当我们嘲笑看似稚嫩的失败预测时，我们应该仔细想一想我们是否受到了后见之明偏倚的影响，它会使发生的事件看起来比实际更容易预测。

我们自己在推断时，也需要意识到固有的偏见可能会让我们陷入困境。我们是否在感知到一种可能只是巧合的联系后做了过多的推断？我们是否在噪声中发现了"隐藏"的模式，而事实证明它其实就是噪声？我们有没有问过自己，我们是真的看到了全貌，还是只看到了某人围绕数据画出来的"靶心"，而这个靶心只会讲述他们想让我们听到的故事？

如果我们相信自己在面对新证据时能够改变自己的观点，不管我们过去是多么执着于那些观点，如果我们能说服自己对任何事情都不要百分之百地确定，给自己改变想法的机会，如果我们能够依靠自己，利用每一个相关的数据来更新我们的观点，那么我们就能学会预料以前预料不到的事情。这是一个缓慢的过程，但效果不容置疑。

致谢

●

在新冠疫情暴发时，这本书大概写到一半。我的编辑凯蒂·弗莱恩、尼娜·桑德尔森以及栎树出版社的每个人都非常友好，他们允许我暂停写作，专注于向公众传播流行病背后的数学知识。能够在全国性报纸、电视新闻节目、国际广播时事节目等多个平台上分享数学建模和统计的重要性，我的运气真是太好了！我觉得我们终于能直截了当地回答世界各地的学生在数学课堂上都喜欢问的这个古老问题了："我什么时候需要用到数学？"

我在新闻节目中提到的许多故事被收录进了这本书，包括预测失败的例子、会犯线性偏倚和正常化偏倚错误的人、无法理解指数增长的人。我的经历在某些方面对这本书的创作带来了便利，但肯定也在其他某些方面造成了影响。最明显的是，我有大约12个月没写一个字。我写的是一本关于预测的书，却没能预见它会因一场全球规模的事件而偏离轨道，这可真是讽刺。

在疫情最严重的那段时期，我参加了一些精彩的科学传播活动，并和许多杰出人士保持了持久的联系，尤其是我在SAGE的同事们。我从他们那里学到了很多东西，他们的支持对我来说意义重大。

我重新开始写作后，我的父亲蒂姆和继母玛丽一如既往地给予了我极大的帮助。他们把全书所有内容都至少读了一遍，还给了我有益的评论和修改意见。同样，我博士时期的两位前同事亚伦·史密斯和加布里埃尔·罗瑟也阅读了文稿，合理地对内容提出了一些质疑。

我还要感谢我所在的巴斯大学，他们一直鼓励我从事科学传播方面的工作，尤其是我的同事乔恩·道斯，他审阅了书中与混沌有关的内容。

和以往一样，我的经纪人克里斯·韦尔比洛夫和编辑凯蒂·弗莱恩、尼娜·桑德尔森一直支持我、维护我。你们的反馈和支持非常宝贵，我期待着看到我们合作的成果。

我要感谢我在创作过程中联系过的那些人，感谢他们同意分享他们的故事。你们的经历充实了这本书，感谢你们不辞辛苦与我分享这些经历。

最后，我最感谢的是我的家人，在我忙于写作的时候，他们再一次给予了我鼓励和容忍。尤其是我的妻子卡兹，她是我最大的支持者。我的孩子——威尔和埃米，是我最耐心、最忠实的支持者。这本书献给你们。你们就是我的未来。

注释

●

引 言

1. Rasool, S. I., & Schneider, S. H. (1971). Atmospheric carbon dioxide and aerosols: Effects of large increases on global climate. *Science, 173*(3992), 138–41. https://doi.org/10.1126/science.173.3992.138

2. Easteal, S. (1981). The history of introductions of Bufo marinus (Amphibia: Anura); a natural experiment in evolution. *Biological Journal of the Linnean Society, 16*(2), 93–113. https://doi.org/10.1111/J.1095-8312.1981.
TB01645.X

3. Kanwisher, N., McDermott, J., & Chun, M. M. (1997). The fusiform face area: A module in human extrastriate cortex specialized for face perception. *Journal of Neuroscience, 17*(11), 4302–11. https://doi.org/10.1523/jneurosci.17-11-04302.1997

4. Lahiri, K., & Monokroussos, G. (2013). Nowcasting US GDP: The role of ISM business surveys. *International Journal of Forecasting, 29*(4), 644–58. https:// doi.org/10.1016/j.ijforecast.2012.02.010

5. Lampos, V., & Cristianini, N. (2012). Nowcasting events from the social web with statistical learning. *ACM Transactions on Intelligent Systems and Technology, 3*(4). https://doi.org/10.1145/2337542.2337557

6. Frankfort, H., Frankfort, H. A., Wilson, J. A., Jacobsen, T., & Irwin, W. A. (1948). The Intellectual Adventure of Ancient Man: An Essay on Speculative Thought in the Ancient near East. *The Journal of Religion, 28*(3), 210–13. https://doi.org/10.1086/483727

7. Smart, W. M. (1946). John Couch Adams and the discovery of Neptune. *Nature, 158*(4019), 648–52. https://doi.org/10.1038/158648a0

8. Maxwell, J. C. (1865). A dynamical theory of the electromagnetic field. *Philosophical Transactions of the Royal Society of London, 155*, 459–512. https://doi.org/10.1098/rstl.1865.0008

9. Cahalan, R. F., Leidecker, H., & Cahalan, G. D. (1990). Chaotic Rhythms of a Dripping

Faucet. *Computers in Physics*, *4*(4), 368. https://doi.org/10.1063/1.4822928

10. May, R. M. (1987). Chaos and the dynamics of biological populations. *Proceedings of The Royal Society of London, Series A: Mathematical and Physical Sciences*, *413*(1844), 27–44. https://doi.org/10.1515/9781400860197.27

第 1 章

11. Moore, D. W. (2005). *Three in Four Americans Believe in Paranormal: Little Change From Similar Results in 2001. Gallup Poll News Service*. http://www.gallup.com/poll/16915/Three-Four-Americans-Believe-Paranormal.aspx

12. Dickson, D. H., & Kelly, I. W. (1985). The 'Barnum Effect' in Personality Assessment: A Review of the Literature. *Psychological Reports*, *57*(2), 367–382. https://doi.org/10.2466/pr0.1985.57.2.367

13. Howard, J. (2019). Forer Effect. *Cognitive Errors and Diagnostic Mistakes*, 139–44. https://doi.org/10.1007/978-3-319-93224-8_9

14. Matlin, M. W., and Stang, D. J. (1978). *The Pollyanna principle: Selectivity in language, memory, and thought*. Schenkman Publishing Company.

15. Izuma, K., Saito, D. N., & Sadato, N. (2008). Processing of Social and Monetary Rewards in the Human Striatum. *Neuron*, *58*(2), 284–94. https://doi.org/10.1016/j.neuron.2008.03.020

16. Jung, C. G. (1952). *Synchronicity: an acausal connecting principle*. Princeton University Press.

17. Ono, K. (1987). Superstitious behavior in humans. *Journal of the Experimental Analysis of Behavior*, *47*(3), 261. https://doi.org/10.1901/JEAB.1987.47-261

18. Wagner, G. A., & Morris, E. K. (1987). 'Superstitious' Behavior in Children. *The Psychological Record*, *37*(4), 471–88. https://doi.org/10.1007/bf03394994

19. Zwicky, A. M. (2006). Why are we so illuded? https://web.stanford.edu/~-zwicky/LSA07illude.abst.pdf

20. Von Restorff, H. (1933). über die Wirkung von Bereichsbildungen im Spurenfeld. *Psychologische Forschung*, *18*(1), 299–342. https://doi.org/10.1007/BF02409636

第 2 章

21. Wegener, A. (1912). Die Herausbildung der Grossformen der Erdrinde(Kontinente und Ozeane), auf geophysikalischer Grundlage (The uprising of large features of earth's crust (Continents and Oceans) on geophysical basis). *Petermanns Geographische Mitteilungen*, *63*, 185–195.

22. Wegener, A. (1929). *Die entstehung der kontinente und ozeane (The origin of continents and oceans)* (4th ed.). Braunschweig: Friedrich Vieweg & Sohn Akt.Ges.

23. Le Pichon, X. (1968). Sea-floor spreading and continental drift. *Journal of Geophysical Research*, *73*(12), 3661–3697. https://doi.org/10.1029/jb073i012p03661

24. Dalton, J. (1806). III. On the absorption of gases by water and other liquids . *The Philosophical Magazine, 24*(93). https://doi.org/10.1080/14786440608563325

25. Prout, W. (1815). On the relation between the specific gravities of bodies in their gaseous state and the weights of their atoms. *Annals of Philosophy, 6*, 321–330. https://web.lemoyne. edu/~giunta/PROUT.HTML

26. Harkins, W. D. (1925). The Separation of Chlorine into Isotopes (Isotopic Elements) and the Whole Number Rule for Atomic Weights. *Proceedings of the National Academy of Sciences, 11*(10), 624–628. https://doi.org/10.1073/pnas.11.10.624

27. Rutherford, E. (1919). LIV. Collision of α particles with light atoms . IV. An anomalous effect in nitrogen. *The London, Edinburgh, and Dublin Philosophical Magazine and Journal of Science, 37*(222), 581–587. https://doi.org/10.1080/14786440608635919

28. Mayr, E. (1982). *The Growth of Biological Thought: Diversity, Evolution, and Inheritance,* 974. Harvard University Press.

29. Rathke, M. H. (1828). über das Dasein von Kiemenandeutungen bei menschlichen Embryonen (On the existence of gill slits in human embryos). *Isis von Oken, 21*, 108–9.

30. Darwin, C. (1859). *On the origin of species by means of natural selection, or the preservation of favoured races in the struggle for life. On the origin of species by means of natural selection, or the preservation of favoured races in the struggle for life.* John Murray.

31. Huber, J., Payne, J. W., & Puto, C. (1982). Adding Asymmetrically Dominated Alternatives: Violations of Regularity and the Similarity Hypothesis. *Journal of Consumer Research, 9*(1), 90. https://doi.org/10.1086/208899

32. Attali, Y., & Bar-Hillel, M. (2003). Guess where: The position of correct answers in multiple-choice test items as a psychometric variable. *Journal of Educational Measurement, 40*(2), 109–28. https://doi.org/10.1111/j.1745-3984.2003.tb01099.x

33. Bar-Hillel, M. (2015). Position effects in choice from simultaneous displays: A conundrum solved. *Perspectives on Psychological Science, 10*(4), 419–33. https://doi. org/10.1177/1745691615588092

34. Christenfeld, N. (1995). Choices from Identical Options. *Psychological Science, 6*(1), 50–55. https://doi.org/10.1111/j.1467-9280.1995. tb00304.x

35. Gavagnin, E., Owen, J. P., & Yates, C. A. (2018). Pair correlation functions for identifying spatial correlation in discrete domains. *Physical Review E, 97*(6), 062104. https://doi. org/10.1103/PhysRevE.97.062104

36. Owen, J. P., Kelsh, R. N., & Yates, C. A. (2020). A quantitative modelling approach to zebrafish pigment pattern formation. *ELife, 9*, 1–62. https://doi.org/10.7554/eLife.52998

37. Feychting, M., & Alhbom, M. (1993). Magnetic fields and cancer in children residing near Swedish high-voltage powerlines. *American Journal of Epidemiology, 138*(7), 467–81. https://doi.org/10.1093/oxfordjournals.aje.a116881

38. Goodenough, D. R. (1991). Dream recall: History and current status of the field. In *The mind in sleep: Psychology and psychophysiology* (pp. 143–71). John Wiley & Sons.

39. Morewedge, C. K., & Norton, M. I. (2009). When Dreaming Is Believing: The (Motivated)

Interpretation of Dreams. *Journal of Personality and Social Psychology*, *96*(2), 249–64. https://doi.org/10.1037/a0013264

第 3 章

40. Spira, A., Bajos, N., Béjin, A., Beltzer, N., Bozon, M., Ducot, B., ... Touzard, H. (1992). AIDS and sexual behaviour in France. *Nature*, 360, 407–409. https://doi.org/10.1038/360407a0

41. Dickersin, K., Chan, S., Chalmersx, T. C., Sacks, H. S., & Smith, H. (1987). Publication bias and clinical trials. *Controlled Clinical Trials*, *8*(4), 343–53. https://doi.org/10.1016/0197-2456(87)90155-3

42. Kicinski, M., Springate, D. A., & Kontopantelis, E. (2015). Publication bias in meta-analyses from the Cochrane Database of Systematic Reviews. *Statistics in Medicine*, *34*(20), 2781–93. https://doi.org/10.1002/sim.6525

43. Whitney, W. O., & Mehlhaff, C. J. (1987). High-rise syndrome in cats. *Journal of the American Veterinary Medical Association*, *191*(11), 1399–403. https://europepmc.org/article/med/3692980

44. Rutledge, R. B., Skandali, N., Dayan, P., & Dolan, R. J. (2014). A computational and neural model of momentary subjective well-being. *Proceedings of the National Academy of Sciences of the United States of America*, *111*(33), 12252–7. https://doi.org/10.1073/pnas.1407535111

45. Narayanan, S., & Manchanda, P. (2012). An empirical analysis of individual level casino gambling behavior. *Quantitative Marketing and Economics*, *10*(1), 27–62. https://doi.org/10.1007/s11129-011-9110-7

46. Cox, S. J., Daniell, G. J., & Nicole, D. A. (1998). Using Maximum Entropy to Double One's Expected Winnings in the UK National Lottery. *Journal of the Royal Statistical Society: Series D (The Statistician)*, *47*(4), 629–641. https://doi.org/10.1111/1467-9884.00160

47. *Ibid.*

48. *Ibid.*

49. Schulz, M.-A., Schmalbach, B., Brugger, P., & Witt, K. (2012). Analysing Humanly Generated Random Number Sequences: A Pattern-Based Approach. PLoS ONE, 7(7), e41531. https://doi.org/10.1371/journal.pone.0041531

50. Larcom, S., Rauch, F., & Willems, T. (2017). The Benefits of Forced Experimentation: Striking Evidence from the London Underground Network. *The Quarterly Journal of Economics*, *132*(4), 2019–55. https://doi.org/10.1093/qje/qjx020

51. Schwartz, B. (2004). *The Paradox of Choice: Why More is Less*. Ecco.

52. Iyengar, S. S., & Lepper, M. R. (2000). When choice is demotivating: Can one desire too much of a good thing? *Journal of Personality and Social Psychology*, *79*(6), 995–1006. https://doi.org/10.1037/0022-3514.79.6.995

53. Douneva, M., Jaffé, M. E., & Greifeneder, R. (2019). Toss and turn or toss and stop? A coin flip reduces the need for information in decision-making. *Journal of Experimental Social Psychology*, *83*, 132–41. https://doi.org/10.1016/j.jesp.2019.04.003

第 4 章

54. Pater, C. (2005). The blood pressure 'uncertainty range' –A pragmatic approach to overcome current diagnostic uncertainties (II). In *Current Controlled Trials in Cardiovascular Medicine*, 6(1), 5. BioMed Central. https://doi.org/10.1186/1468-6708-6-5

55. Jelenkovic, A., Sund, R., Hur, Y. M., Yokoyama, Y., Hjelmborg, J. V. B., Möller, S., Honda, C., Magnusson, P. K. E., Pedersen, N. L., Ooki, S., Aaltonen, S., Stazi, M. A., Fagnani, C., D'Ippolito, C., Freitas, D. L., Maia, J. A., Ji, F., Ning, F., Pang, Z., ... Silventoinen, K. (2016). Genetic and environmental influences on height from infancy to early adulthood: An individual-based pooled analysis of 45 twin cohorts. *Scientific Reports*, 6(1), 1–13. https://doi.org/10.1038/srep28496

56. Hill, T. P. (1995). A Statistical Derivation of the Significant-Digit Law. *Statistical Science*, 10(4), 354–363. https://doi.org/10.1214/ss/1177009869

57. Nigrini, M. J. (2005). An Assessment of the Change in the Incidence of Earnings Management Around the Enron-Andersen Episode. In *Review of Accounting and Finance*, 4(1), 92-110. Emerald Group Publishing Limited. https://doi.org/10.1108/eb043420

58. Rauch, B., Göttsche, M., Engel, S., & Bähler, G. (2011). Fact and Fiction in EU-Governmental Economic Data. *German Economic Review*, 12(3), 243–55. https://doi.org/10.1111/j.1468-0475.2011.00542.x

59. Roukema, B. F. (2014). A first-digit anomaly in the 2009 Iranian presidential election. *Journal of Applied Statistics*, 41(1), 164–99. https://doi.org/10.1080/02664763.2013.838664

60. Horton, J., Krishna Kumar, D., & Wood, A. (2020). Detecting academic fraud using Benford law: The case of Professor James Hunton. *Research Policy*, 49(8), 104084. https://doi.org/10.1016/j.respol.2020.104084

61. Nigrini, M. J. (1999). I've got your number. *Journal of Accountancy*, 187(5), 79–83.

62. Manaris, B., Pellicoro, L., Pothering, G., & Hodges, H. (2006). Investigating Esperanto's statistical proportions relative to other languages using neural networks and Zipf 's law. *Proceedings of the IASTED International Conference on Artificial Intelligence and Applications, AIA 2006.*

63. Lotka, A. (1926). The frequency distribution of scientific productivity. *Journal of the Washington Academy of Sciences*, 16(12), 317–23.

64. Gabaix, X. (1999). Zipf 's Law for Cities: An Explanation. *The Quarterly Journal of Economics*, 114(3), 739–67. https://doi.org/10.1162/003355399556133

65. Mora, T., Walczak, A. M., Bialek, W., & Callan, C. G. (2010). Maximum entropy models for antibody diversity. *Proceedings of the National Academy of Sciences of the United States of America*, 107(12), 5405–10. https://doi.org/10.1073/pnas.1001705107

66. Neukum, G., & Ivanov, B. A. (1994). Crater Size Distributions and Impact Probabilities on Earth from Lunar, Terrestrial-planet, and Asteroid Cratering Data. In *Hazards due to comets and asteroids: Vol. Space Science Series*, 359–416.

67. Martín, H. G., & Goldenfeld, N. (2006). On the origin and robustness of power-law species–

area relationships in ecology. *Proceedings of the National Academy of Sciences of the United States of America*, *103*(27), 10310–15. https://doi.org/10.1073/pnas.0510605103

68. Elsner, J. B., Jagger, T. H., Widen, H. M., & Chavas, D. R. (2014). Daily tornado frequency distributions in the United States. *Environmental Research Letters*, *9*(2), 024018. https://doi.org/10.1088/1748-9326/9/2/024018

69. Etro, F., & Stepanova, E. (2018). Power-laws in art. *Physica A: Statistical Mechanics and Its Applications*, *506*, 217–20. https://doi.org/10.1016/j.physa.2018.04.057

70. Richardson, L. (1960). *Statistics of Deadly Quarrels*. Boxwood Press.

71. Gutenberg, B., & Richter, C. F. (2010). Magnitude and energy of earthquakes. *Annals of Geophysics*, *53*(1), 7–12. https://doi.org/10.4401/ag-5590

72. *Ibid.*

73. Bayes, T., & Price, R. (1763). An essay towards solving a problem in the doctrine of chances. By the late Rev. Mr. Bayes, F. R. S. communicated by Mr. Price, in a letter to John Canton, A. M. F. R. S. *Philosophical Transactions of the Royal Society of London*, *53*, 370–418. https://doi.org/10.1098/rstl.1763.0053

74. Laplace, P. (1778). Mémoire sur les probabilités. *Mémoires de l'Académie Royale des Sciences de Paris*.

75. McGrayne, S. B. (2011). *The Theory That Would Not Die: How Bayes' Rule Cracked the Enigma Code, Hunted Down Russian Submarines, and Emerged Triumphant from Two Centuries of Controversy*. Yale University Press.

76. Mardia, K. V., & Cooper, S. B. (2012). Alan Turing and Enigmatic Statistics. *Bulletin of the Brasilian Section of the International Society for Bayesian Analysis*, *5*(2), 2–7.

77. Higgins, Chris. (2002). *Nuclear Submarine Disasters*. Chelsea House Publishers.

78. Hill, A. B. (1950). Smoking and carcinoma of the lung preliminary report. *British Medical Journal*, *2*(4682), 739–48. https://doi.org/10.1136/bmj.2.4682.739

79. Sahami, M., Dumais, S., Heckerman, D., & Horvitz, E. (1998). A Bayesian approach to filtering junk e-mail. *Learning for Text Categorization: Papers from the AAAI Workshop*.

第 5 章

80. Mayo, D. J. (1986). The Concept of Rational Suicide. *Journal of Medicine and Philosophy*, *11*(2), 143–55. https://doi.org/10.1093/jmp/11.2.143

81. Schneider, J. M., Gilberg, S., Fromhage, L., & Uhl, G. (2006). Sexual conflict over copulation duration in a cannibalistic spider. *Animal Behaviour*, *71*(4), 781–8. https://doi.org/10.1016/j.anbehav.2005.05.012

82. Welke, K. W., & Schneider, J. M. (2010). Males of the orb-web spider *Argiope bruennichi* sacrifice themselves to unrelated females. *Biology Letters*, *6*(5), 585–8. https://doi.org/10.1098/rsbl.2010.0214

83. Gunaratna, R. (2002). *Inside Al Qaeda: Global Network of Terror*. Columbia University Press.

84. Chiappori, P.-A., Levitt, S., & Groseclose, T. (2002). Testing Mixed-Strategy Equilibria

When Players Are Heterogeneous: The Case of Penalty Kicks in Soccer. *American Economic Review, 92*(4), 1138–51. https://doi.org/10.1257/00028280260344678

85. Sinaceur, M., Adam, H., Van Kleef, G. A., & Galinsky, A. D. (2013). The advantages of being unpredictable: How emotional inconsistency extracts concessions in negotiation. *Journal of Experimental Social Psychology, 49*(3), 498–508. https://doi.org/10.1016/j.jesp.2013.01.007

86. *Ibid.*

87. Clutton-Brock, T. H., Albon, S. D., Gibson, R. M., & Guinness, F. E. (1979). The logical stag: Adaptive aspects of fighting in red deer (*Cervus elaphus* L.). *Animal Behaviour, 27*(PART 1), 211–25. https://doi.org/10.1016/0003-3472(79)90141-6

88. Dawkins, R., & Krebs, J. R. (1978). Animal Signals : Information or Manipulation? In J. R. Krebs & N. B. Davies (Eds.), *Behavioural Ecology: An Evolutionary Approach* (pp. 282–309). Blackwell Publishing.

89. Ambs, S. M., Boness, D. J., Bowen, W. D., Perry, E. A., & Fleischer, R. C. (1999). Proximate factors associated with high levels of extraconsort fertilization in polygynous grey seals. *Animal Behaviour, 58*(3), 527–35. https://doi.org/10.1006/anbe.1999.1201

90. Gonzalez, L. J., Castaneda, M., & Scott, F. (2019). Solving the simultaneous truel in *The Weakest Link*: Nash or revenge? *Journal of Behavioral and Experimental Economics , 81*, 56–72. https://doi.org/10.1016/j.socec.2019.04.006

91. McCay, B. J., & Finlayson, A. C. (1995). The political ecology of crisis and institutional change: the case of the northern cod. In *Annual meeting of the American Anthropological Association, Washington, DC* (pp. 15–19).

92. Thomas, G. O., Sautkina, E., Poortinga, W., Wolstenholme, E., & Whitmarsh, L. (2019). The English Plastic Bag Charge Changed Behavior and Increased Support for Other Charges to Reduce Plastic Waste. *Frontiers in Psychology, 10* (Feb), 266. https://doi.org/10.3389/fpsyg.2019.00266

93. Fan, X., Cai, F. C., & Bodenhausen, G. V. (2022). The boomerang effect of zero pricing: when and why a zero price is less effective than a low price for enhancing consumer demand. *Journal of the Academy of Marketing Science, 50*(3), 521–37. https://doi.org/10.1007/s11747-022-00842-1

第 6 章

94. Estes, W. K. (1961). A descriptive approach to the dynamics of choice behavior. *Behavioral Science, 6*(3), 177–184. https://doi.org/10.1002/bs.3830060302

95. Hinson, J. M., & Staddon, J. E. R. (1983). Hill-climbing by pigeons. *Journal of the Experimental Analysis of Behavior, 39*(1), 25–47. https://doi.org/10.1901/jeab.1983.39-25

96. Huikari, S., Miettunen, J., & Korhonen, M. (2019). Economic crises and suicides between 1970 and 2011: Time trend study in 21 developed countries. *Journal of Epidemiology and Community Health, 73*(4), 311–16. https://doi.org/10.1136/jech-2018-210781

97. Kalish, M. L., Griffiths, T. L., & Lewandowsky, S. (2007). Iterated learning: Intergenerational

knowledge transmission reveals inductive biases. *Psychonomic Bulletin and Review*, *14*(2), 288–94. https://doi.org/10.3758/BF03194066

98. De Bock, D., van Dooren, W., Janssens, D., & Verschaffel, L. (2002). Improper use of linear reasoning: An in-depth study of the nature and the irresistibility of secondary school students' errors. Educational Studies in Mathematics, 50(3), 311–34. https://doi.org/10.1023/A:1021205413749

99. Van Dooren, W., de Bock, D., Hessels, A., Janssens, D., & Verschaffel, L. (2005). Not Everything Is Proportional: Effects of Age and Problem Type on Propensities for Overgeneralization. *Cognition and Instruction*, *23*(1), 57–86. https://doi.org/10.1207/s1532690xci2301_3

100. De Bock, D., van Dooren, W., Janssens, D., & Verschaffel, L. (2002). Improper use of linear reasoning: An in-depth study of the nature and the irresistibility of secondary school students' errors. *Educational Studies in Mathematics*, *50*(3), 311–34. https://doi.org/10.1023/A:1021205413749

101. van Dooren, W., de Bock, D., Janssens, D., & Verschaffel, L. (2008). The linear imperative: An inventory and conceptual analysis of students' overuse of linearity. In *Journal for Research in Mathematics Education*, *39*(3), 311-42.

102. De Bock, D., Verschaffel, L., & Janssens, D. (2002). The Effects of Different Problem Presentations and Formulations on the Illusion of Linearity in Secondary School Students. *Mathematical Thinking and Learning*, *4*(1), 65–89. https://doi.org/10.1207/s15327833mtl0401_3

第 7 章

103. Levy, M., & Tasoff, J. (2016). Exponential-Growth Bias and Lifecycle Consumption. *Journal of the European Economic Association*, *14*(3), 545–83. https://doi.org/10.1111/jeea.12149

104. Foltice, B., & Langer, T. (2018). Exponential growth bias matters: Evidence and implications for financial decision making of college students in the U.S.A. *Journal of Behavioral and Experimental Finance*, *19*, 56–63. https://doi.org/10.1016/j.jbef.2018.04.002

105. Levy, M., & Tasoff, J. (2016). Exponential-Growth Bias and Lifecycle Consumption. *Journal of the European Economic Association*, *14*(3), 545–83. https://doi.org/10.1111/jeea.12149

106. *Ibid.*

107. Goda, G. S., Levy, M., Manchester, C. F., Sojourner, A., & Tasoff, J. (2015). *The Role of Time Preferences and Exponential-Growth Bias in Retirement Savings*. https://doi.org/10.3386/w21482

108. Stango, V., & Zinman, J. (2009). Exponential Growth Bias and Household Finance. *Journal of Finance*, *64*(6), 2807–49. https://doi.org/10.1111/j.1540-6261.2009.01518.x

109. Lammers, J., Crusius, J., & Gast, A. (2020). Correcting misperceptions of exponential coronavirus growth increases support for social distancing. *Proceedings of the National Academy of Sciences of the United States of America*, *117*(28), 16264–6. https://doi.org/10.1073/pnas.2006048117

110. *Ibid.*

111. *Ibid.*

112. *Ibid.*

113. Zhou, C., Zelinka, M. D., Dessler, A. E., & Wang, M. (2021). Greater committed warming after accounting for the pattern effect. *Nature Climate Change*, *11*(2), 132–6. https://doi.org/10.1038/s41558-020-00955-x

114. Kirschvink, J. L. (1992). Late Proterozoic low-latitude global glaciation: the snowball Earth. *The Proterozoic Biosphere*, *52*.

115. Keaney, J. J., Groarke, J. D., Galvin, Z., McGorrian, C., McCann, H. A., Sugrue, D., Keelan, E., Galvin, J., Blake, G., Mahon, N. G., & O'Neill, J. (2013). The Brady Bunch? New evidence for nominative determinism in patients' health: Retrospective, population based cohort study. *BMJ (Online)*, *347*. https://doi.org/10.1136/bmj.f6627

116. Limb, C., Limb, R., Limb, C., & Limb, D. (2015). Nominative determinism in hospital medicine. *The Bulletin of the Royal College of Surgeons of England*, *97*(1), 24–6. https://doi.org/10.1308/147363515x14134529299420

117. *Ibid.*

118. Pelham, B. W., Mirenberg, M. C., & Jones, J. T. (2002). Why Susie sells seashells by the seashore: Implicit egotism and major life decisions. *Journal of Personality and Social Psychology*, *82*(4). https://doi.org/10.1037/0022-3514.82.4.469

119. *Ibid.*

120. Simonsohn, U. (2011). Spurious? Name similarity effects (implicit egotism) in marriage, job, and moving decisions. *Journal of Personality and Social Psychology*, *101*(1). https://doi.org/10.1037/a0021990

121. *Ibid.*

122. Pelham, B., & Mauricio, C. (2015). When Tex and Tess Carpenter Build Houses in Texas: Moderators of Implicit Egotism. *Self and Identity*, *14*(6), 692–723. https://doi.org/10.1080/15298868.2015.1070745

123. *Ibid.*

124. Popper, K. (2013). *The Poverty of Historicism*. Routledge. https://doi.org/10.4324/9780203538012

125. Marr, J. C., Thau, S., Aquino, K., & Barclay, L. J. (2012). Do I want to know? How the motivation to acquire relationship-threatening information in groups contributes to paranoid thought, suspicion behavior, and social rejection. *Organizational Behavior and Human Decision Processes*, *117*(2), 285–97. https://doi.org/10.1016/j.obhdp.2011.11.003

126. Phillips, D. P., Liu, G. C., Kwok, K., Jarvinen, J. R., Zhang, W., & Abramson, I. S. (2001). The *Hound of the Baskervilles* effect: Natural experiment on the influence of psychological stress on timing of death. *BMJ*, *323*(7327), 1443–6. https://doi.org/10.1136/bmj.323.7327.1443

127. Lit, L., Schweitzer, J. B., & Oberbauer, A. M. (2011). Handler beliefs affect scent detection dog outcomes. *Animal Cognition*, *14*(3), 387–94. https://doi.org/10.1007/s10071-010-0373-2

128. Rosenthal, R., & Fode, K. L. (1963). The effect of experimenter bias on the performance of the albino rat. *Behavioral Science*, *8*(3), 183–9. https://doi.org/10.1002/bs.3830080302

129. *Ibid.*

130. Rosenthal, R., & Jacobson, L. (1968). Pygmalion in the classroom. *The Urban Review*, *3*(1), 16–20. https://doi.org/10.1007/BF02322211

131. *Ibid.*

132. Knopper, L. D., & Ollson, C. A. (2011). Health effects and wind turbines: A review of the literature. *Environmental Health: A Global Access Science Source(10)*78. https://doi.org/10.1186/1476-069X-10-78

133. Chapman, S., St. George, A., Waller, K., & Cakic, V. (2013). The Pattern of Complaints about Australian Wind Farms Does Not Match the Establishment and Distribution of Turbines: Support for the Psychogenic, 'Communicated Disease' Hypothesis. *PLoS ONE*, *8*(10). https://doi.org/10.1371/journal. pone.0076584

134. Crichton, F., Dodd, G., Schmid, G., Gamble, G., & Petrie, K. J. (2014). Can expectations produce symptoms from infrasound associated with wind turbines? *Health Psychology*, *33*(4), 360–4. https://doi.org/10.1037/a0031760

135. *Ibid.*

136. Kerchoff, A. C. (1982). Analyzing a Case of Mass Psychogenic Illness. In M. J. Colligan, J. W. Pennebaker, & L. R. Murphy (Eds.), *Mass Psychogenic Illness* (First, pp. 5–21). Routledge.

第8章

137. Pan, J., & Siegel, A. A. (2020). How Saudi Crackdowns Fail to Silence Online Dissent. *American Political Science Review*, *114*(1), 109–25. https://doi.org/10.1017/S0003055419000650

138. Dillard, J. P., & Shen, L. (2005). On the Nature of Reactance and its Role in Persuasive Health Communication. *Communication Monographs*, *72*(2), 144–68. https://doi.org/10.1080/03637750500111815

139. Goldhber, G. M., & deTurck, M. A. (1989). A Developmental Analysis of Warning Signs: The Case of Familiarity and Gender. *Proceedings of the Human Factors Society Annual Meeting*, *33*(15), 1019–23. https://doi.org/10.1177/154193128903301525

140. desire to smoke' Hyland, M., & Birrell, J. (1979). Government Health Warnings and the 'Boomerang' Effect. *Psychological Reports*, *44*(2), 643–7. https://doi.org/10.2466/pr0.1979.44.2.643

141. Robinson, T. N., & Killen, J. D. (1997). Do Cigarette Warning Labels Reduce Smoking? Paradoxical Effects Among Adolescents. *Archives of Pediatrics and Adolescent Medicine*, *151*(3), 267–72. https://doi.org/10.1001/archpedi.1997. 02170400053010

142. Ringold, D. J. (2002). Boomerang Effects in Response to Public Health Interventions: Some Unintended Consequences in the Alcoholic Beverage Market. *Journal of Consumer Policy*. Kluwer Academic Publishers. https://doi.org/10.1023/A:1014588126336

143. Silver, D., Huang, A., Maddison, C. J., Guez, A., Sifre, L., Van Den Driessche, G., ...

Hassabis, D. (2016). Mastering the game of Go with deep neural networks and tree search. *Nature, 529*(7587), 484–9. https://doi.org/10.1038/nature16961

144. Brown, N., & Sandholm, T. (2019). Superhuman AI for multiplayer poker. *Science*. American Association for the Advancement of Science. https://doi.org/10.1126/science.aay2400

145. McKinney, S. M., Sieniek, M., Godbole, V., Godwin, J., Antropova, N., Ashrafian, H., ... Shetty, S. (2020). International evaluation of an AI system for breast cancer screening. *Nature, 577*(7788), 89–94. https://doi.org/10.1038/s41586-019-1799-6

146. Geirhos, R., Jacobsen, J. H., Michaelis, C., Zemel, R., Brendel, W., Bethge, M., & Wichmann, F. A. (2020). Shortcut learning in deep neural networks. *Nature Machine Intelligence, 2*(11), 665–73. https://doi.org/10.1038/s42256-020-00257-z

147. Eykholt, K., Evtimov, I., Fernandes, E., Li, B., Rahmati, A., Xiao, C., ... Song, D. (2018). Robust Physical-World Attacks on Deep Learning Visual Classification. In *Proceedings of the IEEE Computer Society Conference on Computer Vision and Pattern Recognition* (pp. 1625–34). https://doi.org/10.1109/CVPR.2018.00175

148. Zech, J. R., Badgeley, M. A., Liu, M., Costa, A. B., Titano, J. J., & Oermann, E. K. (2018). Variable generalization performance of a deep learning model to detect pneumonia in chest radiographs: A cross-sectional study. *PLOS Medicine, 15*(11), e1002683. https://doi.org/10.1371/journal.pmed.1002683

149. *Ibid.*

150. Ehrlich, P. R. (1968). *The Population Bomb*. New York: Sierra Club/Ballantine Books.

151. Ferguson, N. M., Laydon, D., Nedjati-Gilani, G., Imai, N., Ainslie, K., Baguelin, M., ... Gaythorpe, K. (2020). Report 9: Impact of non-pharmaceutical interventions (NPIs) to reduce COVID-19 mortality and healthcare demand. *Imperial College COVID-19 Response Team*, (March), 1–20. https://doi.org/https://doi.org/10.25561/77482

152. *Halocarbons: Effects on Stratospheric Ozone*. (1976). National Academy of Sciences.

153. Nurmohamed, S. (2020). The Underdog Effect: When Low Expectations Increase Performance. *Academy of Management Journal, 63*(4), 1106–33. https://doi.org/10.5465/AMJ.2017.0181

154. *Ibid.*

155. *Ibid.*

156. Westwick, P. J. (2011). *Oral history interview with Thomas Morgenfeld*. Huntington Library, San Marino, California. https://hdl.huntington.org/digital/collection/p15150coll7/id/45064/

157. *Ibid.*

158. *Ibid.*

159. *Ibid.*

第9章

160. Petrova, D., & Garcia-Retamero, R. (2015). Effective Evidence-Based Programs For Preventing Sexually-Transmitted Infections: A Meta-Analysis. *Current HIV Research, 13*(5),

432–8. https://doi.org/10.2174/1570162x13666150511143943

161. Underhill, K., Montgomery, P., & Operario, D. (2007). Sexual abstinence only programmes to prevent HIV infection in high income countries: systematic review. *British Medical Journal*, *335*(7613), 248–52. https://doi.org/10.1136/bmj.39245.446586.BE

162. Fox, A. M., Himmelstein, G., Khalid, H., & Howell, E. A. (2019). Funding for Abstinence-Only Education and Adolescent Pregnancy Prevention: Does State Ideology Affect Outcomes? *American Journal of Public Health*, *109*(3), 497–504. https://doi.org/10.2105/AJPH.2018.304896

163. Gutierrez, C. M., O'Neill, M., & Jeffrey, W. (2005). Final Report on the Collapse of the World Trade Center Towers. In *Federal Building and Fire Safety Investigation of the World Trade Center Disaster*. http://www.nist.gov/customcf/get_pdf.cfm?pub_id=861610

164. Thompson, J. (2003). Surviving a disaster. *The Lancet*, *362*, s56–s57. https://doi.org/10.1016/S0140-6736(03)15079-9

165. Kulkarni, P. A., Gu, H., Tsai, S., Passannante, M., Kim, S., Thomas, P. A., Tan, C. G., & Davidow, A. L. (2017). Evacuations as a Result of Hurricane Sandy: Analysis of the 2014 New Jersey Behavioral Risk Factor Survey. *Disaster Medicine and Public Health Preparedness*, *11*(6), 720–8. https://doi.org/10.1017/dmp.2017.21

166. Brown, S., Parton, H., Driver, C., & Norman, C. (2016). Evacuation during Hurricane Sandy: Data from a rapid community assessment. *PLoS Currents*, *8* (DISASTERS). https://doi.org/10.1371/currents.dis.692664b92af52a3b506483b8550d6368

167. Diakakis, M., Deligiannakis, G., Katsetsiadou, K., & Lekkas, E. (2015). Hurricane Sandy mortality in the Caribbean and continental North America. *Disaster Prevention and Management: An International Journal*, *24*(1), 132–148. https://doi.org/10.1108/DPM-05-2014-0082

168. Centers for Disease Control and Prevention (CDC). (2013). Deaths associated with Hurricane Sandy – October–November 2012. *MMWR. Morbidity and Mortality Weekly Report*, *62*(20), 393–7. http://www.ncbi.nlm.nih.gov/pubmed/23698603

169. *Ibid.*

170. Brown, S., Parton, H., Driver, C., & Norman, C. (2016). *PLoS Currents*, *8* (DISASTERS). https://doi.org/10.1371/currents.dis.692664b92af52a3b506483b8550d6368

171. *Costliest U.S. tropical cyclones tables updated.* (2018). https://www.nhc.noaa.gov/news/UpdatedCostliest.pdf

172. Burger, J., Gochfeld, M., & Lacy, C. (2019). Concerns and future preparedness plans of a vulnerable population in New Jersey following Hurricane Sandy. *Disasters*, *43*(3), 658–85. https://doi.org/10.1111/disa.12350

173. *Ibid.*

174. Allen, J. D., & Anderson, S. D. (2013). Managing Heat Stress and its Impact on Cow Behavior. *28th Annual Western Dairy Management Conference*, 150–62.

175. Grossi, P., & Zoback, M. L. (2009). *Catastrophe Modeling and California Earthquake risk: a 20-year perspective. Special report.* https://forms2.rms.com/rs/729-DJX-565/images/eq_loma_prieta_20_years.pdf

176. Shelor, R. M., Anderson, D. C., & Cross, M. L. (1992). Gaining from Loss: Property-Liability Insurer Stock Values in the Aftermath of the 1989 California Earthquake. *The Journal of Risk and Insurance*, *59*(3), 476. https://doi.org/10.2307/253059

177. Rodrigue, C. M. (1995). Earthquake Insurance: A Longitudinal Study of California Homeowners by Risa Palm. *Yearbook of the Association of Pacific Coast Geographers*, *57*(1), 191–5. https://doi.org/10.1353/pcg.1995.0008

178. Shelor, R. M., Anderson, D. C., & Cross, M. L. (1992). *The Journal of Risk and Insurance*, *59*(3), 476.

179 Michel-Kerjan, E., Lemoyne de Forges, S., & Kunreuther, H. (2012). Policy Tenure Under the U.S. National Flood Insurance Program (NFIP). *Risk Analysis*, *32*(4), 644–58. https://doi.org/10.1111/j.1539-6924.2011.01671.x

180. Bickel, J. E., & Kim, S. D. (2008). Verification of The Weather Channel probability of precipitation forecasts. *Monthly Weather Review*, *136*(12), 4867–81. https://doi.org/10.1175/2008MWR2547.1

181. *Ibid.*

182. Bauer, P., Thorpe, A., & Brunet, G. (2015). The quiet revolution of numerical weather prediction. *Nature 525*(7567), pp. 47–55). https://doi.org/10.1038/nature14956

183. Freddolino, P. L., Arkhipov, A. S., Larson, S. B., McPherson, A., & Schulten, K. (2006). Molecular Dynamics Simulations of the Complete Satellite Tobacco Mosaic Virus. *Structure*, *14*(3), 437–49. https://doi.org/10.1016/j.str.2005.11.014

184. Lindorff-Larsen, K., Piana, S., Dror, R. O., & Shaw, D. E. (2011). How Fast-Folding Proteins Fold. *Science*, *334*(6055), 517–20. https://doi.org/10.1126/science.1208351

185. Laplace, P. S. (1814). *Essay Philosophique sur les Proabilités*. Gauthier-Villars.

186. 对初始条件的敏感依赖不能完全概括混沌在数学上的重要特征。有些系统对初始条件表现出敏感的依赖性，但称不上混沌。对混沌行为更完整的描述将不得不提及拓扑混合的概念。然而，就我们的目标来说，我们将坚持这种对初始条件的敏感依赖，并认为只要时间够长，混沌系统就应该表现出来。

187. Cahalan, R. F., Leidecker, H., & Cahalan, G. D. (1990). *Computers in Physics*, *4*(4), 368.

188. Rogers, T., Johnson, B., & Munch, S. (2022). *Chaos is not rare in natural ecosystems. Nature Ecology & Evolution*, *6*(8):1105-1111. https://doi.org/10.1038/s41559-022-01787-y

189. Hoskins, B. (2013). The potential for skill across the range of the seamless weather-climate prediction problem: a stimulus for our science. *Quarterly Journal of the Royal Meteorological Society*, *139*(672), 573–84. https://doi.org/10.1002/qj.1991

190. Smart, W. M. (1946). John Couch Adams and the discovery of Neptune. *Nature*, *158*(4019), 648–52.

191. Lorenz, E. N. (1963). Deterministic Nonperiodic Flow. *Journal of the Atmospheric Sciences*, *20*(2), 130–41. https://doi.org/10.1175/1520-0469(1963)020<0130:dnf> 2.0.co;2

192. *Ibid.*

193. Lorenz, E. N. (1972). Does the flap of a butterfly's wings in Brazil set off a tornado in Texas? *American Association for the Advancement of Science*.